国家出版基金项目
NATIONAL PUBLICATION FOUNDATION

“十四五”国家重点
出版物出版规划项目

农产品产地环境监测、安全预警与风险管控丛书

重度污染产地
种植结构调整与生态补偿

Crop Structure Adjustment and Ecological Compensation Mechanisms
in Severely Contaminated Areas

高秉博　胡茂桂　霍莉莉　等 著

化学工业出版社
·北京·

内容简介　　本书以重度污染产地种植结构调整与生态补偿为主线，主要介绍了农产品产地土壤污染评估标准值制定、重度污染产地风险评估与识别、种植结构调整的流程与方法、生态激励与补偿机制、特定农产品严格管控区的划分以及跟踪监测与动态调整流程与方法等，旨在为我国重度污染农产品产地的评价、识别及科学管理提供具有可操作性的实用技术，为我国农产品产地环境科学管理与保护、农产品质量安全保障提供科学基础。

本书具有体系完整、系统、理论与技术兼具的特点，可供农产品产地环境监测、风险评估、风险预警与管控从业人员参考，也可供高等学校环境科学与工程、生态工程、农业工程及相关专业师生参阅。

图书在版编目（CIP）数据

重度污染产地种植结构调整与生态补偿 / 高秉博等著. -- 北京 : 化学工业出版社, 2025. 9. --（农产品产地环境监测、安全预警与风险管控丛书）. -- ISBN 978-7-122-48475-8

Ⅰ. X53; F326.1

中国国家版本馆CIP数据核字第2025CQ6340号

责任编辑：卢萌萌　王云霞　刘兴春　刘　婧

文字编辑：郭丽芹

责任校对：王　静

装帧设计：王晓宇

出版发行：化学工业出版社

（北京市东城区青年湖南街13号　邮政编码100011）

印　　装：北京建宏印刷有限公司

787mm×1092mm　1/16　印张15　彩插1　字数315千字

2025年10月北京第1版第1次印刷

购书咨询：010-64518888

售后服务：010-64518899

网　　址：http://www.cip.com.cn

凡购买本书，如有缺损质量问题，本社销售中心负责调换。

定　　价：128.00元

《重度污染产地种植结构调整与生态补偿》

著者名单

著　者（按照姓氏笔画排序）：

王　伟　王辰怡　王雨雪　吕芯茹　刘燕青　齐杏杏　安　毅

李颖明　赵巧密　胡茂桂　秦　莉　殷　悦　高秉博　谢东凯

谢晓明　潘瑜春　霍莉莉

前言

PREFACE

“民以食为天，食以安为先。”农产品质量安全与人们身体健康息息相关，事关经济发展和社会稳定，而农产品产地环境质量安全是农产品质量安全的源头。党中央、国务院高度重视农产品产地环境保护工作，连续出台《重金属污染综合防治“十二五”规划》、《土壤污染防治行动计划》(国发〔2016〕31号)等重磅文件，制定并实施《中华人民共和国土壤污染防治法》，修订《中华人民共和国农产品质量安全法》，要求建立产地环境例行监测制度，对产地环境进行质量安全评估，按照污染程度和相关标准将产地环境分级、分区、分类，针对不同类型的产地环境靶向施策，科学管理。

对于重度污染产地，要求应当采取风险管控措施，鼓励采取调整种植结构、退耕还林还草、退耕还湿、轮作休耕、轮牧休牧等风险管控措施，应根据农产品品种特性和产地安全调查、监测、评价结果划定特定农产品严格管控区。本书共6章，以重度污染产地种植结构调整与生态补偿为主线，系统、全面地阐述了重度污染产地风险评估与识别依据、方法，种植结构调整流程与方法以及相应的生态激励与补偿机制，特定农产品严格管控区的划分以及跟踪监测与动态调整，旨在为我国重度污染农产品产地科学管理提供具体方法，为我国农产品产地环境分级分区科学管理提供科学基础，有利于提升农产品产地和农产品质量安全水平，对农业可持续发展具有重要意义。

本书由高秉博、胡茂桂、霍莉莉等著，具体分工如下：第1章由农业农村部环境保护科研监测所秦莉牵头撰写，第2章由中国农业大学高秉博牵头撰写；第3章由农业农村部环境保护科研监测所霍莉莉牵头撰写；第 4 章由中国科学院科技战略咨询研究院李颖明牵头撰写；第 5 章由农业农村部环境保护科研监测所王伟、中国农业大学高秉博牵头撰写；第 6 章由中国科学院地理科学与资源研究所胡茂桂牵头撰写。全书最后由高秉博、胡茂桂、霍莉莉统稿并定稿。

限于著者水平及撰写时间，书中不足和疏漏之处在所难免，敬请读者提出修改建议。

著　者

2024 年 8 月

目录

CONTENTS

第1章　产地土壤污染评估标准值制定 001

1.1　可食用农产品敏感性排序 002

1.1.1　可食用农产品敏感性排序实验 002

1.1.2　敏感性排序实验统计检验 003

1.2　基于物种敏感性分布的阈值推导 005

1.2.1　全概率分布与阈值概率 005

1.2.2　物种敏感性分布曲线建立 007

1.2.3　土壤污染阈值推导 011

1.2.4　我国土壤重金属污染评估参比值制定 015

参考文献 024

第2章　重度污染产地风险评估与识别 027

2.1　产地污染风险评估 028

2.1.1　产地污染风险评估技术流程 028

2.1.2　产地污染风险评估指标体系 037

2.1.3　产地污染风险评估方法 043

2.2　重度污染产地的定义与识别 057

2.2.1　重度污染产地定义 058

2.2.2　重度污染产地识别 059

参考文献 075

第3章 种植结构调整的流程与方法 077

3.1 不同作物部位、种类和品种之间重金属 Cd 的富集程度研究 078

3.1.1 同等条件下不同农作物对重金属 Cd 的敏感性 078
3.1.2 同等条件下同种农作物对重金属 Cd 的敏感性 097
3.1.3 同等条件下同种蔬菜对重金属 Cd 的敏感性 099
3.1.4 同等条件下同种水果对重金属 Cd 的敏感性 102
3.1.5 同等条件下同种茶叶对重金属 Cd 的敏感性 103
3.1.6 同等条件下同种油料作物对重金属 Cd 的敏感性 103
3.1.7 水稻品种、蔬菜种类、田间粮食作物 Cd 含量排序 103

3.2 针对酸性土壤的种植结构调整技术规范的制定 107

3.2.1 酸性土壤 Cd 污染程度等级划分方法 108
3.2.2 酸性耕地 Cd 污染种植结构调整技术要点 109
3.2.3 基本原则和工作程序 109

3.3 针对酸性土壤的多梯度种植结构调整模式的确立 111

3.3.1 替代种植 111
3.3.2 多梯度种植模式 113

参考文献 113

第4章 生态激励与补偿机制 118

4.1 理论基础 119

4.1.1 风险管理理论 119
4.1.2 利益相关者理论 122
4.1.3 农业补贴政策 124
4.1.4 政策过程理论 125

4.2 产地污染治理基本原则及相关风险分析 128

4.2.1 基本原则 128
4.2.2 治理方案风险分析 129
4.2.3 治理环节风险管理 130
4.2.4 治理政策效果风险评价 131

4.3 产地污染治理举措及组织实施机制 135
4.3.1 治理举措 135
4.3.2 组织实施机制 136
4.4 利益相关者视角下政策体系的完善 137
4.4.1 产地污染治理的利益相关者 137
4.4.2 产地污染治理中相关者的利益诉求与行为特征 138
4.4.3 特征利益相关者与产地污染治理政策的互动过程 138
4.4.4 激励补偿原则 142
参考文献 142
第5章 特定农产品严格管控区的划分 145
5.1 国内外农产品质量安全保障体系 146
5.1.1 国外农产品质量安全治理体系 146
5.1.2 我国农产品产地污染治理情况 155
5.1.3 特定农产品严格管控区划分与管理机制探索 166
5.2 特定农产品严格管控区划分流程 175
5.2.1 决策 175
5.2.2 划分 176
5.2.3 监管 177
5.2.4 调整 178
5.3 特定农产品严格管控区划分必备资料 178
5.3.1 基础图件 178
5.3.2 背景信息 179
参考文献 180
第6章 跟踪监测与动态调整 181
6.1 特定农产品严格管控区种植结构监测 183
6.1.1 遥感影像分析监测 183
6.1.2 时间序列分析监测 185
6.1.3 机器学习与深度学习监测 186

6.2　用途变化监测与调整 188

6.3　修复治理监测与调整 189

6.3.1　可食用农产品质量监测 189

6.3.2　区域产地的环境质量监测 191

6.3.3　修复治理后调整 193

参考文献 194

附录 195

附录 1　《特定农产品严格管控区划定技术导则（试行）》（农办科〔2020〕3 号） 196

附录 2　《特定农产品严格管控区划定技术导则》（农办科〔2020〕3 号）编制说明 201

附录 3　农产品产地禁止生产区划分技术指南（NY/T 2150—2012） 207

附录 4　耕地土壤环境质量类别划分技术指南（NY/T 4608—2025） 210

索引 224

第 1 章

产地土壤污染评估标准值制定

>> 可食用农产品敏感性排序

>> 基于物种敏感性分布的阈值推导

“民以食为天，食以安为先。”可食用农产品的质量安全不仅直接影响民众的身体健康和生命安全，同时也与国家的经济发展及社会的和谐稳定密切相关。党中央高度重视农产品质量安全事宜，习近平总书记多次做出重要指示批示，要求坚持最严谨的标准、最严格的监管、最严厉的处罚、最严肃的问责，增强食品安全监管统一性和专业性，切实提高食品安全监管水平和能力，要加强“从农田到餐桌”的全过程食品安全工作，严防、严管、严控食品安全风险，保证广大人民群众吃得放心、吃得安心。

食用农产品是所有食品生产和加工的基础，其安全问题是食品安全监管的关键环节，直接关系到整个食品链的安全性[1]。土壤是农产品生产的基础，是农产品质量安全的源头，土壤污染后污染物会通过迁移转化进入农产品可食用部位，影响农产品质量安全。

为了对土壤污染和农产品质量安全进行风险评估和靶向管控，需基于土壤和农产品质量监测数据依据评估标准进行污染风险评价和分级，以指导分类分级风险管控实践。本章着重阐述农产品产地土壤污染评估标准值制定的原理与方法。

1.1 可食用农产品敏感性排序

1.1.1 可食用农产品敏感性排序实验

农产品产地土壤重金属生态安全阈值是指农产品产地土壤中某一重金属对农产品产地土壤生态系统中暴露生物不产生有害影响的最大安全剂量或浓度，通常用于农产品产地土壤重金属污染风险评价，是农产品产地土壤环境质量标准制定的科学依据和重要基础[2]。考虑到暴露途径既包括直接接触又包括通过土壤和食物的二次暴露，针对我国农产品产地土壤污染风险防治的典型暴露情景，目前确定的农产品产地土壤生态安全阈值应优先保护那些通过直接接触途径暴露的土壤生物[3]。然而，由于土壤生态系统的复杂性，不同的土壤生物对污染物的敏感度和毒性反应会有较大差异。

农产品产地土壤重金属生态安全阈值是农产品产地分类管理的重要划分依据，推导土壤重金属生态安全阈值依赖于污染物的生态毒性数据，关键在于将个体或生化水平上的毒性响应扩展到土壤生态系统（即种群或群落水平）[4]。其确定方法目前主要分为点模型、概率模型和经验模型等。其中点模型中的评估因子法和经验模型中的生态环境效应法的评价要求低、不确定性高，只能粗略反映研究区域的污染风险水平[5]。而概率模型中的物种敏感性分布（SSD）法考虑了物种敏感性、土壤理化性质、生物有效性及污染物来源等因素的差异，还可根据不同的风险水平选取相应的污染物浓度限量值，评价要求高、不确定性低，已经成为当前主流的生态安全阈值确定方法[6]。其主要利用多个物种受某一污染物胁迫的急性或慢性毒性数据构建统计分布模型，应用合适的概率分布函数进行拟合，从而获得某一暴露浓度水平下的物种潜在受影响比例（1−p）%（p 表示累积概率）和被保护物种不受影响的情况下所允许的最大环境有害浓度值，定量反映污染物的风险水平。应用 SSD 法的核心步骤为：

① 确定敏感物种的种类及数量，收集和筛选相应的毒性数据；

② 确定拟合函数，构建物种敏感性分布曲线；

③ 根据已构建的物种敏感性分布曲线计算 HC_5 值（即保护 95% 作物所对应的 1/BCF 值，其中 BCF 为生物富集系数）；

④ 根据相应的国家标准反推污染物在土壤中的生态安全阈值。

1.1.2　敏感性排序实验统计检验

敏感性排序实验统计检验方法主要包括用于判定个体表现的 Spearman 相关系数、判定小组表现的 Page 检验以及用于判断农产品差异及方向的 Friedman 检验。

（1）判定个体表现的 Spearman 相关系数

斯皮尔曼（Spearman）相关系数被定义成等级变量之间的皮尔逊相关系数。对于样本容量为 n 的样本，n 个原始数据被转换成等级数据，相关系数 ρ 为

$$\rho = 1 - \frac{6\sum d_i^2}{n(n^2-1)} \tag{1-1}$$

式中　d_i——第i个数据对的位次值之差；

n——总的观测样本数。

（2）判定小组表现的 Page 检验

分为如下 3 个步骤：

1）建立假设检验

假设 H_0：$\theta_1 = \theta_2 = L = \theta_k$。表示原假设，认为所有处理组（共 k 组）的效应参数 $\theta_1, \theta_2, \cdots, \theta_k$ 相等。

假设 H_1：$\theta_1 \leqslant \theta_2 \leqslant L \leqslant \theta_k$。表示备择假设，认为处理效应存在非递减趋势（至少有一个严格不等式成立），即随着处理序号 i 的增大，效应 θ_i 递增或至少不减少。

2）选择检验统计量

在每个区组（即实验重复的组数）中，对各处理进行排序；然后对每个处理把观测值在各区组中的秩累加，得到第 i 个处理在所有区组中的秩次之和 R_i，i=1,2,⋯,k。

构造统计量：

$$L = \sum_{i=1}^{k}(i \times R_i) \tag{1-2}$$

式中　L——Page检验统计量。

每一项乘以 i 的原理在于：如果备择假设 H_1 正确，可以放大备择假设 H_1 的效果。

在总体分布连续的条件下，如果没有打结，则该检验是和总体分布无关的。

Page 检验统计量的性质：

$$E(L)=\frac{bk(k+1)^2}{4} \tag{1-3}$$

$$D(L)=\frac{b(k^3-k)^2}{144(k-1)} \tag{1-4}$$

式中 $E(L)$——原假设下L的期望值（均值）；

$D(L)$——原假设下L的方差；

b——区组的数量；

k——处理组数量。

Page 检验统计量的大样本近似，当 k 固定，$b\to\infty$ 时，在零假设下有正态近似：

$$Z_L=\frac{L-E(L)}{\sqrt{D(L)}}\longrightarrow N(0,1) \tag{1-5}$$

式中 Z_L——标准化后的检验统计量，用于将L转换为标准正态分布；

$N(0,1)$——标准正态分布（均值为0，方差为1）。

有结数据情形在区组内有打结的情况下，对 $D(L)$ 做如下修正：

$$D(L)=k(k^2-1)\frac{bk(k^2-1)-\sum_i\sum_j(\tau_{ij}^3-\tau_{ij})}{144(k-1)} \tag{1-6}$$

式中 τ_{ij}——第j个处理中及第i个结中的观测值个数（结统计量），i=1,2,$\cdots$,L。

3）做出决策

其中知道一部分 k、b 和 α 的值［α 表示在原假设（H_0）为真时错误拒绝原假设的最大允许概率，常见取值为 $\alpha=0.05$ 或 $\alpha=0.01$，对应 5% 或 1% 的显著性水平］，可以通过查表得到在零假设下的临界值 c，满足 $P(L\geqslant c)=\alpha$。可利用正态分布近似计算 p 值。对于完全区组设计数据，也可以选择趋势性检验进行类似于 Jonckheere-Terpstra 检验的 Page 检验。

（3）判断农产品差异及方向的 Friedman 检验

Friedman 检验是利用秩确定多个总体分布是否存在显著差异的非参数检验方法[7-9]，其原理假设是：多个配对样本来自的多个总体分布无显著差异。

Friedman 统计量可通过下式计算：

$$\chi_F^2=\frac{12N}{k(k+1)}\left[\sum_{j=1}^{k}r_j^2-\frac{k(k+1)^2}{4}\right] \tag{1-7}$$

式中 N，k——数据集个数和总体个数；

r_j——第j个算法的平均名次。

当原假设 H_0 成立时，上述统计量服从自由度为 $k-1$ 的卡方分布。计算这个统计量并获得 p 值，若 p 值小于显著性水平（通常为 0.05 或 0.01），则拒绝原假设 H_0，此时可认为各个总体的分布存在显著差异。

SPSS 软件可以计算 Friedman 统计量和对应的概率 p 值。如果概率 p 值小于给定的显著性水平 0.05，则拒绝原假设，认为各组样本的秩存在显著差异，多个配对样本来自的多个总体的分布有显著差异；反之，则不能拒绝原假设，可以认为各组样本的秩不存在显著差异。

基于上述基本思路，进行多配对样本的 Friedman 检验时，首先以行为单位将数据按升序排序，并求得各变量值在各自行中的秩，然后分别计算各组样本下的秩总和与平均秩。多配对样本的 Friedman 检验适用于对定距型数据的分析。

1.2 基于物种敏感性分布的阈值推导

1.2.1 全概率分布与阈值概率

近年来随着多学科的共同发展，农产品产地土壤重金属生态安全阈值的确定方法也变得越来越完善，主要分为点模型、概率模型以及经验模型等。其中点模型中主要为熵值法，即评估因子法；概率模型中以物种敏感性分布法为主；经验模型中则主要有生态环境效应法、贝叶斯风险评估模型、二次判别模型、决策树模型以及逻辑回归模型等。点模型中的评估因子法作为最早考虑物种敏感性的一种生态安全阈值确定方法，是指在所研究区域内由某一最敏感物种的急性或慢性毒理学数据除以评估因子来得到作为基准值的预测无效应浓度，最初被用来确定水环境生态阈值。但随着近年来农产品产地土壤重金属污染的加剧，应用评估因子法确定农产品产地土壤重金属生态安全阈值的研究和土壤质量基准的推导也开始变得越来越广泛。概率模型中的物种敏感性分布法作为目前主流的生态安全阈值确定方法，主要是基于环境中不同物种对同一污染物的敏感性差异提出，既考虑了物种敏感性的差异，又考虑了生物有效性。

（1）点模型

点模型作为农产品产地土壤重金属风险评估的初步筛查工具，广泛应用于评估因子法。这种方法通过将研究区域内最敏感作物对重金属污染物的耐受值与相应的评估因子进行比值计算，从而确定农作物的毒性安全阈值。最初，评估因子法主要用于水质基准的推导，法国、德国、西班牙、英国等国家均采用这一方法确定水质标准[10-12]。

使用评估因子法推导土壤环境质量基准的关键步骤包括获取敏感物种的毒性数据和选择合适的评估因子。毒性数据通常分为急性毒性数据和慢性毒性数据，急性毒性数据易于获得，但慢性毒性数据更能反映污染物对农作物长期的危害，且更符合实际环境的影响。在毒性数据较少的情况下，评估因子法常被用来推导土壤生态安全阈值。不同国家和地区在评估因子的选取上存在差异，具体情况见表 1-1。

表1-1　不同国家评估因子的取值范围

国家	评估因子取值	参考文献
法国	急性毒性值：1000 慢性毒性值：10	[12]
西班牙	急性毒性值：0.01 慢性毒性值：0.1	[13]
英国	急性毒性值：2 ～ 10 慢性毒性值：1 ～ 100	[14]
荷兰	急性毒性值：100 慢性毒性值：10	[15]
澳大利亚及新西兰	急性毒性值：20 ～ 1000	[16]

从表 1-1 可以看出，不同国家的评估因子取值存在显著差异，且这些差异与毒理学数据的种类密切相关，通常当毒理学数据较少时需要选择较高的评估因子。例如，西班牙规定通过将敏感物种的毒性值与评估因子相乘来确定环境基准值。

尽管评估因子法目前是较为常用的农产品产地土壤重金属生态风险评估工具，但其在实际应用中存在一定的局限性，特别是评估因子的选取往往过于依赖经验，并且受到国家政策的影响。因此，评估因子法仅能作为土壤环境保护的一个辅助工具，并不能作为制定环境基准的标准方法。为此，一些学者建议在使用评估因子法时应遵循一定的原则[13]：

① 所使用的毒性数据必须科学有效；

② 评估因子法只能用于评估效应水平的数据筛选；

③ 评估因子的选取应为一定范围内的不同值，而不是某个单一值；

④ 不同污染的风险及性质不同，其评估因子的大小也不相同；

⑤ 采用评估因子法进行生态风险评价时往往会出现“过保护”现象，而一些无用的“过保护”则没有必要，因此可考虑适当降低评估因子的取值。

（2）概率模型

物种敏感性分布法作为概率模型的一种，是基于多物种毒性测试数据的统计外推方法，主要通过利用多个物种对某种污染物的急性或慢性毒理学数据，构建统计分布模型，并应用适当的概率分布函数进行拟合，从而推算在特定暴露浓度下物种受影响的潜在比例和 HC_5 值，进而量化污染物的风险水平[17]。其基本原理是假设生态系统中不同物种对同一污染物的敏感性可以通过某种分布进行描述，依据该分布，通过有限数量的生物测试数据获得的物种毒性阈值来估算预测无效应浓度。

与评估因子法在点模型中的应用类似，物种敏感性分布法最初也被用于水环境的生态风险评估和有机污染物的生态安全阈值的确定。近年来，随着农产品产地土壤重金属污染问题的日益严重，部分学者开始将该方法应用于农产品产地土壤重金属的生态风险评估[18-19]。在推导农产品产地土壤重金属生态安全阈值时，物种敏感性分布法不仅考虑了不同物种的差异，还纳入了农产品产地土壤理化性质的差异，因此其推导出的生态安全阈值更具科学性、合理性与实用性。应用物种敏感性分布法确定农产品产地土壤重金属生态安全阈值时的核心步骤为：

① 确定敏感物种的种类及数量，收集和筛选相应的毒性数据；

② 确定最优的拟合函数；

③ 构建物种敏感性分布曲线；

④ 根据已构建的物种敏感性分布曲线计算 HC_5 值；

⑤ 根据相应的国家标准反推重金属在土壤中的生态安全阈值。

其中步骤①作为利用物种敏感性分布法推导农产品产地土壤重金属生态安全阈值中最关键的一步，毒性数据的类型、质量以及数量等都会对生态安全阈值的准确性产生影响。一般认为当毒性数据量较大且质量较好时，则使用物种敏感性分布法进行农产品产地土壤重金属生态安全阈值的推导。而当某些必要的毒性数据缺乏时，可考虑应用成熟预测模型外推的方法对必要的毒性数据进行扩充，如种间关系预测模型。种间关系预测模型是通过已知物种的毒性数据预测目标物种毒性数据的方法，它可减少试验物种的使用，节约成本，但预测的毒性数据存在较大不确定性。

1.2.2 物种敏感性分布曲线建立

物种敏感性分布（species sensitivity distribution，SSD）曲线是基于不同物种对污染物的敏感性差异，通过概率分布函数将不同物种测试间的独立数据外推，从而实现污染物在生物群落甚至生态系统水平上的风险评价的方法。具体来说，这种方法假定可获得的急性或慢性毒理学数据服从一个统计分布，然后筛选不同生物的毒理学数据［如最大无影响浓度（NOEC）或半致死浓度（LC_{50}）等］的数值，并对这组数据按大小排列的分位数做图。接着，选用一个分布函数对这些数据进行拟合，最终得到一条 SSD 曲线。

本节将结合我国南方水稻产地介绍物种敏感性分布曲线建立和拟合优度评价方法[20]。研究数据来源于湖南省、湖北省、四川省、安徽省、广西壮族自治区及广东省的 6 个水稻产地 15 个水稻品种的 526 组调查数据。首先筛选出 450 条有效数据。其次拟合我国南方水稻产地的物种敏感性分布（SSD）函数，最后评价其拟合优度。数据条件如下：

① 土壤和水稻的点对点协同监测数据；

② 水稻品种必须在当地大面积种植；

③ 必须具有必要的土壤理化性质参数。

生物富集系数（bio-concentration factor，BCF）表示水稻镉含量与土壤镉含量之间的比值，具体公式如下：

$$BCF = C_{水稻镉} / C_{土壤镉} \tag{1-8}$$

式中 $C_{水稻镉}$——水稻镉含量，mg/kg；

$C_{土壤镉}$——土壤镉含量，mg/kg。

利用相关性分析研究土壤 pH 值、土壤有机质含量（SOM）和土壤阳离子交换量（CEC）与水稻镉的 BCF 的关系，得到三个影响因素对水稻富集镉的影响均达到了极显著水平（$P < 0.01$）。因此，选择土壤 pH 值、SOM 和 CEC 构建土壤 - 水稻体系中镉的生物有效性模型。

生物有效性模型利用 SPSS 软件将 BCF 与土壤理化性质进行多元回归分析，基本形式如下：

$$\lg \mathrm{BCF} = a \times \mathrm{pH} + b \times \lg \mathrm{SOM} + c \times \lg \mathrm{CEC} + k \tag{1-9}$$

式中　BCF——生物富集系数；

SOM——土壤有机质含量，g/kg；

CEC——土壤阳离子交换量，cmol/kg；

a、b、c——无量纲参数，表示土壤理化性质对生物富集系数的影响程度；

k——方程的截距，表示作物富集重金属镉的固有敏感性。

由表 1-2 可知，将土壤 pH 值、SOM、CEC 依次引入回归方程后，方程的确定系数（R^2）不断提高，并且每个变量均达到极显著水平（$P < 0.01$）。因此，本研究利用三因子生物有效性模型对水稻镉的 BCF 进行归一化。

表1-2　土壤-水稻体系中镉的生物有效性模型

影响因子	生物有效性模型	R^2	P
单因子	$\lg \mathrm{BCF} = -0.702 \times \mathrm{pH} + 3.739$	0.522	＜ 0.01
双因子	$\lg \mathrm{BCF} = -0.616 \times \mathrm{pH} + 3.011 \times \lg \mathrm{SOM} - 0.728$	0.559	＜ 0.01
三因子	$\lg \mathrm{BCF} = -0.449 \times \mathrm{pH} + 2.822 \times \lg \mathrm{SOM}$ $-1.917 \times \lg \mathrm{CEC} + 0.670$	0.643	＜ 0.01

由表 1-3 可知，研究区域土壤 pH 值的范围为 4.60 ～ 6.93，平均值为 5.73，整体为酸性，变异系数为 8.24%，属弱变异程度；SOM 的范围为 18.00 ～ 28.00g/kg，平均值为 20.97g/kg，变异系数为 7.59%，属弱变异程度；CEC 的范围为 7.00 ～ 17.00cmol/kg，平均值为 12.78cmol/kg，变异系数为 17.66%，属中等变异程度；BCF 的范围是 0.01 ～ 3.26，平均值为 0.78，变异系数为 83.18%，属中等变异程度。

表1-3　土壤-水稻体系中各指标数据

指标	最大值	最小值	平均值	中位数	标准差	变异系数
pH 值	6.93	4.60	5.73	5.68	0.47	8.24%
SOM/(g/kg)	28.00	18.00	20.97	21.38	1.59	7.59%
CEC/(cmol/kg)	17.00	7.00	12.78	13.00	2.26	17.66%
BCF	3.26	0.01	0.78	0.62	0.66	83.18%

鉴于本研究所覆盖的地理范围较广，土壤类型和理化性质存在显著差异，这些因素可能会对水稻中镉的富集程度产生影响。为了减少这些差异对研究结果的影响，需要将不同土壤类型下水稻中镉的生物富集系数（BCF）统一到一个标准化的土壤环境中进行评估。根据研究区域内土壤的基本理化特性，定义了两种标准土壤条件下的物种敏感性分布情景：SS1 为 pH=5.5、SOM=20g/kg、CEC=10cmol/kg；SS2 为 pH=6.5、SOM=20g/kg、CEC=10cmol/kg。

（1）SSD 曲线拟合

用 5 种常见的拟合函数（Burr Ⅲ、Log-normal、Log-logistic、Weibull 及 Gamma）构建不同水稻品种对镉的 SSD 曲线，其公式见表 1-4。

表1-4　物种敏感性分布的5种常见拟合函数

名称	函数公式	符号含义
Burr Ⅲ	$y=\dfrac{1}{\left[1+\left(\dfrac{b}{x}\right)^{c}\right]^{k}}$	y 为累积概率，%；x 为毒性值，mg/kg；b、c、k 为函数参数
Log-normal	$y=\phi\left(\dfrac{\ln x-\mu'}{\sigma}\right)$	y 为累积概率，%；x 为毒性值，mg/kg；μ'、ϕ 和 σ 为函数参数
Log-logistic	$y=\dfrac{1}{1+\left(\dfrac{\beta}{x-\gamma}\right)^{\alpha}}$	y 为累积概率，%；x 为毒性值，mg/kg；α、β、γ 为函数参数
Weibull	$y=1-\mathrm{e}^{-\left(\frac{x}{\beta}\right)^{\alpha}}$	y 为累积概率，%；x 为毒性值，mg/kg；α、β 为函数参数
Gamma	$y=\dfrac{\Gamma_{x/\beta}(\alpha)}{\Gamma(\alpha)}$	y 为累积概率，%；x 为毒性值，mg/kg；α、β 为函数参数

（2）拟合优度评价

拟合优度评价是一种统计工具，用于验证一组数据的分布是否与某个预期的理论分布相吻合。相关研究发现，在样本量有限的情况下，Log-logistic 分布可能更加适用；而当样本量较为充足（例如大于 20 个样本）时，Log-normal 分布的适用性可能更高；Burr 分布则对样本量的要求不那么严格[21]。如蒋丹烈等[22]在分析 10 ～ 15 组数据时发现，Log-logistic 和 Burr 分布的拟合效果要优于 Log-normal 分布；张瑞卿等[23]在拟合植物、无脊椎动物和脊椎动物等的 6 组毒性数据时发现，Log-logistic 函数的拟合效果最佳；刘昔等[24]研究得到在样本量较多或较少的情况下，Burr 分布都显示出较好的适用性。本研究物种数量 n=15 且在酸性土壤环境（pH ＜ 6.5）中，Log-logistic 和 Burr 分布的拟合优度超过了 Log-normal 分布，这与前述研究结果是一致的。因此，可以推断，在相同的 pH 值条件下不同拟合函数的拟合优度差异可能与样本量的大小有一定的关联。

对于参数模型，拟合优度的评价指标主要有均方根（RMSE）和残差平方和（SSE），两者越趋于0，表明拟合函数的拟合优度越好，具体公式见表1-5。

表1-5 拟合优度评价指标及其公式

名称	公式	符号含义	说明
均方根（RMSE）	$\mathrm{RMSE}=\sqrt{\frac{\sum_{i=1}^{n}\left(y_i-\hat{y}_i\right)^2}{n}}$	y_i为第i种物种的实测毒性值，μg/L；$\hat{y}_i$为第i种物种的预测毒性值，μg/L；n为毒性数据数量	RMSE越接近0，说明模型拟合的精确度越高
残差平方和（SSE）	$\mathrm{SSE}=\sum_{i=1}^{n}\left(y_i-\hat{y}_i\right)^2$	y_i为第i种物种的实测毒性值，μg/L；$\hat{y}_i$为第i种物种的预测毒性值，μg/L；n为毒性数据数量	SSE越接近0，说明模型拟合的随机误差效应越低

不同pH值条件下拟合函数的拟合优度在pH=5.5和pH=6.5时两个评价指标得出的结果一致，均为Log-logistic函数的拟合优度最佳，而Weibull函数的拟合优度较差，不同pH值条件下5种拟合函数的拟合优度并无明显差异。

除了土壤的pH值外，累积概率（p）同样可能对拟合函数的拟合优度产生影响。因此，本研究将累积概率划分为3个等级：低累积概率（$p\leqslant 20\%$）、中累积概率（$20\%<p\leqslant 80\%$）和高累积概率（$p>80\%$）。在此基础上，对5种不同的拟合函数在不同累积概率条件下的拟合优度进行了比较分析，结果详见表1-6。分析结果表明，在不同的累积概率条件下，拟合函数的拟合优度存在差异。具体来说，在低pH值（pH＜6.5）且在中低累积概率（$p\leqslant 80\%$）的条件下，推荐优先使用Log-logistic拟合函数；而在低pH值（pH＜6.5）、高累积概率（$p>80\%$）的条件下，推荐优先使用Burr Ⅲ拟合函数。

表1-6 不同累积概率条件下拟合函数的拟合优度

评价指标	函数	$p\leqslant 20\%$	排序	$20\%<p\leqslant 80\%$	排序	$p>80\%$	排序
SSE	Log-logistic	2.45×10^{-4}	1	0.018	1	0.151	2
	Gamma	2.46×10^{-4}	2	0.021	3	0.203	4
	Log-normal	2.93×10^{-4}	3	0.020	2	0.184	3
	Weibull	1.14×10^{-3}	4	0.026	4	0.256	5
	Burr Ⅲ	5.45×10^{-3}	5	0.174	5	0.012	1
RMSE	Log-logistic	4.04×10^{-3}	1	0.034	1	0.100	2
	Gamma	4.05×10^{-3}	2	0.037	3	0.116	4
	Log-normal	4.42×10^{-3}	3	0.036	2	0.111	3
	Weibull	8.71×10^{-3}	4	0.041	4	0.131	5
	Burr Ⅲ	1.91×10^{-2}	5	0.108	5	0.028	1

从图 1-1（书后另见彩图）中可以看出，水稻品种 ST1、ST2 和 ST3 的分布几乎与 5 种 SSD 曲线紧密相邻，只有 ST1 与 Weibull 和 Burr Ⅲ函数曲线的距离较远，这可能是在低累积概率条件下 Weibull 和 Burr Ⅲ函数拟合优度较低的原因。当累积概率在 20% ～ 80% 之间时，ST4 ～ ST12 几乎都落在除 Burr Ⅲ函数外的其他 4 种函数曲线上，而 ST12 则最接近 Log-logistic 函数曲线。在累积概率大于 80% 的情况下，ST13 与 Burr Ⅲ和 Log-logistic 函数的距离最近，拟合效果最佳，这可能是因为本研究中的数据在上尾部趋于平坦，下尾部并未呈现扁平化趋势。

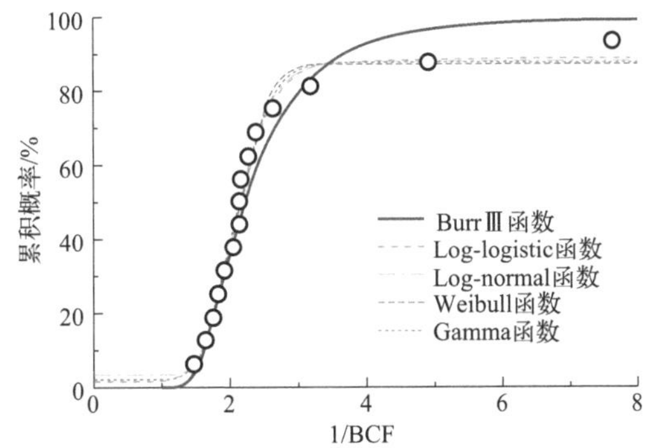

图 1-1　SS2 情景下（pH=6.5）5 种累积概率分布函数的 SSD 曲线[20]
（图中圆圈表示水稻品种，从曲线底部至顶部依次为 ST1 ～ ST15）

1.2.3　土壤污染阈值推导

土壤污染阈值推导是一种用于评估土壤中污染物对生态系统和人类健康潜在影响的方法。根据 SSD 曲线完成阈值推导，需要综合考虑多种因素，包括拟合函数的选择、物种敏感性分布曲线的构建以及影响拟合优度的多种因素。一般认为，应用 SSD 法推导土壤生态安全阈值的步骤主要分为：

① 确定敏感物种的种类及数量，收集和筛选相应的毒性数据。

② 确定最优拟合函数。结合 1.2.2 部分关于 SSD 曲线拟合和拟合优度评价的介绍，这里选取目前常用的Log-logistic 拟合函数进行SSD 曲线的构建，其基本形式如下[25-26]：

$$y = \frac{a}{1 + (\frac{x}{x_0})^b} \tag{1-10}$$

式中　x——1/BCF；

y——x对应作物的累积概率，%；

a、b、x_0——拟合参数。

③ 构建物种敏感性分布曲线。以 1/BCF 为横坐标、累积概率为纵坐标，利用 Log-logistic 拟合函数构建不同作物对镉的敏感性分布曲线。

将各作物品种的 BCF 从大到小进行排列，并按照排序设定相应的序数 R，计算累积概率，公式如下：

$$p = R / (N + 1) \quad (1\text{-}11)$$

式中 p——物种所对应的累积概率；

R——物种从大到小排序的序数；

N——物种的总数量。

④ 根据已构建的物种敏感性分布曲线计算危害浓度（HC_p）值[27]。依据构建的物种敏感性分布曲线，得到保护 95% 作物所对应的 1/BCF 值，即 HC_5 值，而后利用《食品安全国家标准　食品中污染物限量》（GB 2762—2022）中作物可食部位污染物含量限值反推出土壤污染物含量阈值，公式如下：

$$C_{土壤} = C_{作物} / (1 / HC_5) \quad (1\text{-}12)$$

式中 $C_{土壤}$——土壤污染物生态阈值，mg/kg；

$C_{作物}$——国家标准中作物污染物含量限值，mg/kg；

HC_5——保护95%作物所对应的1/BCF值。

以下以水稻和蔬菜为例，推导其土壤 - 作物体系中土壤镉污染阈值。

1.2.3.1　构建土壤-作物体系中镉的生物有效性模型

根据相关性分析结果，利用统计软件将水稻和蔬菜镉的 BCF 分别与其对应的土壤理化性质进行多元回归分析，构建土壤 - 作物体系中镉的生物有效性模型，其基本形式如式（1-9）。

土壤 - 作物体系中镉的生物有效性模型构建结果见表 1-7，可以看出，模型自变量系数的正负值与相关性分析的结果一致，对作物镉富集的预测均达到极显著水平，pH 值、SOM 和 CEC 三因子可分别解释水稻和蔬菜富集系数分别为 70.4% 和 64.6% 的变异。

表1-7　土壤-作物体系中镉的生物有效性模型

土壤 - 作物体系	生物有效性模型
土壤 - 水稻	$\lg BCF = -1.385pH - 1.640\lg SOM - 0.468\lg CEC + 10.865$ $(R^2 = 0.704, P < 0.01, n = 240)$
土壤 - 蔬菜	$\lg BCF = -0.201pH + 1.070\lg SOM - 0.622\lg CEC - 0.784$ $(R^2 = 0.646, P < 0.01, n = 60)$

1.2.3.2　作物镉的BCF归一化处理

数据归一化是进行数理统计分析的一种常用手段，评价指标不同，其单位和量纲的差异也非常明显，进而会对数据统计分析结果等产生重要影响。因此，为了使不同评价指标处于同一数量级，需要对数据进行归一化处理，以消除量纲间的差异。本研究中，由于研究区域空间差异性的存在，使得不同地域间土壤理化性质存在一定差异。将不同土壤理化性质下的 BCF 归一化到某一确定土壤理化性质条件下，就可显著降低土壤理化性质差异对作物吸收镉的影响，更加准确地反映作物品种和种类对镉的内在敏感性，使得推导的土壤重金属镉生态安全阈值更加科学合理。

根据本研究的前期调查，设定以下标准土壤情景：土壤 pH=5.5，SOM=40g/kg，CEC=15cmol/kg。利用构建的土壤 - 作物体系中镉的生物有效性模型将不同土壤理化性质条件下作物镉的 BCF 进行归一化处理，以最大程度减小土壤理化性质对作物富集镉的影响。归一化的具体过程为：以某种作物为例，实测 pH 值、SOM 以及 CEC 并分别记为 S_{pH}、S_{SOM} 和 S_{CEC}，而此土壤条件下作物镉的 BCF 记为 S_{BCF}，归一化到标准土壤情景条件下的 BCF 设为 B_{BCF}，则 $B_{\mathrm{BCF}} = S_{\mathrm{BCF}} \times 10^{a(5.5-S_{\mathrm{pH}})+b\lg(40/S_{\mathrm{SOM}})+c\lg(15/S_{\mathrm{CEC}})}$，式中 a、b、c 均为无量纲参数，其数值采用式（1-9）生物有效性模型的 a、b、c，其他作物的归一化过程以此类推。若同一作物对应不同土壤条件下有多个 BCF 值时，则对每个 BCF 都进行归一化处理，最后取其几何平均值作为该作物最终的 BCF 归一化值。而不同作物镉的 BCF 经归一化处理后利用种内变异系数对其效果进行评价，种内变异系数的降低表明归一化处理在一定程度上消除了土壤理化性质的影响。种内变异系数的计算公式如下：

$$\text{种内变异系数} = \sqrt{\frac{\sum_{i=1}^{n}(\mathrm{BCF}_{si} - \overline{\mathrm{BCF}_{\mathrm{s}}})^2}{(n-1)\times(\overline{\mathrm{BCF}_{\mathrm{s}}})^2}} \tag{1-13}$$

式中　BCF_{si}——第i个BCF归一化到标准土壤情景下的值；

$\overline{\mathrm{BCF}_{\mathrm{s}}}$——$n$个BCF的平均值；

n——该物种BCF值的个数。

1.2.3.3　稻-休耕作制度下湖南湘潭县农产品产地土壤镉的生态安全阈值研究

稻 - 休耕作制度下湖南湘潭县作物镉的 BCF 归一化分析结果表明，2018 年早稻各品种归一化后镉的 BCF 范围为 0.11 ～ 0.70，湘早籼 32 号富集能力最强而中嘉早 17 号最弱；2019 年则为 0.08 ～ 0.55，株两优 819 对镉的富集能力最强而株两优 168 最弱。利用种内变异系数对其归一化效果进行评价，如图 1-2（a）所示，2018 年归一化前后各水稻品种种内变异系数的范围分别为 0.21 ～ 0.55 和 0.03 ～ 0.40，平均值分别为 0.43 和 0.20，降低 53.5%；而图 1-2（b）中，2019 年归一化前后各水稻品种种内变异系数的范围分别为 0.13 ～ 0.56 和 0.07 ～ 0.52，平均值分别为 0.39 和 0.34，降低 12.8%。可以看出归一化处理后各水稻品种的种内变异系数明显降低，说明归一化处理能一定程度上消除土壤理化性质对水稻富集镉的影响，突出水稻品种的内在敏感性。

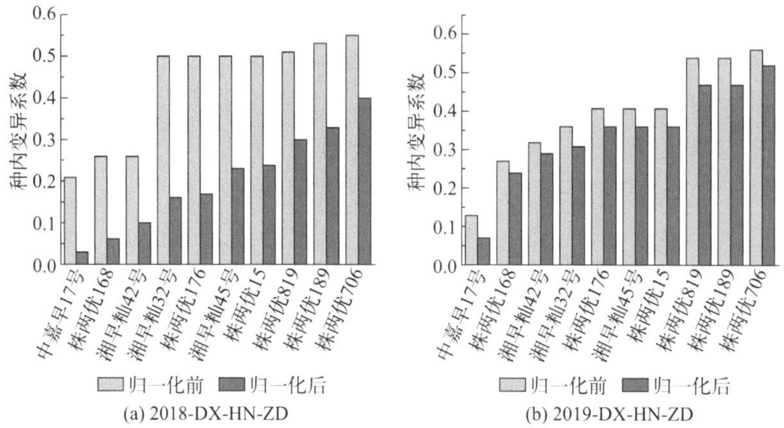

图 1-2　稻 - 休耕作制度下湖南湘潭县各水稻品种归一化前后的种内变异系数

如图 1-3 所示，2018 年稻 - 休耕作制度下湖南湘潭县早稻品种中湘早籼 32 号、株两优 168 和株两优 176 位于 SSD 曲线的下端，对镉的敏感性高，中嘉早 17 号、株两优 189 和株两优 706 位于 SSD 曲线的上端，对镉的敏感性低；而 2019 年中株两优 819、湘早籼 42 号和湘早籼 32 号对镉的敏感性高，株两优 168、株两优 176 和株两优 706 对镉的敏感性低。不同试验周期条件下，水稻对镉的敏感性顺序大体一致。

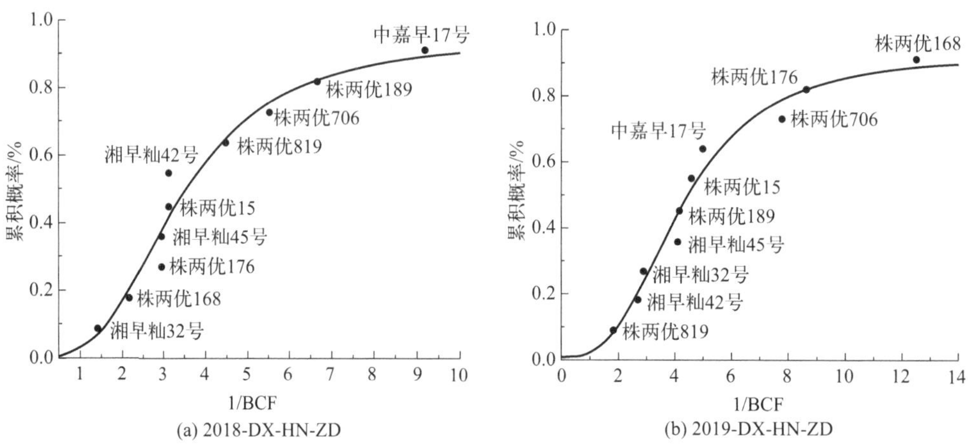

图 1-3　稻 - 休耕作制度下湖南湘潭县作物对镉的敏感性分布曲线

依据图 1-3，根据《食品安全国家标准　食品中污染物限量》（GB 2762—2022）中大米镉的含量限值（0.2mg/kg），反推出基于保护 95% 的水稻品种不受伤害的农产品产地土壤镉生态安全阈值，得到稻 - 休耕作制度下湖南湘潭县 2018 年和 2019 年的农产品产地土壤镉生态安全阈值分别为 0.25mg/kg 和 0.29mg/kg（表 1-8）。

表1-8　稻-休耕作制度下湖南湘潭县农产品产地土壤镉的生态安全阈值

试验周期	2018 年	2019 年
HC_5 / (mg / kg)	1.27	1.47
$Cd_{土壤}$ / (mg / kg)	0.25	0.29

1.2.4　我国土壤重金属污染评估参比值制定

重金属污染阈值及评估参比值是环境科学和公共卫生领域中用来评估和控制重金属污染的重要工具。本书著者依据公益性行业（农业）科研专项“主要农产品产地土壤重金属污染阈值研究与防控技术集成示范”相关研究结果确定评估参比值的初步范围，再依据所搜集的大量农产品产地土壤和农产品一对一监测数据，在此范围内充分检验其合理性，最终制定了农产品产地土壤重金属污染评估参比值。

首先，根据评估参比值初筛范围提出保护率和过保护率两个指标作为判断标准，利用土壤和农产品一对一重金属监测数据，计算保护率和过保护率，检验评估参比值初筛结果的合理性。保护率反映的是土壤不超过参比值时农产品安全的概率，以确保参比值的制定不会过松；过保护率反映的是土壤超过参比值但农产品不超标的概率，以确保参比值的制定不会过紧。二者结合使用、综合考虑，其具体计算公式如下：

$$保护率=N_1/(N_1+N_2)\times100\% \quad (1-14)$$

$$过保护率=N_4/(N_3+N_4)\times100\% \quad (1-15)$$

式中　N_1——土壤中重金属含量不超过参比值且农产品中重金属含量不超过国家限量值的样本数量；

N_2——土壤中重金属含量不超过参比值但农产品中重金属含量超过国家限量值的样本数量；

N_3——土壤中重金属含量超过参比值但农产品中重金属含量不超过国家限量值的样本数量；

N_4——土壤中重金属含量超过参比值且农产品中重金属含量超过国家限量值的样本数量。

一般来说，可以认为任何一项参比值的制定，必须保证每类农产品的保护率不得低于 90%（个别元素农产品总体超标率较高时，保护率可放宽到 85%），过保护率不应高于 30%（最好不超过 25%）。

其次，采用实测数据对初步制定的参比值进行检验。本套评估参比值制定均经过农业农村部环境监测总站历年来土壤和农产品一对一监测数据检验，所用数据共计 11817 条。按行政区划分，北京市 605 条、天津市 492 条、吉林省 1059 条、辽宁省 422 条、山西省 244 条、山东省 464 条、河南省 1576 条、浙江省 893 条、湖北省

979 条、湖南省 3177 条、四川省 631 条、云南省 392 条、广东省 883 条；按农产品种类划分，水稻 4087 条、小麦 1636 条、玉米 2177 条、叶菜类蔬菜 1959 条、根茎类蔬菜 1392 条、其他蔬菜 566 条；按重金属种类划分，镉 11788 条、汞 11358 条、砷 11628 条、铅 11478 条、铬 11611 条。

此外，将初步制定的参比值与我国的土壤环境质量标准及国外的标准进行比较，并参考国外研究人员对土壤重金属临界含量、环境容量以及生态阈值等指标的研究成果，具体见表 1-9 ～表 1-13。

表1-9　我国与世界其他国家土壤标准比对　　单位：mg/kg

元素	世界各国土壤标准		我国土壤标准
	范围	中值	
镉	1 ～ 5	3	0.3 ～ 0.5
汞	0.4 ～ 2.0	1	0.3 ～ 1.0
铜	80 ～ 280	100	50 ～ 100
锌	150 ～ 560	300	200 ～ 300
镍	30 ～ 70	50	40 ～ 60
铅	50 ～ 550	100	250 ～ 350
铬	50 ～ 600	120	150 ～ 350
砷	10 ～ 20	—	20 ～ 40

表1-10　若干类型土壤重金属的临界含量和环境容量

土壤类型	临界含量 /(mg/kg)			环境容量 /[g/(hm^2 · a)]		
	Cd	Pb	As	Cd	Pb	As
砖红壤	0.63	342	45	28.50	7677.0	1012.5
赤红壤	0.46	287	38	26.25	6526.5	1002.0
红壤	0.56	230	45	25.50	7717.5	996.0
黄棕壤	0.30	586	51	13.35	12828.0	958.5
棕壤	1.31	—	30	36.75	9451.5	799.5
褐色土	1.57	360	21	42.30	6595.5	—
黑土	1.30	500	42	36.00	10890.0	697.5
灰钙土	2.30	300	25	19.56	6351.0	417.0

数据来源：1.《中国主要类型土壤若干重金属临界含量和环境容量区域分异的影响》，夏增禄，1994 年，土壤学报 [26]。

2.《中国土壤环境容量》，夏增禄，1992 年，地震出版社 [27]。

表1-11 粮食产地土壤中重金属的健康风险基准 单位：mg/kg

产地	Cd	Hg	Pb	Cr
大米产地	2.3	0.2	6.5	47.2
小麦产地	1.0	5.0	8.0	7.0

数据来源:《我国粮食产地土壤重金属健康风险基准值研究》，金芬等，2008年，农业质量标准[28]。

表1-12 蔬菜地土壤中重金属的健康风险基准 单位：mg/kg

Cd	Hg	Pb	As	Cr
0.3	0.5	20	15	15

数据来源:《重金属和氟的土壤环境质量评价及健康基准的研究》，李静，2006年，博士论文[29]。

表1-13 灰钙土重金属的生态基准 单位：mg/kg

灰钙土类型	Cd	Pb	As
普通灰钙土	4.5	300	25
砂砾灰钙土	3.5	220	25

数据来源:《灰钙土重金属生态基准》，杨居荣、许嘉琳，1995年，中国环境科学[30]。

最后，综合考虑农产品产量、面积、对重金属的敏感性以及数据来源情况等因素，按水稻、小麦、玉米、叶菜类蔬菜、根茎类蔬菜分为五大类进行统计分析和参比值的测算。测算过程中，首先寻找能够实现90%保护率的最大土壤重金属含量值作为参考初选值。保护率相近且均大于90%时，应进一步选择过保护率最低的土壤重金属含量值为参考初选值。若所用数据整体保护率偏低，保护率可放宽到85%以上；若所用数据整体保护率偏高（即均大于90%），以过保护率低于25%为判别条件；若所用数据整体差异不大时，无法进行统计分析，不计算参考初选值，测算结果如表1-14所列。

如表1-14所列，土壤重金属污染风险评估参比值因土壤pH值不同而不同，这是因为pH值对土壤重金属活性有重要影响，进而影响重金属从土壤向农作物的迁移和转运。

土壤pH值不仅直接控制重金属氢氧化物、碳酸盐、磷酸盐的溶解度，而且还决定重金属的水解、离子半径的形成、有机物质的溶解及土壤表面电荷的性质等，因而在重金属吸附过程中起着主导作用。

（1）土壤pH值与镉活性的关系

据报道，土壤中镉的释放量与土壤pH值的关系如图1-4所示[31]（书后另见彩图）。

如图1-4所示，随土壤pH值不断增大，土壤镉的释放量逐渐减少，大致可分为三个阶段：

表1-14　参比值测算结果汇总

镉										
类型	样本数	pH ＜ 6.5			pH=6.5 ～ 7.5			pH ＞ 7.5		
		初选值 /(mg/kg)	保护率	过保护率	初选值 /(mg/kg)	保护率	过保护率	初选值 /(mg/kg)	保护率	过保护率
水稻	4086	0.32	92.24%	15.00%	0.42	95.04%	19.28%	0.54	92.68%	24.37%
小麦	1636	0.30	86.49%	41.80%	0.44	90.07%	30.95%	0.56	85.43%	39.56%
玉米	2177	0.30	86.10%	43.87%	0.36	85.71%	39.55%	0.54	85.29%	23.00%
叶菜类蔬菜	1956	0.32	86.10%	49.72%	—	—	—	0.58	90.31%	43.39%
根茎类蔬菜	1378	0.26	91.54%	65.48%	0.34	90.09%	44.62%	0.24	85.16%	65.86%
建议值 /(mg/kg)		0.3			0.4			0.5		

汞										
类型	样本数	pH ＜ 6.5			pH=6.5 ～ 7.5			pH ＞ 7.5		
		初选值 /(mg/kg)	保护率	过保护率	初选值 /(mg/kg)	保护率	过保护率	初选值 /(mg/kg)	保护率	过保护率
水稻	4067	0.40	91.96%	13.61%	0.50	94.34%	21.88%	0.75	90.08%	40.00%
小麦	1636	0.35	86.28%	26.32%	0.45	88.01%	53.85%	0.70	87.90%	66.32%
玉米	2177	0.20	89.61%	65.29%	0.35	90.64%	40.91%	0.85	90.56%	4.00%
叶菜类蔬菜	1840	0.50	85.09%	32.52%	0.35	85.07%	49.33%	1.00	86.14%	24.62%
根茎类蔬菜	1290	—	—	—	—	—	—	0.55	91.25%	71.43%
建议值 /(mg/kg)		0.3			0.5			0.7		

续表

砷										
类型	样本数	pH < 6.5			pH=6.5 ~ 7.5			pH > 7.5		
		初选值 /(mg/kg)	保护率	过保护率	初选值 /(mg/kg)	保护率	过保护率	初选值 /(mg/kg)	保护率	过保护率
水稻	4065	25.0	90.02%	19.48%	22.5	91.22%	23.08%	25.0	90.24%	15.38%
小麦	1636	40.0	85.61%	19.05%	32.5	85.68%	33.88%	32.5	90.53%	56.88%
玉米	2177	55.0	85.10%	26.54%	40.0	86.71%	32.69%	40.0	86.44%	17.03%
叶菜类蔬菜	1926	37.5	85.27%	28.05%	—	—	—	20.0	90.10%	50.85%
根茎类蔬菜	1367	27.5	90.00%	43.53%	25.0	86.23%	23.39%	32.5	90.37%	39.47%
建议值（水稻、蔬菜）/(mg/kg)		25			20			20		
建议值（其他）/(mg/kg)		40			30			30		
铅										
类型	样本数	pH < 6.5			pH=6.5 ~ 7.5			pH > 7.5		
		初选值 /(mg/kg)	保护率	过保护率	初选值 /(mg/kg)	保护率	过保护率	初选值 /(mg/kg)	保护率	过保护率
水稻	3863	110	90.93%	28.85%	160	91.34%	16.42%	200	97.14%	24.00%
小麦	1636	100	95.82%	19.66%	150	94.71%	19.57%	180	90.22%	47.88%
玉米	2177	110	90.38%	26.67%	150	87.04%	20.63%	200	89.37%	23.56%
叶菜类蔬菜	1938	40	89.53%	67.52%	40	87.13%	58.97%	110	85.23%	32.91%
根茎类蔬菜	1354	60	85.38%	43.86%	—	—	—	90	86.21%	34.69%
建议值（蔬菜）/(mg/kg)		40			60			80		
建议值（其他）/(mg/kg)		100			150			200		

续表

铬										
类型	样本数	pH < 6.5			pH=6.5 ~ 7.5			pH > 7.5		
		初选值 /(mg/kg)	保护率	过保护率	初选值 /(mg/kg)	保护率	过保护率	初选值 /(mg/kg)	保护率	过保护率
水稻	3934	200	99.00%	24.32%	240	98.74%	24.14%	290	96.99%	22.22%
小麦	1636	250	91.96%	24.58%	290	90.04%	22.92%	—	—	—
玉米	2177	260	97.87%	24.44%	290	91.33%	13.79%	300	90.14%	19.81%
叶菜类蔬菜	1935	250	91.28%	23.16%	—	—	—	250	92.66%	19.23%
根茎类蔬菜	1380	250	92.16%	20.69%	—	—	—	240	93.27%	22.50%
建议值（蔬菜）/(mg/kg)		150			200			250		
建议值（其他）/(mg/kg)		200			250			300		

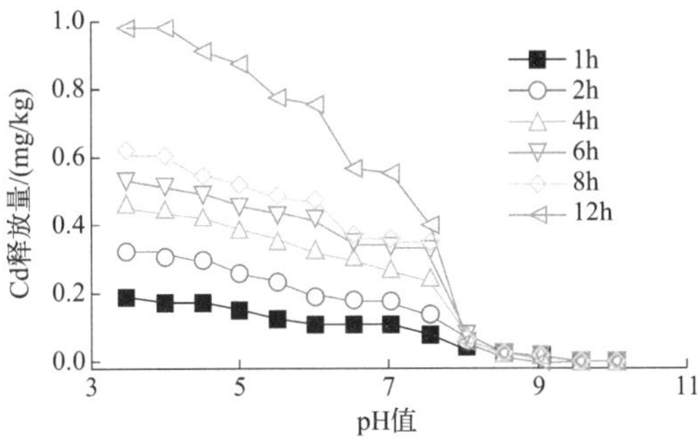

图 1-4 土壤 pH 值对镉释放量的影响

第一阶段是 pH ＜ 6，随土壤 pH 值不断增大，镉释放量快速降低；

第二阶段是从 pH=6 至 pH=7，土壤镉释放量几乎不随土壤 pH 值变化而变化；

第三阶段是 pH ＞ 7，镉释放量随土壤 pH 值增加第二次快速降低。

因此，对于镉而言，依土壤 pH 值分为三段分别制定评估参比值较为适宜。

（2）土壤 pH 值与汞活性的关系

土壤 pH 值是影响重金属汞有效性的最重要因素，因为它不仅影响重金属汞在土壤溶液中的形态，而且通过影响土壤颗粒表面交换性能而影响其有效性。当土壤 pH 值在 1 ～ 8 范围内，随 pH 值增加土壤对汞的吸附量也增加，但当 pH ＞ 8 时对土壤吸附汞量的影响较小，见图 1-5[32]。图 1-5 中，X、Y、F、D 分别表示北京市房山区云峰寺、房山区西郊、西郊机场和清河湾东北旺 4 个地点的土壤。

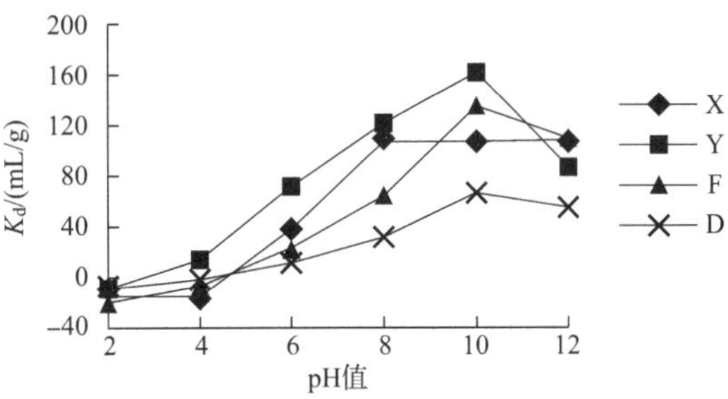

图 1-5 土壤 pH 值对汞在土壤中分配系数 K_d 的影响

因此，对于汞而言，可参照其他重金属分档方式，依土壤 pH 值分为三段分别制定评估参比值。

（3）土壤 pH 值与砷活性的关系

一般认为，在相同浓度下，土壤 pH 值对砷吸附的影响呈规律性变化（图 1-6）。在强酸性条件下，pH 值对砷吸附的影响不大，而当 pH 值升高到一定程度时砷吸附量随 pH 值增加而锐减。因此，在 pH 值 - 砷吸附量的关系曲线中都有一个拐点，拐点的 pH 值在 5.5 ～ 6.5 之间 [33]。

因此，对于砷而言，依土壤 pH 值分为三段分别制定评估参比值较为适宜。但是，在碱性条件下，砷的吸附量会随土壤 pH 值增大显著降低，考虑到现有 pH 值分档方法和土壤风险管控需要，选择 pH 值接近 7.5 的条件作为土壤评估参比值制定依据是比较稳妥的，即 pH 值在 6.5 ～ 7.5 之间和 pH ＞ 7.5 制定相同的参比值。

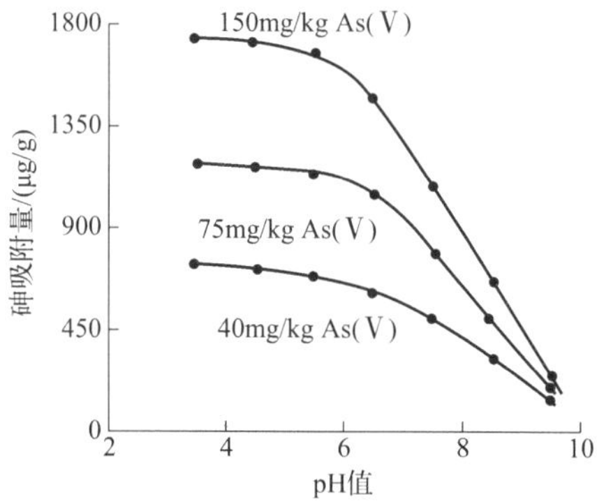

图 1-6　不同土壤平衡液砷初始浓度下水稻土中砷的吸附量随 pH 值变化曲线[33]

（4）土壤 pH 值与铅活性的关系

在较低 pH 值时，溶液中的铅离子呈阳离子状态，由于 H^+ 浓度较高，H^+ 对铅离子存在竞争吸附，影响重金属离子的交换吸附，此时土壤对铅离子的吸附效果较差；随着体系 pH 值的升高，土壤中的黏土矿物、水合氧化物和有机质表面的负电荷增加，对铅离子的吸附力加强，而且在氧化物表面的专性吸附、土壤有机质 - 金属络合物的稳定性随 pH 值升高而增强，因而，随着 pH 值升高，土壤对铅吸附量表现出增大趋势。以黏土为例，由图 1-7 可以看出，黏土对多种重金属的吸附能力均随土壤 pH 值升高而增强。

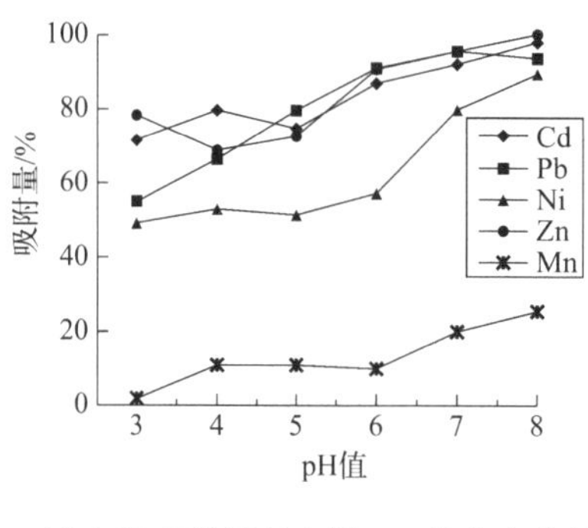

图 1-7　重金属吸附量随土壤 pH 值的变化情况[34]

因此，对于铅而言，可参照其他重金属分档方式，依土壤 pH 值分为＜ 6.5、6.5 ～ 7.5、＞ 7.5 三段分别制定评估参比值。

（5）土壤 pH 值与铬活性的关系

依据《土壤环境质量标准详解》，在正常土壤中，铬以四种形态存在：两种三价的形态，即 Cr^{3+} 和 CrO_2^-；两种六价的阴离子形态，即 $Cr_2O_7^{2-}$ 和 CrO_4^{2-}。其中，三价铬活性与六价铬活性随土壤 pH 值变化情况是完全相反的，而土壤中三价铬是主要形态，因此，土壤铬的环境标准主要依据三价铬性质而定。

一般认为土壤对 Cr（Ⅲ）的吸附量随 pH 值升高而增加。以振荡平衡法比较了来自我国 15 个省区 16 种土壤对 Cr（Ⅲ）的吸附及其动力学特性，总体上看，土壤溶液中游离的 Cr（Ⅲ）含量随 pH 值升高而减少，说明低 pH 值条件下，Cr（Ⅲ）活性更强。

此外，据报道，在酸性介质中有利于由 Cr（Ⅵ）转化为 Cr（Ⅲ）[35]，即 $Cr_2O_7^{2-}$ 在酸性介质中是强氧化剂，用一般还原剂都可将其转化为 Cr（Ⅲ）；在碱性介质中，由 Cr（Ⅲ）转化为 Cr（Ⅵ）较为有利。所以，考虑土壤 pH 值与铬活性的关系不仅要考虑吸附作用，更要分析氧化还原过程的影响。

总之，现有研究表明，Cr（Ⅲ）在中碱性条件下在土壤中的迁移性很弱。因此，对于铬而言，依然参照其他重金属分档方式，依土壤 pH 值分为三段分别制定评估参比值。

最终以土壤 pH 值为划分依据的农产品产地重金属安全评估参比值结果如表 1-15～表 1-17 所列。

表1-15　水稻产地土壤重金属安全评估参比值　　单位：mg/kg

项目	不同土壤 pH 值下的参比值		
	＜ 6.5	6.5 ～ 7.5	＞ 7.5
镉	0.3	0.4	0.5
汞	0.3	0.5	0.7
砷	25	20	20
铅	100	150	200
铬	200	250	300

表1-16　蔬菜产地土壤重金属安全评估参比值　　单位：mg/kg

项目	不同土壤 pH 值下的参比值		
	＜ 6.5	6.5 ～ 7.5	＞ 7.5
镉	0.3	0.4	0.5
汞	0.3	0.5	0.7
砷	25	20	20
铅	40	60	80
铬	150	200	250

表1-17　其他农产品产地（水稻、蔬菜产地除外）土壤重金属安全评估参比值　单位：mg/kg

项目	不同土壤 pH 值下的参比值		
	< 6.5	6.5 ～ 7.5	> 7.5
镉	0.3	0.4	0.5
汞	0.3	0.5	0.7
砷	40	30	30
铅	100	150	200
铬	200	250	300

参考文献

[1] 李硕，田晶，曹进．我国食用农产品质量安全监管现状分析 [J]．食品安全质量检测学报，2018, 9(02): 452-458.

[2] Larsen S, Alp M. Ecological thresholds and riparian wetlands: An overview for environmental managers [J]. Limnology, 2015, 16(1): 1-9.

[3] 李勖之，郑丽萍，张亚，等．应用物种敏感分布法建立铅的生态安全土壤环境基准研究 [J]．生态毒理学报，2021, 16(01): 107-118.

[4] 李勖之，孙丽，杜俊洋，等．农用地土壤重金属锌的生态安全阈值研究 [J]．环境科学学报，2022, 42(07): 408-420.

[5] 窦韦强，安毅，秦莉，等．农用地土壤重金属生态安全阈值确定方法的研究进展 [J]．生态毒理学报，2019, 14(04): 54-64.

[6] Posthuma L, Suter Ⅱ G W, Traas T P. Species Sensitivity Distributions in Ecotoxicology [M]. Boca Raton: CRC Press, 2001.

[7] Sheldon M R, Fillyaw M J, Thompson W D. The use and interpretation of the Friedman test in the analysis of ordinal-scale data in repeated measures designs [J]. Physiotherapy Research International, 1996, 1(4): 221-228.

[8] Khorami S, Raheli H, Bayazidnejad D. Identifying and categorizing factors affecting e-commerce boom for agricultural products with emphasis on agricultural sustainability [J]. Journal of Agricultural Science and Sustainable Production, 2020, 30(3): 253-266.

[9] Nagyová L’, Andocsová A, Géci A, et al. Consumers’awareness of food safety [J]. Potravinarstvo Slovak Journal of Food Sciences, 2019, 13(1):8-17.

[10] Zabel T, Cole S. The derivation of environmental quality standards for the protection of aquatic life in the UK [J]. Water and Environment Journal, 1999, 13(6): 436-440.

[11] Lepper P. Towards the derivation of quality standards for priority substances in the context of the Water Framework Directive [R]. Dresden: Fraunhofer Institute, 2002.

[12] Directorate D E. Guidance Document for Aquatic Effects Assessment [M]. Paris: Environment Directorate, Organisation for Economic Co-operation and Development, OECD Publishing, 1995.

[13] Chapman P M, Fairbrother A, Brown D. A critical evaluation of safety (uncertainty) factors for ecological risk assessment [J]. Environmental Toxicology and Chemistry: An International Journal, 1998, 17(1): 99-108.

[14] Fishwick S, Scientist S, Quality S, et al. Soil Screening Values for Use in UK Ecological risk assessment [M]. Bristol: Environment Agency Bristol, 2004.

[15] Traas T. Guidance document on deriving environmental risk limits [S].Bilthoven：National Institute of Public Health and the Environment (RIVM), 2001.

[16] Kooijman S. A safety factor for LC_{50} values allowing for differences in sensitivity among species [J]. Water Research, 1987, 21(3): 269-276.

[17] Niu Z G, Du L, Li J F, et al. Ecological risk assessment of microcystin-LR in the upstream section of the Haihe River based on a species sensitivity distribution model [J]. Chemosphere, 2018, 193: 403-411.

[18] Lei L P, Liu B, Chen S B. Cd-phytotoxicity species sensitivity distributions and root Cd forms of different tobacco cultivars [J]. Journal of Agro-Environment Science, 2015, 34(10): 1858-1864.

[19] Sun C, Chen S B, Song W E, et al. Accumulation characteristics of cadmium by rice cultivars in soils and its species sensitivity distribution [J]. Scientia Agricultura Sinica, 2014, 47(12): 2384-2394.

[20] 董明明，牟力言，秦莉，等. 物种敏感性分布法拟合函数的拟合优度评价 [J]. 农业环境科学学报，2021, 40(03): 544-551.

[21] Wheeler J, Grist E, Leung K, et al. Species sensitivity distributions: Data and model choice [J]. Marine Pollution Bulletin, 2002, 45(1-12): 192-202.

[22] 蒋丹烈，胡霞林，尹大强. 应用物种敏感性分布法对太湖沉积物中多环芳烃的生态风险分析 [J]. 生态毒理学报，2011, 6(01): 60-66.

[23] 张瑞卿，吴丰昌，李会仙，等. 应用物种敏感度分布法研究中国无机汞的水生生物水质基准 [J]. 环境科学学报，2012, 32(02): 440-449.

[24] 刘昔，王智，王学雷，等. 应用物种敏感性分布评价中国湖泊水体中重金属污染的生态风险 [J]. 湖泊科学，2018, 30(05): 1206-1217.

[25] 杜建国，赵佳懿，陈彬，等. 应用物种敏感性分布评估中国近海和福建主要海湾水体重金属生态风险 [J]. 生态毒理学报，2013, 8(04): 554-560.

[26] 夏增禄. 中国主要类型土壤若干重金属临界含量和环境容量区域分异的影响 [J]. 土壤学报，1994(02): 161-169.

[27] 夏增禄. 中国土壤环境容量 [M]. 北京：地震出版社，1992.

[28] 金芬，邵华，杨锚，等. 我国粮食产地土壤重金属健康风险基准值研究 [J]. 农业质量标准，2008(05): 42-45.

[29] 李静. 重金属和氟的土壤环境质量评价及健康基准的研究 [D]. 杭州：浙江大学，2006.

[30] 杨居荣，许嘉琳. 灰钙土重金属生态基准 [J]. 中国环境科学，1995, 15(03): 177-182.

[31] 王崇臣，王鹏. pH 值对土壤中 Pb、Cd 释放量的影响 [J]. 安徽农业科学，2009, 37(05): 2170-2171.

[32] 赵金艳，王金生，孙福丽，等 . pH 值对包气带土壤吸附铅和汞的影响实验 [J]. 水文地质工程地质，2005 (06):16-19.

[33] 陈同斌，刘更另. 土壤中砷的吸附和砷对水稻的毒害效应与 pH 值的关系 [J]. 中国农业科学，1993,26(01):63-68.

[34] 邓迎璇，翁莉萍，朱桂芬，等 . pH、钙和磷对砷在水稻土中溶解度的影响及表面络合机制解析 [J]. 环境科学，2023, 44(02): 1012-1020.

[35] 白利平，王业耀. 铬在土壤及地下水中迁移转化研究综述 [J]. 地质与资源，2009, 18(02): 144-148.

第2章

重度污染产地风险评估与识别

》产地污染风险评估

》重度污染产地的定义与识别

在重度污染地区，由于长期受到工业排放、农业化学品滥用等因素的影响，土壤中的重金属含量显著超标，这不仅直接导致了农产品质量安全隐患，也使得农产品超标的风险显著增加。面对如此严峻的环境挑战，对这类地区的农业种植结构进行科学合理的调整显得尤为关键，以限制受污染的农产品进入消费市场，保护公众健康。然而，在实际操作中，如何根据不同的土壤条件和作物特性进行有效的调整，以及确定具体的调整对象成为亟待解决的问题。

本章着重探讨了重度污染产地的风险评估与识别，为后续的种植结构调整提供坚实的理论基础和技术指导。首先，2.1 部分详细描述了产地污染风险评估的技术流程（包括数据收集、样本分析、风险等级划分等）、评估指标体系（涵盖土壤重金属含量、作物吸收系数及环境因素等多维度）及方法（如基于统计模型的预测分析和地理信息系统空间分布模拟技术），确保对污染状况进行全面而精确的评价。其次，2.2 部分明确了重度污染产地的定义与识别方法，通过结合历史污染记录、现场调查结果及实验室检测数据，利用多层次逻辑判断模型准确划定重度污染产地范围。这些步骤对于制定针对性的土壤修复措施和种植结构调整策略至关重要。

2.1 产地污染风险评估

2.1.1 产地污染风险评估技术流程

在不同污染生态类型条件下，产地污染物来源的多样性、种类的复杂性以及污染物与环境相互作用的特殊性等因素导致了各污染区域分异规律的差异[1]。因此，在进行产地污染风险评估时有必要建立一套科学合理的方法体系，以确保评估结果能够准确反映实际情况，并为后续的治理和制订保护措施提供依据。完整的产地污染风险评估技术流程主要包括采样点布设、样品采集、样品流转与制备、样品检测、数据审核、风险评估及报告编制等关键环节。

下面将详细阐述完整的产地污染风险评估技术流程[2]。

2.1.1.1 采样点布设

布点作为产地污染风险评估的首要步骤，其重要性不言而喻。它不仅关乎后续采样工作的顺利进行，更直接影响评估结果的准确性和可靠性。因此，在布点过程中需综合考虑多种因素，确保采样点的合理性和代表性。

（1）产地特征分析

在布点前，需对产地地形地貌、土壤类型、水文地质条件等进行全面分析。这些因素直接影响着重金属在土壤中的分布和迁移转化规律。例如，地形地貌的不同可能导致重金属在不同区域的积累程度存在差异，土壤类型和水文地质条件则决定了重金属在土壤中的吸附、解吸、淋溶等过程。

（2）污染源调查

污染源调查是布点过程中的关键环节。需对产地周边的工业排放、农业活动、交通运输等潜在污染源进行详细调查，明确其排放强度、排放方式及影响范围。通过污染源调查，可以初步判断重金属污染的可能来源和污染程度，为后续布点提供重要依据。

（3）农产品种植情况考虑

农产品种植情况也是布点时不可忽视的因素。不同农产品对重金属的吸收能力和积累特性存在差异。因此，在布点时需考虑农产品种植情况，了解主要种植的农产品种类、分布及生长周期、产量等信息。这些信息有助于判断重金属在农产品中的积累情况，从而合理确定采样点的位置和数量。

（4）采样点布局原则

在综合考虑上述因素的基础上，需遵循空间统计三位一体框架，根据调查总体的性质和统计推断方法布设采样点。在产地污染风险评估中，调查总体的性质即产地污染的空间相关性、异质性和地理环境相似性等特征，统计推断方法主要包括总体估计、插值制图和等级划分三种。

① 总体估计要求估计均值与真实均值越接近越好。采用不包括纠偏机制的统计推断方法时，样本频率直方图与总体频率直方图越接近越好。

② 插值制图要求每个待插值点上的预测值与真实值接近。当采用不含辅助变量的统计推断方法时，需要采样点均匀分布并在变化剧烈的地方加密布点；当采用基于辅助变量的统计推断方法时，需要样本在辅助变量组成的特征空间中具有代表性。

③ 等级划分需要精准确定不同污染等级的边界，由于产地环境污染的空间自相关性，需要在潜在的等级过渡带加密布点。

不采用专门的抽样方法时，也可以基于经验进行采样点布设。此时，应遵循以下原则：首先，应确保采样点具有代表性，能够全面反映产地重金属污染状况；其次，采样点应具有覆盖性，覆盖产地的主要区域和潜在高风险区域；最后，采样点之间应保持适当的距离，避免过于密集或稀疏导致评估结果偏误。

（5）采样点数量确定

采样点的数量和位置是布点的核心问题。根据空间统计三位一体框架，采样点数量可由调查总体的性质和统计推断方法倒推获得。由于许多基于入样概率和基于模型的统计推断方法的理论误差公式并不需要采样点上的实际污染数据，将设定误差代入统计推断方法的理论误差公式或者样本量 - 误差曲线，即可获得最小样本量。无明确的统计推断方法和总体参数时，可以根据产地空间范围大小、复杂程度及评估需求等因素综合考虑，确定样本量。一般来说，产地空间范围越大、越复杂，污染产地风险评估与识别精度要求越高，所需采样点数量越多。

综上所述，采样点布设是产地污染风险评估中的关键环节。通过全面分析产地特征、调查污染源、考虑农产品种植历史以及遵循采样点布局原则，可以合理确定采样点的位置和数量，为后续采样和评估工作奠定基础。

2.1.1.2 样品采集

样品采集作为获取食用农产品产地重金属污染数据的关键环节，其执行的质量直接影响后续分析与风险评估的准确性。为确保样品能够真实反映产地土壤中重金属的实际状况，在整个采样过程中需严格遵守既定的规范和操作规程。

（1）样方选取

考虑到采样设计中所采用数据的时效性等问题，当预先设计位置不适合采样或者有更佳位置时，可以根据采样设计中的候选样点选择方法，并综合考虑场地的历史用途、周边环境特征（如邻近工业设施、农业活动等）以及地理因素（如地形地貌、水流方向等），选择新的采样点位置并布设样方。在样方内，推荐采用网格法、梅花法或随机法确定样品采集位置。同时，为了深入了解重金属在土壤剖面中的分布情况，通常需要从地表至特定深度范围内采集多层土壤样本。

（2）实地采样要求

在进行实地采样时，除了记录每个采样点的具体地理位置信息（例如使用 GPS 获取精确坐标）、环境条件（包括但不限于植被类型、土地利用现状及附近潜在污染源）之外，还应对采样深度、土壤质地等参数进行详细标注。这些基础信息不仅有助于在后续数据分析时提供背景支持，也是准确解读重金属浓度变化趋势的重要依据。

（3）样品收集原则

为了防止样品在采集、保存直至实验室检测前受到外界污染，必须采取有效的防护措施。例如，使用预先清洗并干燥的专业采样工具；将采集到的土壤样本立即密封于干净、无污染的容器内，并按照规定条件妥善保存；在运输过程中也需特别注意避免震动、温度波动等因素对样品状态的影响。

（4）采样报告

所有采样活动均需形成详细的文档记录，包括但不限于采样日期、天气状况、参与人员名单及其职责分工等内容。这不仅是对整个采样流程的有效管理和监控，也为日后复查或进一步研究提供了重要的参考依据。

通过上述一系列严谨的操作步骤，可以最大限度地保障样品的真实性和可靠性，从而为精准评估产地土壤重金属污染状况奠定坚实的基础。

2.1.1.3 样品流转与制备

样品流转与制备是连接采样与检测的重要桥梁，其目的是确保从采样点收集到的样品在运输、保存及制备过程中不受外界干扰和污染，从而保证后续检测分析结果的准确性和可靠性。这一过程包括样品收集、运输、保存以及实验室内的样品制备等多个环节，每个环节都需要遵循严格的操作规范，采取恰当的质量控制措施。

（1）样品收集

在完成现场采样后，立即将样品装入预先清洗并做好标记的容器中，以避免任何可能的交叉污染。对于重金属污染评估而言，推荐使用聚乙烯（PE）或聚四氟乙烯（PTFE）材质的容器，因为这些材料具有良好的化学稳定性和抗腐蚀性。同时，为了防止样品中的水分蒸发或者外界污染物渗入，所有容器必须密封良好，并在外表面贴上包含样品编号、采样地点、日期等关键信息的标签。

（2）运输

在样品的运输过程中需要特别注意保持样品的原始状态。应尽量缩短样品从采样点到实验室的时间间隔，通常建议不超过 24h。若无法及时送达，则需根据样品性质进行适当的保存，如冷藏（4℃左右）或冷冻（−20℃以下），特别是当样品中含有易挥发性成分或微生物活性成分时更为重要。此外，在运输途中还需避免剧烈震动和直接阳光照射，以防物理损坏或温度变化影响样品质量。

（3）保存

到达实验室后，样品需按照规定条件妥善保存直至准备进行分析。一般情况下，土壤样品可在常温下长期保存，但对于特定类型的样品（如含有高浓度有机物或需进行生物有效性测试的样品），则可能需要低温保存。保存期间，要定期检查样品的状态，确保没有发生变质或泄漏现象。同时，建立详细的样品库存管理系统，记录每批次样品的入库时间、位置及当前状态，便于管理和追踪。

（4）制备

在正式开展检测之前，需对样品进行必要的预处理和制备工作。这通常包括干燥（自然风干或恒温烘干）、研磨（使颗粒大小均匀一致以便于分析）以及过筛（去除较大颗粒杂质）。对于某些特殊分析项目，还可能涉及酸消解、碱熔融等前处理步骤，以提取样品中的目标元素。在整个制备过程中，必须严格执行标准操作程序（SOP），并采用空白对照和加标回收率实验来监控制备过程的质量，确保最终用于检测的样品能够真实反映原始样品的特性。

通过上述一系列严谨的样品流转与制备流程，可以有效保障样品在各个环节中的完整性和稳定性，为后续精确测定重金属含量提供保障。

2.1.1.4 样品检测

样品检测作为评估食用农产品产地土壤重金属污染程度的重要手段，其核心在于采用准确可靠的检测方法对样品中的重金属含量进行精确测定。为了确保检测结果的准确性、可靠性和可追溯性，整个检测过程需严格按照实验室质量管理体系的要求进行操作。

（1）检测方法的选择

在选择检测方法时，应根据目标重金属元素的种类及预期浓度范围来确定最适合的技术手段。常用的方法包括但不限于原子吸收光谱（AAS）法、电感耦合等离子体-发射光谱（ICP-OES）法、电感耦合等离子体-质谱（ICP-MS）法以及X射线荧光光谱（XRF）法。每种方法都有其特定的优势和局限性，在实际应用中需综合考虑灵敏度、特异性、成本效益比等因素。例如，对于痕量重金属分析，ICP-MS因其高灵敏度和多元素同时检测能力而被广泛采用；而对于现场快速筛查，XRF可能更为合适。

（2）样品前处理

在正式检测之前，通常需要对样品进行适当的前处理，以提高分析效率并减少基质效应的影响。常见的前处理步骤包括酸消解、碱熔融或微波辅助消解等，目的是将样品中的重金属元素转化为适合仪器检测的形式。此过程中，必须严格控制试剂纯度、反应条件（如温度、时间）及加标回收率，以保证处理后的溶液能够真实反映原始样品中的重金属含量。

（3）实验室质量控制

为确保检测数据的质量，实验室应建立完善的质量控制体系，涵盖内部质量控制（IQC）和外部质量控制（EQC）。IQC主要包括使用标准物质、重复样、空白样等进行日常监控，定期校准仪器设备，并通过参与实验室间比对实验或能力验证计划来实施EQC。此外，所有检测人员均需接受专业培训并通过考核，以确保熟练掌握相关技术规范和操作流程。

（4）数据记录与管理

在整个检测过程中，详细的数据记录是不可或缺的一环。这不仅包括原始检测数据，还应包含样品信息、所用试剂批次、仪器参数设置以及任何异常情况的描述等。利用实验室信息管理系统（LIMS），可以实现对这些数据的有效管理和追踪，从而提高工作效率并保障数据的安全性和完整性。

（5）结果解释与报告

完成检测后，需对所得数据进行科学合理的解释。首先，应对数据的有效性进行审核，处理异常值，并基于统计学原理计算平均值、标准偏差等描述性统计量。然后，将检测结果与相应的环境质量标准或食品安全限量值对比，以判断样品是否超标。最后，形成结构化的检测报告，清晰地展示样品基本信息、检测方法、结果概览以及结论建议等内容，为后续的风险评估提供坚实的数据支持。

通过上述系统化的样品检测流程，不仅可以获得关于产地土壤重金属污染状况的精准数据，而且还能有效提升检测工作的科学性和规范性，从而更好地服务于环境保护和食品安全管理的目标。

2.1.1.5　数据审核

数据审核作为确保食用农产品产地土壤重金属污染风险评估结果科学性和准确性的关键步骤，其目的在于通过严格审查检测数据的各个方面，包括完整性、合理性、一致性及异常值处理等，保证数据质量完全符合评估要求。

以下是数据审核过程中应重点关注的几个方面。

（1）数据完整性检查

首先需要确认所有必要的数据是否均已收集齐全。这不仅涵盖样品的基本信息（如采样点位置、环境条件、采样深度等），还包括实验室提供的所有检测数据（如各种重金属元素的具体浓度）。任何数据的缺失都可能导致最终评估结果的偏差或不完整，因此必须查明原因并尽可能补充完整。对于确实无法获取的数据，则应在报告中明确说明，并评估其对整体评估结论可能产生的影响。

（2）数据合理性分析

在审核过程中，需对各项数据进行逻辑和背景上的合理性分析。例如，比较同一采样点不同深度土壤样本中的重金属含量变化趋势，判断是否存在异常；或者对比相邻采样点间的数据差异，看是否存在不合理跳跃。此外，还需结合场地的历史使用情况、周边环境特征等因素综合考量，确保数据反映的现象是合理的。如果发现有不符合预期规律的数据点，则需要深入调查其背后的原因。

（3）数据一致性验证

为了提高数据的可信度，应对不同来源或采用不同方法获得的数据进行一致性验证。例如，在同一实验室内部，可以通过平行样测试来检验重复性；而在不同实验室之间，则可通过参与外部质量控制计划或组织联合实验的方式评估实验室间数据的一致性水平。若发现显著不一致的情况应及时查找问题所在，如操作失误、设备故障等，并采取相应措施予以纠正。

（4）异常值处理

在数据分析阶段，不可避免地会遇到一些偏离正常范围的异常值。对于这些异常值，不能简单地删除或忽略，而应该按照预设的标准流程进行处理。通常的做法是先从技术角度出发，检查产生异常值的原因，如是否存在采样误差、仪器故障或是计算错误等。如果是由上述原因造成的，则修正后重新计算；如果不是，则可以考虑使用统计学方法［如格鲁布斯检验法（Grubbs test method）］来决定是否保留该值。同时，在报告中应详细记录异常值的处理过程及处理依据，以便于后续复查。

（5）质量保证与质量控制（QA/QC）

在整个数据审核过程中，实施有效的质量保证（QA）和质量控制（QC）措施至关重要。QA 侧重于预防错误的发生，涉及从项目规划到执行的全过程管理；而 QC 则专注于监测和纠正已出现的问题，如定期校准仪器、使用标准参考物质进行校验等。通过建立健全的 QA/QC 体系，可以最大限度地减少人为因素和技术局限带来的不确定性，从而增强评估结果的可靠性和说服力。

综上所述，数据审核是一个全面且细致的过程，它贯穿风险评估工作的始终，旨在通过对检测数据全方位的审视和优化确保最终得出的评估结论既科学又准确，为制定合理的环境保护和食品安全策略提供有力支撑。

2.1.1.6 风险评估

风险评估作为产地重金属污染风险评估的核心环节，旨在根据经过严格审核的数据，采用科学的风险评估模型和方法，全面评估产地土壤重金属污染带来的潜在风险。这一过程不仅需要对重金属浓度进行量化分析，还需结合环境条件、受体暴露途径等多方面因素，综合判断污染可能造成的危害及其影响范围。最终的评估结果应包括但不限于风险等级划分、潜在危害识别及影响范围预测等关键信息。

（1）风险评估模型的选择

选择合适的评估模型是确保风险评估科学性和准确性的基础。常用的模型包括熵权法（EWM）、概率风险评估（PRA）法、证据权重（WOE）法等。熵权法通过比较污染物浓度与相应的环境质量标准或生物毒性阈值来估算风险；概率风险评估法则基于统计学原理，考虑污染物浓度分布的概率特征以及其对受体的影响概率；而证据权重法则侧重于整合多种数据来源（如污染调查、生物有效性测试、生物毒性实验等），以获得更全面的风险表征信息。在实际操作中，可根据具体需求和可用数据情况选择最适合的模型组合。

（2）确定风险因子

在进行风险评估时，需明确主要的风险因子，即那些可能导致不可接受风险的关键污染物。这通常涉及对不同重金属元素的毒性效应、土壤-植物系统中的迁移转化特性以及当地生态环境特点等方面的深入研究。此外，还应考虑人类活动模式（如农业种植方式、居民生活习惯等）对暴露途径的影响，以便更精准地界定风险因子的作用机制。

（3）评估暴露途径

识别并评估重金属污染物进入受体（如植物、动物、微生物乃至人类）的主要暴露途径是风险评估的重要组成部分。常见的暴露途径包括经口摄入（食物链传递）、皮肤接触以及呼吸吸入等。对于每一种暴露途径，均需详细分析其暴露频率、持续时间及暴露剂量等因素，并据此计算出相应的暴露量。同时，还需关注不同暴露途径之间的相互作用及其对总体风险贡献率的变化趋势。

（4）计算风险值与分级

利用选定的风险评估模型，结合上述确定的风险因子及暴露途径参数，计算出各评估单元的风险值。然后，根据预设的风险阈值将这些风险值转化为直观的风险等级（例如低、中、高三级）。风险分级有助于快速定位高风险区域，并为后续制定针对性的管理措施提供依据。

（5）潜在危害识别与影响范围预测

除了量化风险等级外，还需深入探讨重金属污染可能带来的潜在危害及其影响范围。这包括对生态系统服务功能受损程度的预测、农作物品质安全性的评价以及人群健康风险的估计等方面。借助地理信息系统（GIS）技术，可以实现对污染扩散趋势的空间模拟，从而更加精确地划定受影响区域边界，并为制定有效的污染防治策略提供技术支持。

（6）不确定性分析

鉴于风险评估过程中涉及众多变量且每个变量都存在一定的不确定性，因此开展系统性的不确定性分析十分必要。该步骤旨在量化关键参数的敏感性及其对最终评估结论的影响程度，进而提高决策过程的透明度和可靠性。常见的不确定性处理方法有蒙特卡罗模拟、情景分析等。

综上所述，风险评估是一个复杂而精细的过程，它要求从多个维度审视重金属污染问题，并运用先进的科学技术手段加以解析。通过实施全面的风险评估，不仅能为产地重金属污染状况提供科学的评判标准，还能为相关部门制定合理的环境保护政策和风险管理措施奠定坚实的基础。

2.1.1.7 报告编制

报告编制作为产地污染风险评估工作的总结阶段，其目的在于将整个评估过程及结果以清晰、准确、完整的方式呈现出来。一份高质量的评估报告不仅能够系统地展示评估目的、方法、过程和结果，还应当提供基于科学依据的建议措施，为后续的环境保护行动和管理决策提供指导和支持。

（1）报告结构与内容概述

1）封面与目录

报告应包括一个简洁明了的封面，标注项目名称、执行单位、完成日期等基本信息，并附有详细的目录，方便读者快速定位所需信息。

2）前言

简述评估项目的背景、必要性及重要性，明确评估的主要目标和预期成果。

3）评估目的与范围

清晰阐述本次评估的目的，例如识别主要重金属污染物、评估其对环境和人体健康的潜在影响等；同时界定评估的空间范围（如特定农田区域）和时间跨度。

4）材料与方法

详细介绍用于评估的数据来源及相关采集信息（采样点分布、样品类型）、分析方法（检测技术、质量控制措施）、模型选择（风险评估模型及其参数设置）以及评估流程（从数据收集到最终结论）。这部分内容应足够详尽，以便其他专业人员能够重复或验证作者的工作。

5）结果与讨论

结果呈现应使用图表、地图等形式直观展示各评估单元的风险等级分布、重金属浓度水平、暴露途径分析等关键发现。对于复杂的数据集，可采用统计学方法进行归纳总结。结果解读中，可以结合已有研究文献和本地实际情况深入探讨评估结果的意义，指出哪些区域存在显著风险，可能的原因是什么，以及这些风险对生态系统服务功能、农作物安全性和居民健康的具体威胁。

6）不确定性分析

阐述在整个评估过程中遇到的主要不确定因素（如数据不足、模型假设局限等），并说明采取了哪些措施来减轻这些不确定性对最终结论的影响。

7）建议措施

根据评估结果提出具体可行的建议，涵盖短期应急响应（如限制受污染土地的使用）和长期治理策略（如土壤修复工程、改进农业实践等）。此外，还应考虑如何完善监测体系，持续跟踪污染状况的变化趋势。

8）结论

总结全文要点，重申评估的核心发现及其政策含义，强调遵循本报告提出的建议对于保障食品安全和保护生态环境的重要性。

9）参考文献

列出所有引用过的学术文献和技术标准，确保报告的科学性和严谨性。

10）附录

提供额外的支持材料，如原始数据表格、详细的计算公式、实验室检测报告副本等，增强报告的透明度和可信度。

（2）报告撰写注意事项

1）语言表达

使用专业但易懂的语言，避免过度使用行业术语，确保非专业人士也能理解报告的主要内容。

2）逻辑连贯

确保报告各部分之间逻辑关系紧密，过渡自然，使读者能够顺畅地跟随作者思路了解整个评估流程。

3）视觉效果

合理运用插图、表格等可视化工具，帮助解释复杂的概念或展示大量的数据信息，提升报告的可读性和吸引力。

4）审阅与校对

完成初稿后，需经过多次内部审阅和外部专家评审，仔细检查数据准确性以及表述是否恰当等问题，保证报告的专业水准。

一份全面翔实的报告，可以有效地传达产地重金属污染风险评估的关键信息，促进相关利益方之间的沟通协作，共同致力于解决环境污染问题，保护自然环境和公众健康。

此外，在核查评估指标体系内容时，需确保其与上述技术流程保持一致，涵盖采样点布设、样品采集、样品流转与制备、样品检测、数据审核、风险评估及报告编制等关键环节的相关指标和要求。通过完善的评估指标体系和技术流程，可全面、准确地评估食用农产品产地的重金属污染风险，为制定有效的防控措施提供科学依据。

2.1.2 产地污染风险评估指标体系

产地污染风险评估指标体系是用于系统性评价和量化特定区域土壤污染对生态系统、人类健康以及社会经济影响的一套综合性统计指标，旨在为决策者制定有效的污染防控策略提供科学依据。该指标体系是一个多维度、多层次的框架，涵盖了污染物及其来源识别、污染风险发生发展过程分析、土壤和农产品污染风险评价、受体污染水平评价、生态风险评价等污染风险评估过程的多个环节。每个环节中的指标选择需要综合考虑分析评价目标与要素间的关系、分析评价采用的方法、分析报告内容以及实际应用需求等方面，并结合数据可获得性审慎决策。以下分别简要介绍上述各环节指标选取的相关依据和注意事项。

（1）污染物及其来源识别

建立风险评估指标体系，首先要明确目标污染物是什么，并梳理其可能的来源。例如，针对产地土壤重金属污染风险评估，首先明确评估指标是镉、汞、砷、铅、铬等具有污染风险的重金属，然后梳理其来源[3]，如直接来源可能是降水、大气沉降、灌溉、施肥、施药以及成土母质里的重金属。因此，降水、大气、灌溉水、肥料、农药、背景值中的重金属含量都应纳入评估指标体系。

（2）污染风险发生发展过程分析

污染物产生风险主要是针对其对农产品质量甚至是人体健康的影响来讲的。污染物从进入产地到进入农产品可食部位，有着复杂的迁移转化过程。例如，土壤pH值、有机质含量、阳离子交换量（CEC）、土壤质地、含水量、孔隙度等土壤理化性质会影响污染物形态转变，活性态也就是有效态越多，能被作物吸收利用的污染物的量就越多。因此，土壤理化性质应当纳入评估指标体系。另外，与重金属共存在土壤中的其他金属和非金属离子也会与重金属发生协同或者拮抗作用，影响作物对重金属等污染物的吸收和转运，亦应当纳入评估指标体系。

除了污染物在土壤中的形态变化会影响污染风险的发生发展之外，有效态从土壤转移到作物可食部位的过程也会影响污染风险发生发展。降雨频率、降雨量、气温、积温、日照时间、辐照强度等水文、气象因素除了会影响土壤理化性质外，还与作物本身的生理特征一样，会直接影响作物生长发育、物质吸收，因此也应纳入评估指标体系。

（3）土壤和农产品污染风险评价

土壤和农产品污染风险评价是产地污染风险评估的最终目标。选用什么样的方法决定了评价这一环节本身所需关注的评价指标。例如，单因素评价法，评价时只关注某一种污染物，这种污染物为本次评价的目标指标。综合评价就涉及多个目标指标，这些目标指标既可能是单纯的污染物指标，也可能包含了影响污染风险发生的其他指标，因评价方法而异。

（4）受体污染水平评价

在全面进行环境污染风险评估的过程中，除了对污染物及其来源进行识别、分析污染风险发生发展的过程外，同样不可忽视的是对受体污染水平的评价。这一环节专注于评估特定环境中存在的污染物对生物体（包括人类和其他物种）的实际影响程度。通过精确测量污染物在不同介质中的浓度，并结合暴露途径和受体特征，可以有效评估受体面临的实际健康风险。这种评价不仅有助于了解当前环境状况下的潜在威胁，也为制定针对性的保护措施提供了科学依据。

（5）生态风险评价

在构建完整的污染风险评估体系时，延伸的生态风险评价是一个不可或缺的部分。它着眼于探讨污染物在整个生态系统中的扩散路径及长期效应，包括对非目标物种的影响、食物链中的累积效应以及对生态平衡的潜在破坏等。通过模拟和预测这些复杂的交互作用，可以更准确地评估污染事件对生态环境可能造成的广泛影响。这一步骤对于制定长远的环境保护策略至关重要，因为它有助于预见并缓解未来可能出现的生态危机，确保生态系统的稳定与可持续发展。因此，将受体污染水平评价和延伸的生态风险评价整合进指标体系中是全面评估环境污染风险的关键所在。

下面以湖南省湘潭县（2014年数据）为研究案例，介绍产地污染风险评估指标体系的构建过程。

1）构建背景

在湖南省湘潭县研究案例中，重金属镉为风险评估的目标污染物，通过对降雨、灌溉水、农区空气、农业投入品、土壤及农产品等介质中重金属及相关污染指标的同步监测，分析农业生产实践过程及周边污染源与产地土壤和农产品中重金属镉积累之间的关系，筛选主导影响因子，构建多源农产品产地安全评估指标体系。

2）指标集建立

农产品产地安全是农产品质量安全的源头，产地安全不仅仅指土壤安全，也代表着农产品的安全。由于重金属在土壤-作物体系中的迁移机理十分复杂，影响产地安全的因子众多。总体将其分为两类：一类是土壤镉含量和土壤镉活性的影响因子；另一类是作物镉迁移的影响因子。采用文献资料分析法建立重金属镉的指标集，广泛查阅国内外有关土壤-作物体系镉迁移累积的文献和专著，掌握镉在土壤-作物体系中迁移累积的影响因素，提出基于重金属镉的产地安全评估指标体系的初步框架。

土壤镉含量的影响因素包括自身因素和外源因素。自身因素包括成土母质、土壤镉自然背景值等，外源因素包括降水、灌溉水、大气以及农业投入品等。土壤镉活性的影响因素主要包括土壤理化性质、土壤中共存元素或离子以及土壤中伴随的阴离子等。影响作物吸收镉的因素主要有两类：一类是影响作物从外界吸收镉的因素；另一类是影响镉在作物内迁移的因素，可归为作物、水文、气象三类。

根据文献研究以及专家咨询，将影响产地安全的主要指标列于表2-1中。构建的指标体系分为三级：一级指标为土壤镉含量、土壤镉活性和作物镉迁移；二级指标中包括土壤自身因素、降水、灌溉水、大气、农业投入品、土壤理化性质、共存元素（离子）、伴随阴离子、作物、水文、气象；三级指标为细化的可监测或调查的指标。

表2-1 农产品产地安全指标体系汇总

一级指标	二级指标	三级指标
土壤镉含量	土壤自身因素	海拔、成土母质类型、土壤镉自然背景值、土壤类型、地貌类型、土地利用方式、土壤肥力
	降水	降水量、降水中Cd含量
	灌溉水	灌溉水量、灌溉水中Cd含量
	大气	大气沉降通量、气候条件、PM_{10}浓度、$PM_{2.5}$浓度、总悬浮颗粒物浓度、大气中Cd浓度
	农业投入品	添加农药品种、亩均农药施用量、农药中Cd含量、添加肥料种类、亩均肥料施用量、肥料中Cd含量
土壤镉活性	土壤理化性质	土壤颜色、土壤密度、土壤含水量、土壤温度、土壤砂砾含量、土壤湿度、土壤质地（粉粒、黏粒、砂粒含量）、土壤容重、土壤相对密度、土壤田间持水量、土壤孔隙度、团聚体稳定性、土壤氧化还原电位（Eh）、土壤pH值、盐基饱和度、CEC、SOM、电导率
	共存元素（离子）	土壤Zn含量、土壤Mn含量、土壤Fe含量、土壤Ca含量、土壤K含量、土壤Cr含量、土壤Ni含量、土壤Cu含量、土壤As含量、土壤Hg含量、土壤Pb含量、土壤Ti含量、土壤Co含量、土壤Se含量、土壤Sr含量、土壤Mo含量、土壤Te含量、土壤La含量、土壤Ce含量、土壤Na含量、土壤Mg含量、土壤Al含量、土壤Si含量、铵离子、土壤有效磷、土壤速效钾、土壤碱解氮
	伴随阴离子	氯离子、硫酸根离子、氟离子、磷酸二氢根离子、硝酸根离子、乙酸根离子

续表

一级指标	二级指标	三级指标
作物镉迁移	作物	水稻品种、千粒重、水分、籽粒产量、作物Cd超标率、茎叶生物量、根系总长度（m）、根系表面积、根系生物量、柠檬酸、苹果酸、琥珀酸、半胱氨酸、组氨酸、根部谷胱甘肽、根部硫化物
	水文	年均降水量、年均蒸发量、每次降水初雨量、降雨次数（从播种到收获）、年降雨频次、年初雨量、生长期内灌溉次数、每次灌溉量、总灌溉量、灌溉次数（从播种到收获）、生长期内降雨次数
	气象	气压、种植季最高温、种植季最低温、年积温、昼夜温差、年日照时间（h）、无霜期、辐照强度、区域地表水资源量、区域地下水资源量、相对湿度

3）指标筛选

由于建立的指标集内指标众多，在使用 *K* 均值（*K*-means）聚类前需要对以上指标进行筛选，以增加代表性。对湘潭县典型乡镇的农业灌溉水、农药及化肥进行调查后发现，在梅林桥镇、河口镇、易俗河镇、谭家山镇四个地区采集的灌溉水样均未检出镉；采集的农药品种中均未检出镉（检出限为 0.18μg/L）；添加肥料主要是复合肥，采集复合肥样品中有 3 个样品检出镉，与土壤镉的含量相比相差三个数量级，可以忽略。故湘潭县灌溉水、农药、化肥对产地安全的影响可以不予考虑。其次对湘潭县典型乡镇雨水以及大气中的镉含量进行检测，检测结果见表 2-2，发现雨水中镉含量与土壤镉含量相差若干个数量级，故降雨对土壤 - 水稻体系镉迁移累积的影响也可以忽略。对典型乡镇大气中镉含量进行检测，发现其与土壤镉含量亦相差较大，因此大气对土壤 - 水稻体系镉迁移累积的影响也可以忽略。

表2-2 乡镇初雨及后雨中镉含量

编号	乡镇名称	初雨镉含量 /（mg/L）	后雨镉含量 /（mg/L）
1	乌石镇	0.00022	0.00009
2	中路铺镇	0.00022	0.00021
3	杨嘉桥镇	ND	0.00050
4	石潭镇	ND	0.00017
5	白石镇	ND	0.00020
6	锦石乡	ND	0.00009
7	排头乡	ND	0.00014
8	谭家山镇	ND	0.00031

续表

编号	乡镇名称	初雨镉含量/(mg/L)	后雨镉含量/(mg/L)
9	石鼓镇	ND	0.00004
10	易俗河镇	0.00049	0.00074
11	龙口镇	0.00009	0.00008
12	分水乡	0.00022	0.00086
13	河口镇	0.00017	0.00018
14	花石镇	0.00006	0.00007
15	云湖桥镇	0.00006	0.00004
16	梅林桥镇	0.00027	0.00013
17	青山桥镇	0.00079	0.00058
18	茶恩寺镇	0.00005	0.00005
19	射埠镇	0.00109	0.00082

注："ND"代表未检出，下同。

该研究是基于县域水平，该水平土壤自然背景值、水文、气象等数据变化均不大，而作物的影响也极其复杂，因此，为提高模型的鲁棒性，这些因素也不予考虑。综上，降水、灌溉水、大气、农药、化肥以及作物等对土壤镉的贡献均不大，其都会直接影响土壤总镉含量，对土壤-作物体系中镉迁移的影响也直接反馈在土壤镉含量的数据变化上，而土壤总镉含量是每年必测指标，因此一级指标中土壤镉含量及作物镉迁移在湘潭县研究范围内不予考虑。

一级指标中土壤镉活性的影响因素是最常用的指标，也是研究最为普遍的指标，考虑到测量成本及难易程度，最终选取土壤 pH 值、CEC、SOM、有效磷、速效钾、碱解氮、土壤镉含量、土壤锌含量、土壤镍含量、土壤锰含量、土壤铁含量、土壤铬含量、土壤铜含量、土壤砷含量、土壤汞含量、土壤铅含量、土壤钛含量、土壤钴含量、土壤硒含量、土壤锶含量、土壤钼含量、土壤镧含量、土壤铈含量、土壤钠含量、土壤镁含量、土壤铝含量、土壤硅含量、土壤钾含量、土壤钙含量 29 个指标，并使用 *K*-means 聚类对相关指标进行聚类，然后从每一个类别中选取一个指标作为代表，用于后续分析。

K-means 聚类是根据所有数据与初始聚类中心点间的欧氏距离对原有数据集进行分类，该算法的基本思想是：以空间中 *K* 个点为中心进行聚类，对最靠近它们的对象归类；通过迭代的方法逐次更新各聚类中心的值，最终使类内各指标的相似度达到最高，而类间各指标的相似度最低。具体的步骤如下：

① 从所有数据样本中随机选择 *K* 个对象，作为初始聚类中心；

② 根据距离中心最近的原则，计算其他数据对象到各聚类中心的距离，将其分配到各个相应的类中；

③ 对每一个类，计算其所有对象的平均值，作为新的聚类中心；

④ 根据距离中心最近的原则，重新进行数据对象的分配；

⑤ 返回第③步循环执行，当目标函数不再变化时算法结束。

K-means 聚类的实现首先需要确定聚类的数目，一般选取 3 ～ 5 个指标最为适宜。本报告中将聚类数 *K* 设为 3、4、5，对上述指标进行 *K*-means 聚类的结果见表 2-3。

表2-3　*K*-means聚类结果统计表

聚类数	分类	指标个数	包含指标
K=3	第一类	7	有效磷、速效钾、土壤镉含量、土壤镧含量、土壤钠含量、土壤镁含量、土壤钙含量
	第二类	5	碱解氮、SOM、土壤钼含量、土壤铅含量、土壤钛含量
	第三类	17	土壤 pH 值、CEC、土壤锌含量、土壤镍含量、土壤锰含量、土壤铁含量、土壤铬含量、土壤铜含量、土壤砷含量、土壤汞含量、土壤钴含量、土壤硒含量、土壤锶含量、土壤铈含量、土壤铝含量、土壤硅含量、土壤钾含量
K=4	第一类	5	有效磷、速效钾、土壤镉含量、土壤镁含量、土壤钙含量
	第二类	5	碱解氮、SOM、土壤钼含量、土壤铅含量、土壤钛含量
	第三类	9	土壤 pH 值、CEC、土壤锌含量、土壤砷含量、土壤硒含量、土壤锶含量、土壤铈含量、土壤锰含量、土壤铁含量
	第四类	10	土壤镧含量、土壤钠含量、土壤镍含量、土壤铬含量、土壤铜含量、土壤汞含量、土壤钴含量、土壤铝含量、土壤硅含量、土壤钾含量
K=5	第一类	4	土壤 pH 值、土壤硒含量、土壤锶含量、土壤锰含量
	第二类	5	有效磷、速效钾、土壤镉含量、土壤镁含量、土壤钙含量
	第三类	8	CEC、SOM、土壤锌含量、土壤砷含量、土壤铈含量、土壤铝含量、土壤硅含量、土壤铁含量
	第四类	7	土壤镍含量、土壤铬含量、土壤汞含量、土壤钴含量、土壤镧含量、土壤钠含量、土壤钾含量
	第五类	5	土壤铜含量、碱解氮、土壤钼含量、土壤铅含量、土壤钛含量

综上所述，为构建产地安全评估指标体系，依据镉在土壤 - 作物体系中迁移累积的影响因素，通过 *K*-means 聚类算法对集中的指标进行聚类，然后从每一个类别中选取一个指标作为代表。为了去除影响较弱的指标和潜在的干扰指标，通过相关性分析的统计方法，判断上述指标与水稻镉含量之间的关系。综合分析聚类结果，筛选出土壤 pH 值、CEC、SOM 和土壤 Cd 含量作为代表性指标，对其与早稻 Cd 含量、晚稻 Cd 含量之间进行相关性分析，具体见表 2-4。研究发现，土壤 Cd 含量与土壤 pH 值、CEC、SOM 之间存在正相关性，其中与土壤 pH 值相关性最高；早稻 Cd 含量与

土壤 pH 值、CEC、SOM 存在负相关性，与土壤 Cd 含量存在显著的正相关性；晚稻 Cd 含量与其他变量的相关性与早稻相似。

表2-4　土壤指标与水稻镉指标相关性分析

指标	土壤 Cd 含量	早稻 Cd 含量	晚稻 Cd 含量
土壤 Cd 含量	1	0.631**	0.522**
土壤 pH 值	0.139	−0.102	−0.083
CEC	0.067	−0.182	−0.029
SOM	0.104	−0.160	−0.035

注：** 表示在 0.01 水平上显著相关。

2.1.3　产地污染风险评估方法

为切实加强土壤污染防治，保护群众身体健康，促进社会和谐稳定，依据有关法律法规和国务院办公厅通知要求，环境保护部会同国家发展改革委、工业和信息化部、财政部、国土资源部、农业部、卫生部等部门编制了《重金属污染综合防治“十二五”规划》。该规划提出：加强重点区域农产品重金属污染状况评估，对重点区域实施定点监测，建立农产品产地安全档案。建立农产品产地重金属污染风险评价与预警体系，摸清各类产地安全质量状况，进行产地适宜性评估，完成农产品产地安全质量分类划分，实施农产品产地安全分级管理。“十三五”期间，国家发布了《土壤污染防治行动计划》和《中华人民共和国土壤污染防治法》，强调要开展农产品产地环境污染监测、风险评估，分级分区分类并靶向开展风险防控。

为贯彻落实《重金属污染综合防治“十二五”规划》《土壤污染防治行动计划》《中华人民共和国土壤污染防治法》，建立科学的农产品产地土壤重金属安全评估方法，完成农产品产地安全质量等级划分，实施农产品产地安全分级管理，基于构建的农产品产地安全评估指标体系进行了深入研究。该指标体系综合考虑了自然环境、土壤理化性质、农作物种类等因素，并结合污染物特征与来源识别、土壤污染水平评价、生态风险评价及暴露途径分析等多方面内容。

具体而言，在污染物特征与来源识别阶段，通过详细的化学分析确定土壤中重金属及其他有害物质的存在形式和浓度，并利用 GIS 技术绘制污染物的空间分布图[4]。在土壤污染水平评价过程中，将检测到的污染物浓度与国家标准进行对比，判断是否存在超标现象，并设定预警值和干预值进行分级管理。生态风险评价部分采用物种敏感性分布（SSD）模型和熵权法等方法量化污染物对生态系统的影响程度。在暴露途径分析中，通过蒙特卡罗模拟和敏感性分析等手段全面评估不同暴露途径下的风险水平。

基于上述系统化的评估框架，能够准确识别高风险区域，并提出针对性强的管理措施。通过应用单因子指数法、二次判别模型、压力 - 状态 - 响应（PSR）模型等多种评估方法，不仅提高了评估结果的科学性和可靠性，也为后续的风险管理和决策提供了坚实的数据支持。最终，根据评估结果完成农产品产地安全质量等级划分，并实施相应的分级管理策略，以保障农产品质量安全及生态环境健康。

2.1.3.1 基于单因子指数法的产地安全评估方法

采用土壤单因子指数和农产品单因子指数相结合的方法，其中土壤单因子指数计算公式如下：

$$P_i = \frac{C_i}{S_i} \tag{2-1}$$

式中 P_i——土壤中重金属i的单因子指数；

C_i——土壤中重金属i的实测浓度；

S_i——土壤中重金属i的安全评价参比值。

农产品单因子指数计算公式如下：

$$E_i = \frac{A_i}{L_i} \tag{2-2}$$

式中 E_i——点对点农产品中重金属i的单因子指数；

A_i——点对点农产品中重金属i的实测浓度；

L_i——农产品中重金属i的限量标准值（GB 2762）。

由公式可见，在基于单因子指数法的产地安全评估方法中，参比值是重要的基础参数。确定参比值后可直接计算得出单因子指数。鉴于产地污染物来源与种类的复杂性，以及污染物与环境、作物间相互作用的多样性，原有的《土壤环境质量标准》（GB 15618—1995，已废止）中的参比值已难以满足当前农业环境保护工作的实际需求。鉴于此，为突出农业特点并精准评价重金属污染，本书著者研究团队着手制定了专门的农产品产地土壤环境质量评价参比值。

在构建评估技术流程时，首先明确了产地污染风险评估的定义与目标，并据此建立了全面而系统的评估指标体系。该体系不仅涵盖了对土壤环境质量现状的评估，还深入考虑了农产品受污染的风险程度，并针对不同种类农产品和不同土壤条件对重金属污染物的敏感性进行了细致区分，旨在确保评估结果的准确性、针对性和科学性，为后续的污染防治策略和管理方法制定提供依据。

在评估方法的选择上，本研究采用了单因子指数法与多因子综合评估法相结合的方式，以全面反映土壤环境中各种污染物的共同作用。同时，结合区域识别的手段对不同区域的土壤环境特征进行了深入细致的分析，从而进一步提高了评估的准确性和实用性。在制定农产品产地土壤环境质量评价参比值的过程中，充分考虑了 GB 15618—1995 标准的局限性，并借鉴了 GB 15618—2018 标准的出台背景和内容。同时，结合国内外相关研究成果和实践经验，遵循科学的原理和流程，制定了符合我国农业特点的评价参比值（如本书 1.2.4 部分所述）。

当土壤重金属含量超过限量标准值即上述参比值时，意味着产地土壤存在一定的安全风险，超过倍数越多，安全风险越大。为了科学划分农产品产地土壤重金属安全等级，依据土壤重金属含量与参比值的比值（即风险指数）的大小，将土壤安全水平分为无风险、低风险、中度风险、高风险四个等级，并将高风险区域划分为重度污染产地。

仅对土壤进行监测的，土壤各个单项重金属安全等级按其单因子指数 P_i 划分，土壤各个点位安全等级按其点位各重金属单因子指数的最大值 P_{imax} 划分。农产品产地土壤安全等级划分依据见表 2-5。

表2-5 农产品产地土壤安全等级划分

<table>
<tr><th rowspan="2">等级</th><th colspan="2">划分依据</th><th rowspan="2">土壤安全水平</th></tr>
<tr><th>单因子指数</th><th>点位最大单因子指数</th></tr>
<tr><td>1</td><td>$P_i \leqslant 1$</td><td>$P_{imax} \leqslant 1$</td><td>无风险</td></tr>
<tr><td>2</td><td>$1 < P_i \leqslant 2$</td><td>$1 < P_{imax} \leqslant 2$</td><td>低风险</td></tr>
<tr><td>3</td><td>$2 < P_i \leqslant 3$</td><td>$2 < P_{imax} \leqslant 3$</td><td>中度风险</td></tr>
<tr><td>4</td><td>$P_i > 3$</td><td>$P_{imax} > 3$</td><td>高风险</td></tr>
</table>

对土壤和农产品点对点同时进行监测的，采用土壤单因子指数结合农产品单因子指数进行安全等级划分，其等级划分依据见表 2-6。

表2-6 基于土壤-农产品协同评估的农产品产地土壤安全等级划分

<table>
<tr><th>等级</th><th>土壤最大单因子指数（P_{imax}）</th><th>农产品单因子指数（E_i）</th><th>土壤安全水平</th><th>划分依据说明</th></tr>
<tr><td>1</td><td>$P_{imax} \leqslant 1$</td><td>$E_i \leqslant 1$</td><td>无风险</td><td>土壤重金属含量未超过限量标准值，农产品达标，表明产地环境对农产品安全未构成危害</td></tr>
<tr><td rowspan="2">2</td><td>$P_{imax} \leqslant 1$</td><td>$1 < E_i \leqslant 2$</td><td rowspan="2">低风险</td><td>土壤重金属含量未超过限量标准值，但农产品重金属含量为限量标准值的 1 ～ 2 倍，表明产地环境对农产品安全已造成一定的危害</td></tr>
<tr><td>$1 < P_{imax} \leqslant 2$</td><td>$E_i \leqslant 1$</td><td>土壤重金属含量为限量标准值的 1 ～ 2 倍，但农产品达标，提示产地环境具有一定的潜在安全风险</td></tr>
</table>

续表

等级	土壤最大单因子指数（$P_{i\max}$）	农产品单因子指数（E_i）	土壤安全水平	划分依据说明
3	$1 < P_{i\max} \leqslant 2$	$1 < E_i \leqslant 2$	中度风险	土壤重金属含量为限量标准值的 1 ～ 2 倍，且农产品重金属含量为限量标准值的 1 ～ 2 倍，表明产地环境对农产品安全已构成较大的威胁
	$2 < P_{i\max} \leqslant 3$	$E_i \leqslant 2$		土壤重金属含量为限量标准值的 2 ～ 3 倍，但农产品未超标或仅超标 1 倍以内，提示产地环境对农产品安全的潜在风险很大
4	$P_{i\max} > 3$	任意	高风险	土壤重金属含量为限量标准值的 3 倍以上，无论当季农产品质量如何，都表明产地具有极高的风险
	任意	$E_i > 2$		无论土壤重金属含量如何，农产品中重金属含量为限量标准值的2倍以上，都表明农产品安全已受到极大的威胁

注：若土壤最大单因子指数（$P_{i\max}$）对应的重金属元素与农产品超标的重金属元素不一致，土壤安全水平可适当降低一个等级，即由高风险降为中度风险或由中度风险降为低风险；若农产品超标的重金属元素为两种或两种以上，其土壤安全水平应评定为高风险。

2.1.3.2 基于二次判别模型的产地安全评估方法

农产品产地安全是农产品质量安全的源头，产地安全评估的核心问题是农产品质量安全。为建立风险评估模型，基于产地安全评估指标体系选取的代表性指标，即土壤 pH 值、CEC、SOM 和土壤 Cd 含量，通过二次判别模型（quadratic discriminant analysis，QDA）评估水稻镉含量是否超标，预测水稻的安全情况。

（1）建模数据

选取 2014 ～ 2016 年土壤 pH 值、SOM、CEC 和土壤镉含量等监测数据，分年度对水稻镉进行安全评估，其中，2014 年数据作为先验数据，2015 年数据作为测试数据，2016 年数据作为验证数据。表 2-7 分别列出了 2014 ～ 2016 年的土壤 pH 值、SOM、CEC、土壤镉含量以及水稻镉含量的数据统计情况。

在 2014 ～ 2016 年之间，土壤 pH 值变化范围及均值变化都不大。SOM 数据在

2014 年变化范围较大，在 2015 年和 2016 年变化范围均较小，而 SOM 的均值在这三年里变化均不明显。CEC 的均值在这三年里也变化不大，2014 年 CEC 数据变化范围较大，而在 2015 年和 2016 年变化范围均较小。土壤镉含量的数据在 2014 年变化范围最大，其最小值与最大值之间的差距为 7.57mg/kg；其他两年变化范围较小，分别为 2.63mg/kg（2015 年）和 1.40mg/kg（2016 年）；这三年的土壤镉含量均值变化不大。各个采样点水稻镉含量在 2014 ～ 2016 年变化幅度不大，分别为 3.2mg/kg（2014 年）、3.31mg/kg（2015 年）和 3.27mg/kg（2016 年），但从整体而言，2016 年各采样点水稻镉含量平均值高于前两年。

表2-7 2014～2016年土壤pH值、SOM、CEC、土壤镉含量（$Cd_{土壤}$）以及水稻镉含量（$Cd_{水稻}$）数据统计

年份	数据量	pH 值	SOM/（g/kg）	CEC/（cmol/kg）	$Cd_{土壤}$/（mg/kg）	$Cd_{水稻}$/（mg/kg）
2014	126	4.4 ～ 7.8（5.6）	28.3 ～ 71.1（44.3）	7.49 ～ 20.29（12.76）	0.13 ～ 7.70（0.64）	ND ～ 3.20（0.38）
2015	160	4.8 ～ 7.7（5.7）	36.6 ～ 55.1（45.2）	10.94 ～ 14.19（12.69）	0.17 ～ 2.80（0.60）	ND ～ 3.31（0.40）
2016	50	4.8 ～ 6.3（5.4）	38.4 ～ 52.1（45.9）	10.97 ～ 14.16（12.62）	0.30 ～ 1.70（0.71）	0.04 ～ 3.31（0.61）
合计	336	4.6 ～ 7.8（5.6）	28.3 ～ 71.1（45.1）	7.49 ～ 20.29（12.70）	0.13 ～ 7.70（0.62）	ND ～ 3.31（0.42）

注：1. 括号内数值为各监测项目的平均值。
2. ND 表示检测数值低于检出限。

（2）判别模型建立

二次判别模型基本形式如下：

$$p\left(y=c|\boldsymbol{x},\ \theta\right)=\frac{\pi_c\left|2\pi\boldsymbol{\Sigma}_c\right|^{-\frac{1}{2}}\exp\left[-\frac{1}{2}\left(\boldsymbol{x}-\boldsymbol{\mu}_c\right)^{\mathrm{T}}\boldsymbol{\Sigma}_c^{-1}\left(\boldsymbol{x}-\boldsymbol{\mu}_c\right)\right]}{\boldsymbol{\Sigma}_{c'}\pi_{c'}\left|2\pi\boldsymbol{\Sigma}_{c'}\right|^{-\frac{1}{2}}\exp\left[-\frac{1}{2}\left(\boldsymbol{x}-\boldsymbol{\mu}_{c'}\right)^{\mathrm{T}}\boldsymbol{\Sigma}_{c'}^{-1}\left(\boldsymbol{x}-\boldsymbol{\mu}_{c'}\right)\right]} \tag{2-3}$$

式中 $p(y=c|\boldsymbol{x},\theta)$——在已知数据点$\boldsymbol{x}$和模型参数$\theta$的条件下，$\boldsymbol{x}$属于类别$c$的后验概率；
θ——模型参数集合，包括每类的均值向量、协方差矩阵和先验概率；
c——当前计算的目标类别标签（即第c类）；
π——分到不同类的先验概率；
$\boldsymbol{\mu}$，$\boldsymbol{\Sigma}$——不同类别的高斯曲线的均值向量和协方差矩阵。

针对不同的类，该方法可以计算其分到每个类中的后验概率，每条观测数据均被分类到其后验概率最大的类中。所有观测数据被分为 K 类，并假设每一类观测都服从一个高斯分布。二次判别模型通过分界线将点划分到不同的高斯曲线中。

将 2014 年的数据用来计算先验概率，2015 年数据作为模型的训练集，其中，2015 年的数据被分为两个子集，即水稻镉含量不超标（$Cd_{水稻} \leqslant 0.2mg/kg$）和水稻镉含量超标（$Cd_{水稻} > 0.2mg/kg$）。用所有的数据计算得到协方差矩阵和均值向量，它们决定了一个高斯曲面，然后计算每个点落在高斯曲面上的概率。重复这个过程，直到所有点的概率都超过阈值。

但是，从土壤采样到指标检测这一过程中必然存在一定的误差，且由于数据集的大小有限，所以在用训练集（即 2015 年数据）进行高斯拟合时，有些数据点可能偏离数据中心较远，进而影响分类器的效果。因此，在判别模型训练之前，通过迭代处理去除数据中的异常点，去噪后训练集数据剩余 207 条。

利用 2014 年数据计算判别模型先验概率，其计算公式如下：

$$\pi_i = \frac{N_i}{N} \tag{2-4}$$

式中　π_i——第i类的先验概率；

N_i——属于第i类的样本数量（$i = 0$或1，分别对应镉含量未超标和超标类别）；

N——所有样本的总数，即$N = N_0 + N_1$，N的取值为126，为2014年样本总数。

基于 2015 年数据，分别计算水稻镉含量超标样本与不超标样本的均值向量和协方差矩阵（表 2-8）。对水稻镉含量不超标的一组附加 2014 年不超标先验概率 π_0，对水稻镉含量超标的一组附加 2014 年超标先验概率 π_1，再计算水稻超标的后验概率。

表2-8　判别模型的模型参数

参数	$Cd_{水稻} \leqslant 0.2mg/kg$	$Cd_{水稻} > 0.2mg/kg$
π	0.365	0.635
Σ	$\begin{bmatrix} 0.3838 & 0.3856 & 0.0469 & 0.0127 \\ 0.3856 & 10.9272 & 0.0820 & 0.4678 \\ 0.0469 & 0.0820 & 0.0172 & -0.0125 \\ 0.0127 & 0.4678 & -0.0125 & 0.2894 \end{bmatrix}$	$\begin{bmatrix} 0.1264 & -0.0120 & 0.0069 & 0.0293 \\ -0.0120 & 12.1919 & 0.4025 & 0.3826 \\ 0.0069 & 0.4025 & 0.0424 & -0.0408 \\ 0.0293 & 0.3826 & -0.0408 & 0.2632 \end{bmatrix}$
μ	(5.8307，47.2224，0.4940，12.9254)	(5.4867，45.8586，0.5908，12.6771)

（3）判别模型验证

将 2016 年的土壤 pH 值、SOM、CEC、土壤镉含量等数据输入根据反复训练建立的判别模型，分别计算空间中该点在两个高斯分布上的概率，概率较高的类为空间中该点所属的类。结果表明，2016 年 50 组数据中有 37 组数据与实际检测一致，模型精度为 74%。

重度污染产地的划分需要同时满足两个条件：一是土壤中该种有毒有害物质不符合产地安全标准；二是其生产出的农产品中有毒有害物质不符合农产品质量安全标准。基于产地安全评估指标体系选取的代表性指标，通过二次判别模型评估农产品是否超标，为重度污染产地划分提供依据。由于土壤 pH 值、SOM、CEC 及五大重金属含量是历年必监测项目，可通过此判别模型预测农产品安全状况。

2.1.3.3　基于压力-状态-响应模型的产地安全评估方法

PSR（压力-状态-响应）模型基于“原因-效应-对策”这一逻辑框架，近年来广泛应用于生态系统安全评价、环境资源的可持续评价、土地利用总体规划实施评价等。PSR 模型基本思路是人类活动对自然资源和环境施以“压力”，结果影响自然环境的质量“状态”，并对这些变化做出“响应”。评价指标的选取直接影响产地安全评估的准确性，一般遵循科学性、全面性、可操作性等原则。

建立的产地安全评估指标体系共包括目标层、准则层和指标层三个层次。目标层即产地安全评估，表示研究区域产地安全的程度；准则层即系统压力、系统状态和系统响应；指标层是基于 *K*-means 聚类结果，从每一个类别中选取一个指标作为代表，共选取 12 个指标。具体结果见表 2-9。

表2-9　产地安全评估指标体系

目标层	准则层	指标层
产地安全评估	系统压力	降水中的 Cd 含量（mg/L）
		灌溉水中的 Cd 含量（mg/L）
		大气中的 Cd 含量（mg/kg）
		农药中的 Cd 含量（μg/L）
		肥料中的 Cd 含量（μg/L）
	系统状态	土壤 pH 值
		SOM（g/kg）
		CEC（cmol/kg）
		土壤中的 Cd 含量（mg/kg）
		土壤中 Cd 的超标率（%）
	系统响应	农产品中的 Cd 含量（mg/kg）
		农产品中 Cd 的超标率（%）

权重用来表示各指标变量对于上一层级指标的相对重要程度。目前，确定权重的方法主要有主观赋值和客观赋值两种方法。采用熵权法确定各项指标权重，该方法以各因素所获得的信息为基础计算指标权重。

假设具有 m 个样本、n 个指标，原始数据矩阵表示为 $\boldsymbol{X}=(x_{ij})_{m\times n}$，$x_{ij}$ 表示第 i 个样本第 j 个指标的实际数值。根据标准化处理，得到标准化矩阵 $\boldsymbol{E}=(e_{ij})_{m\times n}$，其中 e_{ij} 表示第 i 个样本第 j 个指标标准化后的评价数值。则第 j 项指标的熵值计算公式为：

$$p_j = -k\sum_{i=1}^{m} f_{ij} \ln f_{ij} \tag{2-5}$$

其中，$k = \dfrac{1}{\ln m}$；$f_{ij} = \dfrac{e_{ij}}{\sum_{i=1}^{n} e_{ij}}$，且 f_{ij}=0 时，$f_{ij} \ln f_{ij}$ =0。

则第 j 项指标的权重计算公式为：

$$W_j = \frac{1 - p_j}{m - \sum_{j=1}^{n} p_j} \tag{2-6}$$

通过熵权法计算产地安全评估的 12 个指标权重的结果见表 2-10。

表2-10　产地安全评估指标权重

目标层	准则层	指标层	权重
产地安全评估	系统压力（0.223）	降水中的 Cd 含量（mg/L）	0.022
		灌溉水中的 Cd 含量（mg/L）	0.039
		大气中的 Cd 含量（mg/kg）	0.025
		农药中的 Cd 含量（μg/L）	0.056
		肥料中的 Cd 含量（μg/L）	0.074
	系统状态（0.496）	土壤 pH 值	0.092
		SOM（g/kg）	0.086
		CEC（cmol/kg）	0.077
		土壤中的 Cd 含量（mg/kg）	0.133
		土壤中 Cd 的超标率（%）	0.115
	系统响应（0.281）	农产品中的 Cd 含量（mg/kg）	0.146
		农产品中 Cd 的超标率（%）	0.135

综合指数法对单项指标的安全值通过一定的数学运算方式进行计算，从而得出综合值，既能反映产地生态系统单个指标的状态，又能整体反映产地安全状况，具有目标明确、逻辑性强、综合度高等优点。通过 PSR 模型进行产地安全评估时，采用的综合指数法具体计算公式如下：

$$Z = \sum_{i=1}^{n} (S_i \times W_i) \tag{2-7}$$

式中　S_i——第 i 项指标的标准值；

W_i——第 i 项指标的权重；

Z——产地安全综合指数。

利用PSR模型进行产地安全评估时，根据产地安全综合指数将产地安全水平划分为无风险、低风险、中度风险和高风险四个等级（见表2-11），并将高风险区域划分为重度污染产地。

表2-11　产地安全水平划分标准

等级	产地安全综合指数	产地安全水平
1	$Z \geqslant 0.8$	无风险
2	$0.5 \leqslant Z < 0.8$	低风险
3	$0.3 \leqslant Z < 0.5$	中度风险
4	$Z < 0.3$	高风险

2.1.3.4　基于克里金法的安全风险评估方法

克里金（Kriging）法是一类基于地理统计学原理的空间插值方法，它通过利用样本点之间的空间自相关性来估计未知位置的属性值。这一方法家族涵盖了多种变体，每种变体都针对特定的应用场景和数据特性进行了优化，如指示克里金法、回归克里金法、协同克里金法、泛克里金法等。

在安全风险评估领域，选择适当的克里金法对于确保评估结果的有效性和可靠性至关重要。例如，指示克里金法通过将连续变量转换为二进制指示变量，能够有效处理超过阈值的风险评估问题；而回归克里金法则结合了地理加权回归模型与传统克里金法，使得在预测过程中可以同时考虑协变量的影响，从而提高预测精度。此外，还有诸如普通克里金法、简单克里金法等基本形式，它们分别假设未知位置的平均值未知或已知，适用于不同的数据条件。

在进行基于克里金法的安全风险评估时，研究者必须首先明确所面临的具体问题特征，包括但不限于污染物分布模式、地质条件、气象因素等，以确定最合适的克里金方法。随后，构建半变异函数模型来量化观测数据间的空间相关结构，并据此计算出最优权重系数用于插值。值得注意的是，尽管克里金法提供了一套强大的工具集用于空间不确定性建模，但其性能高度依赖于输入数据的质量和模型适用性的假设，因此在应用过程中应谨慎检验模型假设并验证预测结果。此外，考虑到环境系统的复杂性和动态变化，持续更新数据和改进模型是保证评估长期有效的重要措施。

综上所述，克里金法不仅为安全风险评估提供了坚实的理论基础和技术手段，而且多样化的实现形式也使其能灵活应对各种复杂的现实挑战。

2.1.3.4.1　指示克里金法

用于概率插值的指示克里金法，是指通过有限点位上的作物超标概率，插值得到每个空间点位上作物超标的概率，在此基础上评估安全风险。

指示克里金法步骤如下：

① 确定阈值。根据指示函数将原始数据转换为 0 或 1，这两个值是后续指示克里金法计算的基础数据。

设区域化变量为 $z(x)$，对于任意给定的阈值 z，引入指示函数 $I(x,z_k)$：

$$I(x,z_k)=\begin{cases}1, z(x)\leqslant z_k\\0, z(x)>z_k\end{cases} \tag{2-8}$$

式中 z_k——用于定义指示函数阈值的具体数值。

由于区域化变量 $z(x)$ 在不同阈值 z 下会对应不同的转换函数，进而可能产生不同的转换结果，因此在使用克里金法时，应根据数据特征和研究目的合理选择阈值 z。可采用 2.1.3.1 部分中的参比值作为阈值。

② 利用转换的数据计算指示变异函数，并进行拟合。指示函数同样可作为区域化变量，以与区域化变量相同的形式定义指示函数的协方差函数和变异函数，分别称为指示协方差函数和指示变异函数。

③ 建立指示克里金方程组，计算待估点值。若把指示函数看作一普通区域化变量，可直接由简单克里金法或普通克里金法来计算待估点值。若选择多个阈值则需要重复以上步骤。指示克里金法同普通克里金法一样，需建立指示克里金方程组求解待估点值。求解方程组后，利用周围若干点的指示值的加权平均进行待估点值计算，计算结果表征待估点处污染物含量小于阈值的概率。

与普通克里金法相似，对于任何一个待估点 x_0，$z(x)\leqslant z_k$ 的概率可以通过对邻域内指示变量进行线性相加获得。普通指示克里金估值公式为：

$$\mathrm{Prob}[z(x_0)\leqslant z_k / n]=\sum_{\alpha=1}^{n}\lambda_\alpha i(x_\alpha;z_k) \tag{2-9}$$

式中 Prob——概率；

$i(x_\alpha;z_k)$——x_α（α=1,2,⋯,n）位置处的指示变量；

λ_α——$i(x_\alpha;z_k)$ 的克里金权重，可以通过求解克里金方程组得到。

普通指示克里金方程为：

$$\begin{cases}\sum_{\beta=1}^{n}\lambda_\beta\gamma_i(x_\alpha-x_\beta;z_k)+\mu=\gamma_i(x_\alpha-x_0;z_k)\\ \sum_{\beta=1}^{n}\lambda_\beta=1\end{cases} \tag{2-10}$$

式中 μ——拉格朗日算子；

$\gamma_i(x_\alpha-x_\beta;z_k)$——第$\alpha$个和第$\beta$个样品点的指示变量的变异函数值；

$\gamma_i(x_\alpha-x_0;z_k)$——待估点 x_0 与第α个样品点的指示变量的变异函数值；

λ_β——模型中的一个参数组合，其中λ通常作为正则化参数或比例系数，用于控制模型复杂度、平滑度或是对某些特征权重的调整，β则一般代表回归系数或其他类型的权重参数，指示各个自变量对因变量的影响程度。

指示克里金法采用的实验变异函数计算方法与普通克里金法基本相同，不同的是指示克里金法采用指示变量计算实验变异函数，公式为：

$$\gamma_{(h)}=\frac{1}{2N}\sum_{i=1}^{N}\left[i(x)-i(x+h)\right]^2 \tag{2-11}$$

式中 N——滞后距离区间h内的样品对数；

$i(x)$——位置x处的属性值或测量值；

$i(x+h)$——与位置x相距为h的另一位置$x+h$处的属性值或测量值。

上述公式计算得到的实验变异函数值 $\gamma_{(h)}$ 还需通过拟合求解理论变异函数的参数，从而参与指示克里金方程组的计算。

指示克里金法将连续的变量转换为二值的形式，是一种非线性、非参数的克里金预测方法，可用于估计某一位置超过指定阈值 z_k 的概率。与普通克里金法相比，指示克里金法可以在不去掉重要而又实际存在的异常值的条件下处理各种不同的地理数据，并能抑制异常值对变异函数稳健性的影响，还能够在一定程度上缓解普通克里金插值方法的平滑效应，避免在阈值附近的平滑效应引起污染等级错分问题；并且由于其在插值前根据一定的阈值将数据转换为指示变量，不要求区域化变量一定服从正态分布。

2.1.3.4.2 回归克里金法

由于掌握的是调查的点位数据，需要从点位数据推算出全覆盖的面数据，从而划定重度污染产地，因此，需要通过空间插值制图技术将点数据推至面，将插值制图结果与参比值对比，识别重度污染产地。由于产地污染情况受多种因素影响，且调查时获取到了点位数据相应的影响因素数据，可使用基于辅助因素的土壤重金属空间插值方法计算产地土壤重金属含量。下面以湖南省湘潭县为例说明回归克里金法的应用。

将影响土壤重金属含量空间分布的主要因素作为辅助因子，引入土壤重金属含量空间插值模型，建立基于辅助因素的土壤重金属空间插值方法，能够更好地表征土壤重金属空间异质性分布，提高插值制图精度。

（1）辅助数据来源与处理

研究中选择地形因子和与居住区距离作为定量因子。地形因子是土壤性质空间分布预测中最常用的辅助环境变量，包括高程（H）、坡度（S）、坡向（A）及地形湿度指数（TWI）。基于研究区的30m分辨率的数据高程模型，利用ArcGIS 10.6的空间分析和栅格计算功能获取研究区的坡度、坡向、地形湿度指数和与居住区距离分布图。

选择的定性变量包括分别从自然因素和社会因素两个方面反映土壤中重金属含量的土壤类型和土地利用类型，基于研究区的1：50000的土壤类型图和1：50000的土地利用图获取研究的土壤类型和土地利用类型数据。

（2）研究方法

研究方法采用的是引入定性和定量辅助变量的回归克里金空间插值方法。应用多元统计分析方法建立土壤重金属含量和影响土壤重金属含量空间分布的主要因素间的多元回归模型，建立趋势项，并将土壤重金属含量分离为趋势项和残差项。

$$z(x_0)=m(x_0)+e(x_0) \tag{2-12}$$

式中　m——趋势项，用多元统计分析方法拟合；

e——残差项，用地统计插值方法估测。

趋势项和残差项计算分别介绍如下：

1）回归模型构建

采用逐步回归方法建立土壤重金属含量和与其显著相关的辅助因子的多元回归方程，将对土壤重金属的空间分布具有显著影响的环境因素引入模型，剔除影响不显著的因素，同时消除影响因素的多重共线性。计算回归估计值（趋势项）及回归残差。

2）残差的地统计空间插值

对具有分离趋势的残差项，分析其空间变异性，结合残差项数据特征，应用普通克里金法对回归残差插值。基于球状模型、指数模型、高斯模型等主要变异函数理论模型，拟合实验变异函数模型，并进行块金值、基台值、变程等参数优化设置。

变异函数分析结果表明：正态变换后的土壤重金属镉含量（Cd_{tran}），以及分别引入单个辅助因子坡度、TWI和与居住区距离的回归克里金残差Res_S、Res_{TWI}和Res_{dis}的最优变异函数模型是高斯模型；分别引入单个辅助因子高程和土壤类型的回归克里金残差Res_H和Res_{soi}的最优变异函数模型是球状模型；引入单个辅助因子土地利用类型的回归克里金残差Res_{lan}、引入所有定量辅助变量的回归克里金残差Res_{qua}及引入所有定量和定性辅助变量的回归克里金残差Res_a的最优变异函数模型是指数模型（表2-12）。

表2-12　土壤重金属镉及回归残差的最优变异函数模型

变量	K-S检验（D统计量）	模型	变程/m	块金值（C_0）/m²	基台值（C_0+C）/m²	C_0/（C_0+C）
Cd_{tran}	0.086	高斯	3728	0.022	0.031	0.71
Res_H	0.880	球状	3728	0.021	0.027	0.78
Res_S	0.694	高斯	4201	0.021	0.027	0.78
Res_{TWI}	0.992	高斯	5192	0.019	0.027	0.70
Res_{dis}	0.689	高斯	2695	0.014	0.023	0.61
Res_{qua}	0.860	指数	6047	0.015	0.023	0.64
Res_{lan}	0.499	指数	3704	0.011	0.018	0.61
Res_{soi}	0.157	球状	12529	0.017	0.022	0.77
Res_a	0.120	指数	7829	0.006	0.010	0.60

注：Cd_{tran}代表正态变换后的土壤重金属镉含量，Res_H、Res_S、Res_{TWI}、Res_{dis}、Res_{qua}、Res_{lan}、Res_{soi}和Res_a分别代表引入辅助变量高程、坡度、TWI、与居住区距离、所有定量辅助变量、土地利用类型、土壤类型及所有定量和定性变量的回归克里金残差。

最优变异函数的参数如表 2-12 所列，常用的描述预测变量的空间结构的参数包括块金值（C_0）、变程和基台值（C_0+C）。变程代表空间自相关的最大距离，基台值和块金值分别用于衡量区域化变量的总体方差和随机方差。计算参数块金值与基台值的比值 [$C_0/(C_0+C)$] 反映了随机部分占空间总异质性的比例，可用于衡量土壤重金属的空间相关性的程度。块金值代表预测变量的空间异质性的随机部分和最小采样间隔下的测量误差。

2.1.3.5　基于机器学习的安全风险评估方法

相比多元线性回归，机器学习能够更好地处理高维变量以及类别型变量，并对非线性关系建立模型，往往能够得到更好的预测精度，已经在土壤属性制图中广泛应用[5-6]。将土壤属性制图机器学习模型中的响应变量替换为基于产地污染风险评估参比值的指示变量，也可以应用机器学习方法评估产地污染风险。这样既能够利用机器学习方法多变量非线性关系的处理能力，也能够利用指示变换直接对比参比值的优势。本部分重点介绍基于随机森林的安全风险评估方法。

随机森林是一种集成学习方法，主要基于分类回归树（CART）构建。其核心在于通过多次独立同分布的抽样和特征选择过程生成多棵决策树，从而实现从复杂输入空间到输出空间的有效非线性映射。在分类任务中，每棵树对类别型输出值进行预测；而在回归任务里，则针对连续型输出值进行估计。各决策树通过对训练样本的不同自助法（Bootstrap）样本集及特征子集的学习，确保了模型间的差异性和独立性，有效避免了单一决策树易出现的过拟合问题，增强了模型的整体泛化能力。

该算法的独特优势在于其双重随机机制：一方面，利用 Bootstrap 方法从原始数据集中随机抽取样本以构建不同的训练集；另一方面，在每个节点分裂时仅考虑随机选取的部分特征。这不仅降低了强预测变量导致的过度相关性，还提升了模型的稳定性和预测准确性。随机森林的优化涉及调整关键参数如树木数量、每个节点随机选取的特征数等，通常建议设置较大的树木数量来保证误差最小化，并可通过交叉验证进一步优化这些参数。总之，随机森林凭借其独特的结构和策略，在解决复杂的预测问题方面展示了卓越的性能和稳定性。

随机森林回归模型构建具体方法原理如下：

① 采用 Bootstrap 方法对 n 个样本进行有放回随机重复抽取 b 个样本，并用所提取的样本集合构造 b 个回归树。

② 在建立回归树时，需要从当前节点的所有候选变量中随机选取不超过总数的变量作为分支，并用指定的优度标准对各个分支进行比较，从而选出最优的分支。

③ 在此过程中，对随机森林模型的各个参数进行调整，包括子树的数目、子树的最大深度、子树的最大叶子节点、子树的最小叶子节点等，通过对随机森林建模的结束条件进行控制，使模型的精确性达到最佳。

④ 将生成的各回归树综合起来，建立随机回归模型，并用决定系数（R^2）、均方

根误差（RMSE）等指标对模型进行预测。当模型结果不理想时，对模型参数进行调整，直到模型达到预期的结果为止。

随机森林算法构建流程示意如图 2-1 所示。

以下为基于随机森林的农产品产地污染风险评估的方法过程。

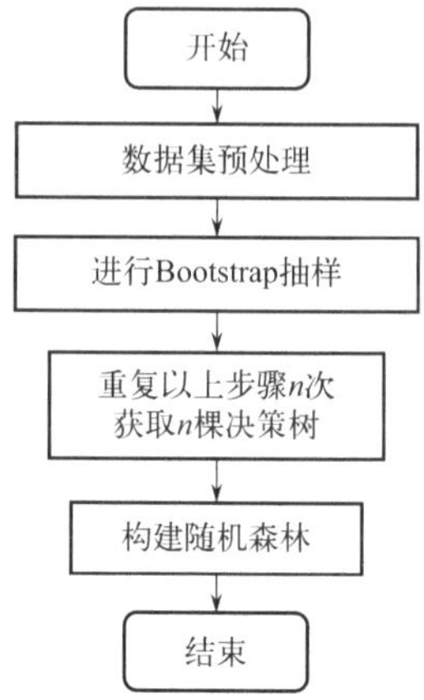

图 2-1　随机森林算法构建流程示意

（1）指示变换

基于随机森林的产地污染风险评估首先要根据阈值对样本值进行指示变换，即先选择一个参比值，可以是本著作制定的参比值，也可以是土壤污染风险筛选值或风险管控值，根据目标变量的浓度值是否大于阈值对目标变量进行二元指示变换。原始浓度值大于阈值含量的转换为指示值 0，小于等于阈值的转换为指示值 1。最后，根据指示变换，将原始数据集转换为指示数据集。指示变换如式（2-13）所示：

$$I(x_i;Z_c)=\begin{cases}1, Z(x)\leqslant Z_c\\0, Z(x)>Z_c\end{cases} \tag{2-13}$$

式中　Z_c——阈值；

$Z(x)$——x位置上的原始变量值；

$I(x_i;Z_c)$——x_i位置上的基于阈值Z_c的指示值。

将指示值作为随机森林的响应变量。

（2）辅助变量选取

选择影响或者表征产地污染的各类自然污染源和人为污染源及污染分布影响因素作为辅助变量，并通过相关性分析、地理探测器等空间数据探索分析方法，进一步筛选辅助变量，作为随机森林的预测变量。

（3）基于随机森林的污染风险评估

采用前两步获得的响应变量和预测变量，基于样点数据训练并构建随机森林模型，并采用训练好的随机森林模型，代入研究区各个空间位置上的预测变量，计算预测整个研究区域的污染风险，技术流程如图 2-2 所示。

利用辅助变量与目标变量进行随机森林空间预测模型框架构建，如式（2-14）所示：

$$Y(s)=f(X_p) \tag{2-14}$$

式中　$Y(s)$——空间点s上的响应变量取值；

X_p——辅助变量。

响应变量根据指示变换将原始浓度值转换为一组 0 或 1 的指示值，因此，随机森林空间预测模型构建公式如式（2-15）所示：

$$\begin{cases}1=f(X_p), Z(x)\leqslant Z_c\\0=f(X_p), Z(x)>Z_c\end{cases} \tag{2-15}$$

式中　0，1——指示数据集；

X_p——辅助变量；

Z_c——阈值；

$Z(x)$——x 位置上的原始变量值。

随机森林最终预测结果一般是 K 个分类回归树结果的平均值，如式（2-16）所示：

$$\hat{\theta}^B(x)=\frac{1}{K}\sum_{K=1}^{K}t_b^*(x) \tag{2-16}$$

式中　$\hat{\theta}^B(x)$——随机森林的最终预测结果；

$t_b^*(x)$——第 K 个分类回归树计算得到的 x 位置处的指示值。

最终估计结果表示 x 位置处污染物含量不超过参比值的概率。

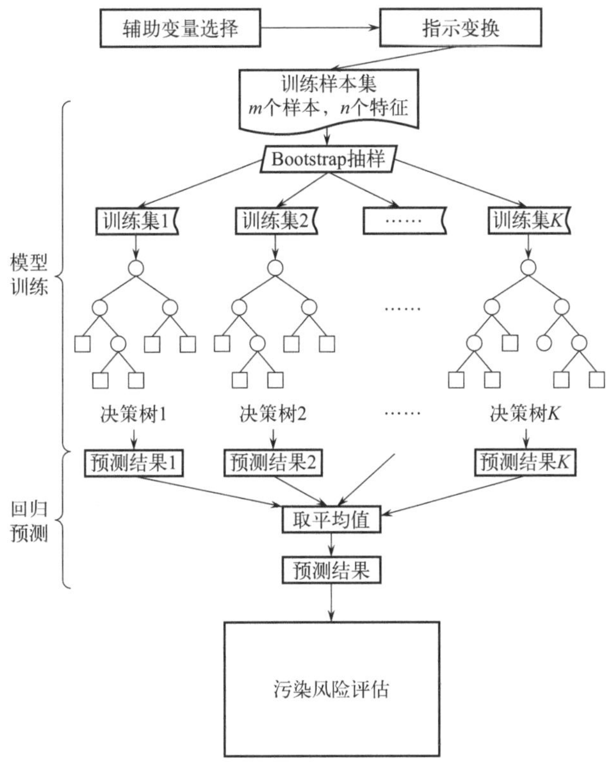

图 2-2　基于随机森林的污染风险评估流程

2.2 重度污染产地的定义与识别

重度污染产地的定义与识别是环境科学领域中一个重要的议题。从广义上讲，重度污染产地指的是那些土壤环境中污染物浓度显著超出国家或地方设定的安全标准，对农业生产、农产品质量以及周边生态环境安全构成重大威胁的特定区域。这种污染可能来源于多种途径，包括工业排放、农业化学品的过量使用、生活污水和固体废物的不当处理等。当这些污染物在土壤中累积至一定程度时，它们会破坏土壤结构、降低土壤肥力、减少生物多样性，并通过食物链传递，最终对人体健康造成长期潜在危害。因此，对于重度污染产地的理解不应局限于技术指标上的超标，而应将其视为一个多维度的问题，涵盖生态学、经济学和社会学等多个层面。

在识别重度污染产地的过程中，需要综合考量多个因素，以确保评估结果能够准确反映实际情况。首先，必须依赖于详尽的环境监测数据，这些数据不仅是判断污染程度的基础，也是制定后续治理措施的重要依据。随着《土壤环境质量　农用地土壤污染风险管控标准（试行）》（GB 15618—2018）的出台，我国对于农用地土壤污染的风险管理提出了更为严格的要求，该标准不仅考虑了污染物的直接毒性，还关注其长期累积效应对土壤生态系统的影响以及对农产品品质带来的间接危害。这意味着，在进行重度污染产地的识别时，不仅要着眼于当前污染物浓度是否超标，还需要预测未来可能出现的风险趋势。此外，考虑到污染物种类繁多且性质各异，识别工作还需结合具体产地的历史背景、土地用途变迁、周边污染源分布等情况，进行全面系统的分析。例如，某些重金属或有机化合物可能具有持久性和生物累积性，即使短期内未表现出明显危害，也可能在未来某个时间点爆发出来，造成不可逆的损害。因此，识别重度污染产地的过程是一个动态的、持续更新的知识积累过程，它要求人们不断调整和完善现有的评价体系和技术手段，以适应日益复杂的环境污染形势。同时，为了确保评估结果的客观性和可靠性，还需引入多学科交叉的研究方法，如生态毒理学、环境经济学和社会学等，来全面衡量社会经济成本及对人类健康的长远影响。总之，只有通过科学严谨的方法才能准确地识别出重度污染产地，并为采取有效的预防和修复措施提供坚实的基础。

2.2.1　重度污染产地定义

联合国粮食及农业组织（FAO）指出，重度污染产地是指那些人类活动导致土壤中重金属和其他有毒物质含量过高，以至于影响了植物生长，减少了作物产量，甚至使得农产品不再适合食用的产地。这类产地通常伴随着土壤物理性质的恶化，如板结、侵蚀加剧等问题，这些问题进一步削弱了土壤支持农业生产和维持生态系统服务的能力。此外，国际土壤科学联合会（IUSS）也强调，重度污染产地不仅仅是土壤本身受到损害，还涉及整个生态系统的功能失调，特别是微生物群落的变化，这会对土壤养分循环和水分管理产生负面影响。

重度污染产地是土壤受到严重污染，其污染程度超出了国家标准的安全阈值，对农产品质量和产地环境安全构成严重威胁的区域。这些污染可能源于工业排放、农业活动中的有害物质不当使用以及生活垃圾的不合理处理等因素。

根据《土壤环境质量　农用地土壤污染风险管控标准（试行）》（GB 15618—

2018），重度污染产地的定义进一步明确：当土壤中的重金属或其他有害物质含量超过规定的限值，特别是当这些物质具有持久性、生物累积性和毒性时，若它们的存在导致了明显的农作物产量下降、品质降低或者存在不可接受的健康风险，则该地区可被认定为重度污染产地。新标准特别强调了对潜在风险的评估，包括污染物在土壤中的迁移转化行为、长期累积效应及其对生态系统和人类健康的综合影响。

具体而言，《土壤环境质量　农用地土壤污染风险管控标准（试行）》（GB 15618—2018）规定了农用地土壤污染风险筛选值和管制值。对于不同的污染物，标准分别设定了风险筛选值和管制值。风险筛选值用于初步判断土壤是否可能存在污染风险，而管制值则作为更为严格的限值，当土壤中污染物浓度超过管制值时，需采取紧急措施防止污染进一步扩散，并启动修复程序。此外，该标准还明确了对特定污染物的风险评估方法，包括采用适当的数学模型和技术手段来量化污染物对各受体产生的实际或潜在危害程度。此外，一些学者还提出了从生态系统服务的角度来定义重度污染产地。他们认为，当土壤污染达到一定程度，以至于严重削弱了土壤提供关键生态系统服务的能力——如水文调节、碳储存、生物栖息地提供等，那么这片土地就可以被视为重度污染产地。这种方法不仅考虑了土壤本身的健康状况，还将视野扩展到了更大范围内的生态系统功能和服务，从而更好地反映了污染对自然资本和社会福祉的广泛影响。

2.2.2　重度污染产地识别

在识别重度污染产地时，除了参考上述标准外，还应结合实际情况进行综合评估。例如，考虑污染物的种类、浓度、分布范围以及对农产品质量安全的潜在影响等因素。通过科学的环境评估和监测，可以准确判定污染程度，进而为后续的治理和修复工作提供有力依据。

通过计算农产品产地的土壤重金属等污染物含量，判别污染程度，便于重度污染产地划分工作的实施和农产品产地的管理。重度污染产地划分标准应当科学合理，而客观真实地评价农产品产地的污染状况是制定农产品重度污染产地划分标准的前提和保障。根据研究区域产地安全监测结果及已掌握的历年环境监测数据，基于建立的产地安全评估方法，制定农产品重度污染产地划分依据，并量化划分标准。在此基础上，形成农产品重度污染产地管理机制。

农用地土壤污染风险筛选值的基本项目为必测项目，包括镉、汞、砷、铅、铬、铜、镍、锌，风险筛选值见表2-13。然而，更为严格的风险管制值也是重度污染的一种表现形式。

表2-13　农用地土壤污染风险筛选值（基本项目）[7]　　单位：mg/kg

序号	污染物项目①②		风险筛选值			
			pH ≤ 5.5	5.5 < pH ≤ 6.5	6.5 < pH ≤ 7.5	pH > 7.5
1	镉	水田	0.3	0.4	0.6	0.8
		其他	0.3	0.3	0.3	0.6

续表

序号	污染物项目①②		风险筛选值			
			pH ≤ 5.5	5.5 < pH ≤ 6.5	6.5 < pH ≤ 7.5	pH > 7.5
2	汞	水田	0.5	0.5	0.6	1.0
		其他	1.3	1.8	2.4	3.4
3	砷	水田	30	30	25	20
		其他	40	40	30	25
4	铅	水田	80	100	140	240
		其他	70	90	120	170
5	铬	水田	250	250	300	350
		其他	150	150	200	250
6	铜	果园	150	150	200	200
		其他	50	50	100	100
7	镍		60	70	100	190
8	锌		200	200	250	300

①重金属和类金属砷均按元素总量计。

②对于水旱轮作地，采用其中较严格的风险筛选值。

有效实施重度污染产地划分工作必须结合详细的环境监测数据和科学的评估方法。通过对历年环境监测数据的综合分析，结合当前的土壤重金属含量检测结果，制定出符合实际情况的重度污染产地划分标准。这不仅能提高评估结果的准确性和可靠性，还能为后续的风险管理和决策提供坚实的数据支持。最终，通过系统化的管理措施与政策建议，确保农产品质量安全及生态环境健康，促进社会经济与环境保护的协调发展。

在农用地土壤环境管理中，土壤污染风险管制值是判断土壤是否受到重度污染并需要进行严格管控的重要依据。根据 GB 15618—2018 标准，土壤重金属含量超过管制值的耕地被归类为严格管控类耕地，如表 2-14 所列。

表2-14　农用地土壤污染风险管制值[7]　　单位：mg/kg

序号	污染物项目	风险管制值			
		pH ≤ 5.5	5.5 < pH ≤ 6.5	6.5 < pH ≤ 7.5	pH > 7.5
1	镉	1.5	2.0	3.0	4.0
2	汞	2.0	2.5	4.0	6.0
3	砷	200	150	120	100
4	铅	400	500	700	1000
5	铬	800	850	1000	1300

风险管制值的设定是基于对农产品质量安全、农作物生长以及土壤生态的综合考虑。这些数值通过科学的风险评估方法得出，旨在确保土壤中的污染物含量不会达到危害人体健康或生态环境的程度。当土壤中的重金属含量超过风险管制值时，农产品超标的风险显著增加，且难以通过农艺调控、替代种植等措施来降低这种风险。

具体而言，风险管制值针对的污染物项目包括镉、汞、砷、铅、铬等关键重金属元素。这些元素在土壤中积累到一定量时，会通过食物链进入人体，对健康造成潜在威胁。此外，它们还可能影响农作物的正常生长，导致减产或品质下降。因此，当土壤中的这些重金属含量超过风险管制值时就需要对耕地进行严格的管控，以防止污染扩散和危害加剧。

在实际操作中，通过监测土壤中的重金属含量并与风险管制值进行比较，可以判断耕地是否受到重度污染。一旦确认耕地受到重度污染，就需要立即采取措施进行修复或调整土地利用方式，以降低污染物对环境和人体健康的风险。这些措施可能包括土壤改良、种植结构调整、污染物去除等，旨在恢复土壤的健康状态并确保农产品的安全性。

综上所述，基于土壤污染风险管制值的重度污染产地划分标准是一种科学、有效的土壤环境管理方法。它通过对土壤中的重金属含量进行监测和评估，及时发现并处理重度污染的耕地，为保护人体健康和生态环境提供有力保障。

2.2.2.1 基于多尺度混合相关性的空间插值方法

通过空间插值制图方法，基于样点数据准确预测每个空间位置上污染物的含量，并结合上一节所述的阈值和方法，可以识别重度污染产地。然而土壤重金属污染由自然背景、点状污染、线状污染和面状污染等多种空间相关性程度和不同分异性尺度影响因素叠加形成，空间分布复杂，具有多层次的结构性。在土壤重金属含量的影响因素中，成土母质因含有不同矿物质而对不同类型土壤形成起着决定性作用[8]。气候在土壤形成中可直接影响风化过程的方向和速度、生物的组合方式、物质的淋溶和淀积。因此，成土母质与气候的组合类型成为可以决定土壤微量元素浓度的关键因素[9]，并且导致大尺度上土壤环境中重金属含量的分布差异。由于人类活动需求不同，对土地的利用和对土地的功能划分不同，会对土壤采取不同的利用方式和管理模式。例如，按土地利用方式划分为耕地、城乡用地、林区、草地等，城市区域内划分为交通区、商业区、公园区、居住区等，耕地又可依照不同需求去种植不同农作物等[10]。这些中尺度上不同的土地利用方式或者土地管理模式导致重金属含量在土壤中存在差异。而随着城市化发展进程不断加快，大量不同来源的重金属随着人类的活动进入土壤，导致重金属含量在小尺度上的局部范围内差异较大。因此，产地土壤重金属含量在大尺度上受同种影响因素影响时会形成土壤重金属含量的趋势相关性，如成土母质、气候共同影响，以及空气沉降、污水灌溉等的影响。在中尺度上对于土壤采用同种利用方式或管理模式，即使两个地块空间上相距较远，但只要两个地块属性相似，则两个地块土壤环境中重金属含量会表现出较高的相关性，导致土壤重金属含量具有一定的分层相关性。而在小尺度局部范围内受同种污染源影响，污染物的迁移扩散导致重金属含量在此污染源影响范围内呈现很高的相关性，土壤环境中重金属含量呈现一定的邻近相关性。单个尺度的空间插值方法难以获得较为准确的插值结果。因此，中国农业大学高秉博研究团队提出了一种综合考虑农田土壤重金属趋势相关性、分层相关性、邻近相关性的无偏最优插值制图方法，称为混合相关性（MC）的农田土壤重金属的插值制图方法，以提高农田土壤重金属含量的插值精度，从而改进重度污染产地识别精度[11]。

该方法综合考虑农田土壤重金属的趋势相关性、分层相关性、邻近相关性，基于混合相关性对农田土壤重金属含量进行分步拟合[12]。采用趋势面分析模拟农田土壤重金属含量的趋势相关性，采用三明治空间统计推断对农田土壤重金属含量的分层相关性进行建模分析，采用普通克里金法处理农田土壤重金属含量的邻近相关性。产地土壤重金属含量空间相关性分解如图 2-3 所示（书后另见彩图）。

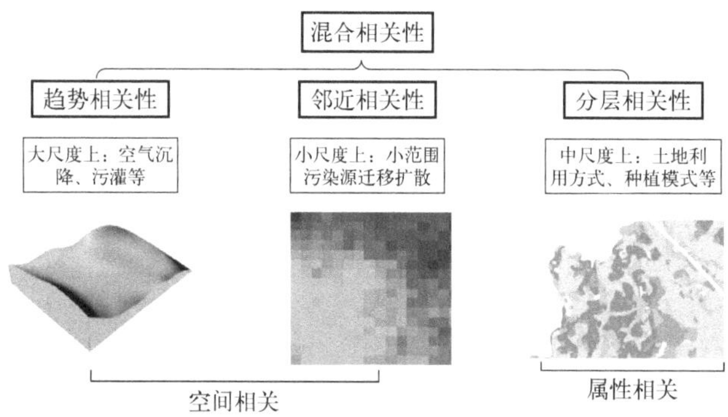

图 2-3　农田土壤重金属含量空间相关性分解

如式（2-17）所示，用 Y 表示产地土壤重金属含量实际值，$\hat{Y}$ 表示最终产地土壤重金属含量插值结果，$\hat{Y}_1$ 表示产地土壤重金属趋势相关上的拟合值，$\bar{y}_r$ 表示产地土壤重金属分层相关上的拟合值，$\hat{z}_0$ 表示产地土壤重金属邻近相关上的拟合值。通过分解各相关性上的影响，逐步拟合各相关性的影响值。最终加上各部分的值，得到基于混合相关性的插值结果 $\hat{Y}$，并与产地土壤重金属含量实际值 Y 进行分析比较。

$$\hat{Y} = \hat{z}_0 + \bar{y}_r + \hat{Y}_1 \tag{2-17}$$

MC 插值方法流程如图 2-4 所示。

对三个部分的建模计算方法分别介绍如下：

（1）趋势相关性拟合方法

土壤重金属在大尺度上的影响因素一般表现为趋势相关性。针对土壤重金属趋势相关的影响因素采用趋势面分析，通过粗略地筛除局部区域中随机出现的影响因素，清晰地刻画出地理要素的空间分布，使其呈现出明显的规律变化。把实际的地理曲面分成两部分，分别为趋势面和残差。趋势面是确定性因素作用的结果，主要刻画地理要素的宏观分布规律，残差则对应于微观局域，用于后续分析研究。

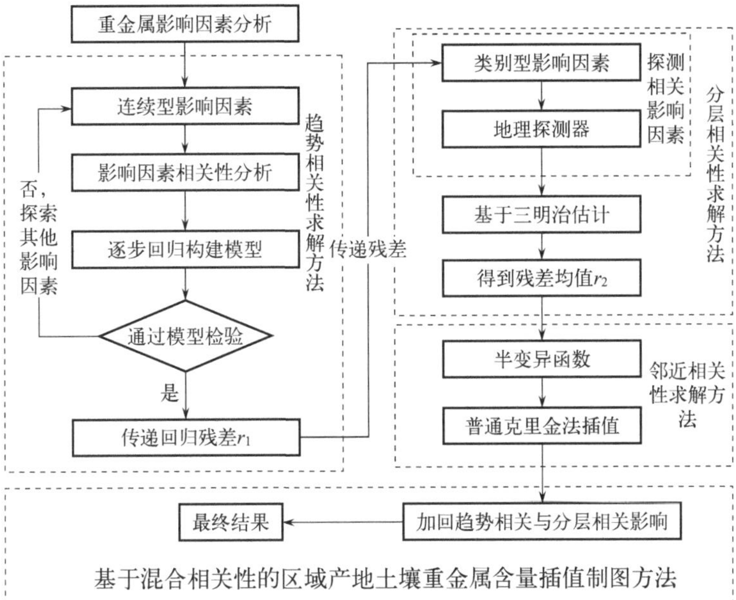

图 2-4　MC 插值方法流程

探索农田土壤重金属含量的影响因素，将其分为连续型影响因素和类别型影响因素。连续型影响因素中探索在趋势相关上影响农田土壤重金属含量的辅助变量。根据 Pearson 相关性分析结果，选取趋势相关上主要影响农田土壤重金属空间相关性的辅助变量，再利用逐步回归不断调整拟合出回归方程使之更准确，最终选定拟合较好的模型。算出拟合的估计值，用样本点原始重金属含量减去拟合出的估计值得到消除趋势相关影响的残差值，进而可继续后续分析计算。

1）Pearson 相关性分析

相关系数是统计学家卡尔·皮尔逊创立的用于进行统计分析的指标。将变量间的相关情况进行量化，使用字母 R 表示，如式（2-18）所示。由于研究对象的不同，相关系数的定义方式不尽相同，皮尔逊相关系数更为常用。皮尔逊相关系数的变化范围为 −1 ～ 1。相关系数值为 1 时，称所研究的变量 X 与变量 Y 呈完全正相关，即表明用线性方程可以刻画变量 X 和变量 Y 的函数关系，所有的点数据都落在此线性方程上，并且 X、Y 的变动方向一致。相关系数值为 −1 时，称变量 X 与变量 Y 呈完全负相关，此时 X、Y 的变动方向相反。当相关系数值为 0 时，称变量 X 与变量 Y 无线性相关关系。相关系数是用于描述两个变量之间线性相关关系密切度的量，相关关系实质上是一种不确定性的关系。将两个变量间的协方差和标准差的商定义为 Pearson 相关系数。

$$R=\frac{\sum_i (x_i-\overline{x})(y_i-\overline{y})}{\sqrt{\sum_i (x_i-\overline{x})^2\sum_i (y_i-\overline{y})^2}} \tag{2-18}$$

式中　R——Pearson相关系数，用于衡量两组变量之间的线性相关程度，取值范围为 $[-1,1]$，其中1表示完全正相关，−1表示完全负相关，0表示无线性相关关系；

i——观测样本编号（$i=1, 2, \cdots, n$）；
x_i——第一组变量中第 i 个观测值；
$\bar{x}$——第一组变量所有观测值的算术平均值；
y_i——第二组变量中第 i 个观测值；
$\bar{y}$——第二组变量所有观测值的算术平均值。

2）决定系数

在多元线性回归中，用回归平方和除以总离差平方和得到的值等于 Pearson 相关系数的平方。它是对估计的回归方程拟合优度的度量。依据传统统计学，通过系数 R^2 可以判定多元线性方程的拟合程度，是一种简单直观的指标。如式（2-19）所示，R^2 代表该模型能刻画因变量变异的部分，因此模型中 R^2 的值越高，越能表明各变量之间具有较好的线性关系。

$$R^2=\frac{\sum_{i=1}^{n}(\hat{Y}-\bar{Y})^2}{\sum_{i=1}^{n}(Y-\bar{Y})^2} \tag{2-19}$$

式中　R^2——决定系数；
Y——土壤重金属含量实际值；
$\hat{Y}$——土壤重金属含量拟合值；
$\bar{Y}$——土壤重金属含量的均值。

3）逐步回归

农田土壤重金属在整体趋势上的含量变化往往与多个影响因素相关联[13]，用连续型影响因素作为自变量来解释农田土壤重金属在整体趋势上的含量变化。采用多元线性逐步回归的方法进行分析，拟合出这些自变量的最优组合，估计出对土壤重金属趋势的影响。其原理是：将影响因素引入回归模型，并逐个检查所引入的影响因素。引入一个影响因素后进行 F 检验，同时对已经引入的影响因素逐个做 t 检验。当一个原始影响因素的显著性因为后一个引入的影响因素而变小时，则去掉后一个引入的影响因素。重复整个过程以保证回归方程中只包含显著的影响因素，并依据决定系数 R^2 的值得到最终逐步回归模型。如式（2-20）。

$$\hat{Y}_1=\beta_0+\Sigma\beta_j X_i+\mu \tag{2-20}$$

式中　$\hat{Y}_1$——土壤重金属含量趋势相关部分的拟合值；
X_i——影响因素，共有$X_1, X_2, \cdots, X_i$个；
β_0——常数；
β_j——系数，共有 $\beta_1,\beta_2,\cdots,\beta_j$ 个；
μ——随机误差项。

用土壤重金属含量实际值 Y 减去土壤重金属含量趋势相关拟合值 $\hat{Y}_1$ 即得到消除趋势相关影响的残差值 r_1。

$$r_1=Y-\hat{Y}_1 \tag{2-21}$$

（2）分层相关性拟合方法

中尺度影响因素，如相同或相似的土地利用方式和农田种植管理方式等，对土壤重金属含量形成了相近的影响程度，两个地块即使空间距离较远，只要其属性相似，便会有较高的相关性，即“属性相似与空间距离无关”，这就形成了分层相关[14]。通过调研分析研究区域内农田土壤重金属含量的分层相关性的影响因素以及相关方式和相关性强弱，对地理类型进行单元划分及组合分析，形成中尺度上农田土壤重金属含量分层技术。

使用地理探测器，选出分层相关上主要影响农田土壤重金属含量的辅助变量，基于三明治空间统计推断模型对辅助变量进行融合，并对知识层划分分区，各分区具有属性相似性即分区同质性，且使得到的分区斑块破碎程度适中，有利于估计计算。传递消除了趋势相关性影响的残差值到知识层的各分区，得到各分区残差均值后，再用消除了趋势相关性影响的残差值减去各分区残差均值，即得到消除分层相关性影响的残差值，以供后续邻近相关性的分析研究。

1）地理探测器

地理探测器（geographical detector）最初是用于研究地理因素对疾病风险影响机制的方法，是由中国科学院地理科学与资源研究所王劲峰研究组研发的[15]。地理探测器能够揭示空间分异性背后驱动因子，是一种用于探测空间分异性强弱的方法。主要思想是：如果将研究区域划分为若干子区域，若子区域的方差和小于区域的总方差，则说明研究区域存在着空间分异性；如果两个变量的空间分布趋于相同，则表明二者之间具有统计关联性。统计量 q 是地理探测器用以探测空间分异、解释因素或者分析变量之间相互作用关系的一种统计量。近年来，地理探测器在多个领域得到了广泛的应用，如人居环境、生态环境、城市地理等方面。地理探测器中包括四个探测器，可根据需求选用，除了常用的因子探测器和交互作用探测器以外，还有风险探测器和生态探测器。

本书所用到的是因子探测和交互探测。因子探测主要用于检测类别型影响因素 X 解释土壤重金属 Y 分布的空间分异性强弱。用 q 值度量，表达式为：

$$\mathrm{SSW}=\sum_{h=1}^{L}N_h\sigma_h^2,\ \ \mathrm{SST}=N\sigma^2 \tag{2-22}$$

$$q=1-\frac{\mathrm{SSW}}{\mathrm{SST}} \tag{2-23}$$

式中 h——变量 Y 或者因子 X 的分层，即分类或分区，取值为1～L；

N_h, N——层 h 和全区的单元数；

σ_h^2, σ^2——变量 Y 在层 h 和全区的方差；

SSW——层内方差之和；

SST——全区总方差。

q 的值域为 [0，1]，表示解释了 100% q 的 Y。q 值越大，说明 Y 的空间分异越明显。若分层是由自变量 X 生成的，q 值越大代表 X 和 Y 的空间分布越一致，自变量

X对属性Y的解释力越强。

q值的一个简单变换满足非中心F分布：

$$F=\frac{N-L}{L-1}\times\frac{q}{1-q}\sim F\left(L-1,N-L;\ \lambda\right) \tag{2-24}$$

$$\lambda=\frac{1}{\sigma^2}\left[\sum_{h=1}^{L}\bar{Y}_h^2-\frac{1}{N}\left(\sum_{h=1}^{L}\sqrt{N_h}\bar{Y}_h\right)^2\right] \tag{2-25}$$

式中　λ——非中心参数；

$\bar{Y}_h$——层h的均值。

判断区域1的属性均值是否显著大于区域2时，可用t统计量来检验：

$$t_{\bar{y}_{h=1}-\bar{y}_{h=2}}=\frac{\bar{Y}_{h=1}-\bar{Y}_{h=2}}{\left[\dfrac{\mathrm{Var}\left(\bar{Y}_{h=1}\right)}{n_{h=1}}+\dfrac{\mathrm{Var}\left(\bar{Y}_{h=2}\right)}{n_{h=2}}\right]^{\frac{1}{2}}} \tag{2-26}$$

式中　$\bar{Y}_{h=1}$，$\bar{Y}_{h=2}$——层$h=1$和层$h=2$中的属性均值；

$n_{h=1}$，$n_{h=2}$——层$h=1$和层$h=2$中的样本单元数量；

Var——方差。

统计量t近似地服从Student's t分布。其中，自由度（df）的计算方法为：

$$\mathrm{df}=\frac{\dfrac{\mathrm{Var}\left(\bar{Y}_{h=1}\right)}{n_{h=1}}+\dfrac{\mathrm{Var}\left(\bar{Y}_{h=2}\right)}{n_{h=2}}}{\dfrac{1}{n_{h=1}-1}\left[\dfrac{\mathrm{Var}\left(\bar{Y}_{h=1}\right)}{n_{h=1}}\right]^2+\dfrac{1}{n_{h=2}-1}\left[\dfrac{\mathrm{Var}\left(\bar{Y}_{h=2}\right)}{n_{h=2}}\right]^2} \tag{2-27}$$

式中　$n_{h=1}$——层h=1（如区域1）中的样本单元数量；

$n_{h=2}$——层h=2（如区域2）中的样本单元数量。

零假设H_0：$\bar{Y}_{h=1}=\bar{Y}_{h=2}$。若在显著性水平$\alpha$下拒绝$H_0$，则认为区域1的属性均值显著大于区域2。

比较两因子$X1$和$X2$对属性Y的空间分布的影响是否有显著的差异时，以F统计量来衡量：

$$F=\frac{n_{X1}\left(n_{X2}-1\right)\mathrm{SSW}_{X1}}{n_{X2}\left(n_{X1}-1\right)\mathrm{SSW}_{X2}} \tag{2-28}$$

式中　n_{X1}，n_{X2}——两个因子$X1$和$X2$的样本量；

SSW_{X1}，SSW_{X2}——由$X1$和$X2$形成的层的层内方差之和，$\mathrm{SSW}_{X1}=\sum_{h=1}^{L1}n_h\sigma_h^2$，

$\mathrm{SSW}_{X2}=\sum_{h=1}^{L2}n_h\sigma_h^2$；

$L1$，$L2$——变量$X1$和$X2$分层数目。

其中，零假设H_0：$\mathrm{SSW}_{X1}=\mathrm{SSW}_{X2}$。如果在$\alpha$的显著性水平上拒绝$H_0$，则表明

两因子 $X1$ 和 $X2$ 对属性 Y 空间分布的影响存在着显著的差异。

当识别不同解释变量间的交互作用时，可以评估因子 $X1$ 和 $X2$ 共同作用时是否会增加或减弱对因变量 Y 的解释力，或探究这些因子对 Y 的影响是否是相互独立的。评估的方法如下。首先计算两种因子 $X1$ 和 $X2$ 对 Y 的 q 值：$q\left(Y|X1\right)$ 和 $q\left(Y|X2\right)$。然后叠加变量 $X1$ 和 $X2$ 两个图层相交所形成的新的层，并计算 $X1\cap X2$ 对 Y 的 q 值：$q\left(Y|X1\cap X2\right)$。最后对 $q\left(Y|X1\right)$、$q\left(Y|X2\right)$ 与 $q\left(Y|X1\cap X2\right)$ 的数值进行比较，判断交互作用。

2）三明治空间统计推断模型

三明治空间统计推断模型如图 2-5 所示（书后另见彩图），即采样层、知识层、报告层三层统计模型估计方法。该模型能够实现土壤重金属含量残差值到报告单元的均值估计。图 2-5 最下面表示分析对象，如研究区域内土壤环境。r= Ⅰ ～ r= Ⅷ为报告层子区域，如省、县等。h=1 ～ h=5 为知识层子区域，如土地利用分区。p-1 ～ p-3 为采样层子区域，如候选采样点。

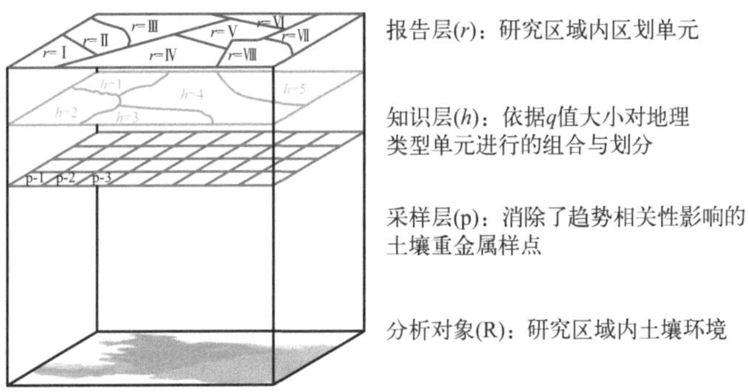

图 2-5　三明治空间统计推断模型

报告层即研究区域内区划单元。知识层即通过计算土壤环境变量分区与土壤属性自身空间性质分区以及不同分区之间的交互对土壤属性的作用大小，得到的 q 值作用最大的空间分区。知识层表征同一层的土壤属性具有相似特征，甚至在极端条件下认为在同一层内的土壤属性是均质的。通过地理探测器得到对土壤重金属交互影响较高的两种类别型影响因素，对其进行融合得到知识层。计算各层土壤重金属含量残差值的均值。

$$\overline{y}_h=\frac{1}{n_h}\sum_{i=1}^{n_h}y_{hi} \tag{2-29}$$

$$s(\overline{y}_h)=\sqrt{\frac{1}{n_h-1}\sum_{i=1}^{n_h}(y_{hi}-\overline{y}_h)^2} \tag{2-30}$$

式中　h——每一层的标识，$h=1,2,\cdots,L$；

i——样本单元的标识，$i=1,2,\cdots,n_h$；

$s(\bar{y}_h)$——标准差；

n_h——层 h 的样本数量；

y_{hi}——观测值；

$\bar{y}_h$——层 h 内的土壤重金属均值。

完成知识层的均值估计后，需要按照报告单元进行统计汇总。在土壤环境质量评价工作中，常见的报告层有省市行政区划、农业用地与非农业用地、重点粮仓、重点经济发展区、土壤污染综合防治先行区等重要的区划单元。根据研究区域内的区划单元，用上述计算得到的基于知识层的区域均值，通过叠加报告单元的空间位置，赋予空间权重进行报告单元的区域均值估计。区域的总体均值所产生的误差可以用区域均值标准差来度量。

$$\bar{y}_r = \sum_{h=1}^{L_r} W_{rh}\bar{y}_h \tag{2-31}$$

$$s(\bar{y}_r) = \sqrt{\sum_{h=1}^{N_{rh}} W_{rh}^2 s^2(\bar{y}_h)} \tag{2-32}$$

$$W_{rh}=A(rh) / A(r) \tag{2-33}$$

式中　$\bar{y}_r$——土壤重金属含量分层相关部分的拟合值；

L_r——报告单元r中的层数；

W_{rh}——报告单元r与层h相切的总体中的面积占r的面积比例；

N_{rh}——报告单元r与层h相切的总体中的单元个数；

$\bar{y}_h$——层h内的土壤重金属均值；

$s(\bar{y}_r)$——$\bar{y}_r$ 的标准差；

$s^2(\bar{y}_h)$——$\bar{y}_h$ 的方差；

$A(rh)$——当前层的观测数；

$A(r)$——所有层观测总数。

完成报告层的统计汇总后，用消除了趋势相关性影响的残差值 r_1 减去 $\bar{y}_r$ 即得到消除了趋势相关性和分层相关性影响的残差值 r_2。

$$r_2 = r_1 - \bar{y}_r \tag{2-34}$$

（3）邻近相关性拟合方法

小尺度上的农田土壤重金属含量因土壤混合和污染源的扩散迁徙而形成邻近相关性。邻近相关性能够反映土壤重金属含量的局部变异，更能说明人为因素导致的重金属空间变异情况。具体方法是采用消除了趋势相关性和分层相关性影响后的残差结果进行普通克里金法插值。

普通克里金法是一种线性无偏最优估计，是基于变异函数理论，有效利用区域化变量的数据，对待估计点进行预测的一种插值方法。其实质是待估计样点与周边已知样点的加权线性方程。假设观测值为$(z_1,z_2,\cdots,z_n)$，$\hat{z}_0$是点(x_0,y_0)处的估计值，即$z_0=z(x_0,y_0)$。普通克里金法插值的公式为：

$$\hat{z}_0=\sum_{i=1}^{n}\lambda_i z_i \tag{2-35}$$

式中　λ_i——样点i的权重系数，根据已知样点与未知样点的相关性强弱的不同，权重系数λ也不同；

z_i——已知点观测值，通过用空间上所有的已知样点加权求和来估计未知点的值，同时要满足点(x_0,y_0)处的估计值$\hat{z}_0$与实际值z_0的差最小，即最优性：

$$\mathrm{Var}\left[\hat{z}_0-z_0\right]=\min \tag{2-36}$$

同时还要满足无偏性：

$$\varepsilon\left[\hat{z}_0-z_0\right]=0 \tag{2-37}$$

式中　ε——误差。

采用消除了趋势相关性和分层相关性影响的残差值r_2进行普通克里金法插值后得到的$\hat{z}_0$，也即土壤重金属含量邻近相关部分的插值结果。再加回趋势相关上的影响$\hat{Y}_1$和分层相关上的影响$\bar{y}_r$，最终得到基于混合相关性的插值结果$\hat{Y}$［见式（2-17）］。

因此，基于混合相关性的区域农田土壤重金属含量插值方法计算步骤如下：

① 根据 Pearson 相关系数，确定研究区域内土壤重金属含量的连续型影响因素。并拟合出回归模型，用真实值减去拟合值（即趋势相关上的影响）得残差值r_1。

② 根据地理探测器，确定研究区域内土壤重金属含量的类别型影响因素，融合后作为三明治空间统计推断模型中的知识层，得到分层相关上的影响，用r_1减去该影响得到残差值r_2。

③ 用r_2进行普通克里金法插值。

④ 插值结果加上趋势相关上的影响和分层相关上的影响即完成基于混合相关性的区域农田土壤重金属含量插值。

通过上述方法对产地土壤重金属含量进行精准制图后，再根据评估标准值，确定重度污染产地的分布和范围。

2.2.2.2　基于概率克里金的等级划分方法

基于参比值进行重度污染产地识别，其实是空间统计中的等级划分问题，需要基于少量的采样点数据预测研究区内大量未采样点区域的污染等级。等级划分方法分为物理阈值法和概率阈值法两类。

物理阈值法首先对研究区域中每个空间单元的目标变量取值进行估计，然后通过对比估计值与物理阈值的大小确定待估计单元的等级，如本书 2.1.3 的方法。概率阈值法则首先估计每个单元不超过物理阈值的概率，然后对所估计概率值与设定的概率阈值进行对比确定待估计单元的等级。

物理阈值法和概率阈值法都需要对每个空间单元进行估计，传统位置相关的统计推断方法主要包括确定性方法和地统计方法两类。地统计方法按照估计的方式可以进一步分为值估计方法和不确定性估计方法[16]。值估计方法主要目标是给出目标变量在待估计单元的取值及其估计误差，如普通克里金法、回归克里金法和协同克里金法[17-19]。不确定性估计方法的目标主要是构建待估计单元处目标变量取值的概率分布，该类方法可进一步分为参数法和非参数法两类。参数法通过假设待估计单元的目标变量概率分布类型，并使用样本计算概率分布的关键参数如期望方差等，构建待估计单元处随机变量的概率分布。最常用的方法为 multi-Gaussian 模型，它假设目标变量服从正态分布，并使用简单克里金法的估计值和估计误差作为正态分布的期望和方差[20]。非参数法并不预先假设待估计单元处随机变量分布的形式，只估计一些关键阈值所对应的累积概率，必要时使用内插和外插方法生成完整的累积概率分布函数[21]。

物理阈值法一般采用确定性方法或地统计方法开展环境质量等级划分，但这类方法在环境质量等级划分方面存在不足。在产地环境污染评价中，往往面临对研究对象了解不全面且数据不足的情况，难以建立准确的确定性模型进行估计，每个估计结果都存在误差。而确定性方法不能给出计算结果的不确定性程度，无法反映估计结果与样本的不确定性程度，因此不能有效指导加密采样设计[22]。地统计的值估计方法在用于指导环境质量等级划分和加密采样优化设计时也存在明显不足。一方面，其估计值存在平滑效应，在处理较大或较小阈值的等级划分时存在较大误差，甚至会造成划分结果中等级的丢失；另一方面，其估计误差假设为正态分布且假设误差只与样点位置有关，难以符合实际情况，不能准确反映估计结果与阈值关系的不确定性[23]。不确定性估计方法用于空间单元目标变量的取值时，需要首先计算获得其概率分布，然后基于概率分布估计目标变量的取值，如使用期望估计、中位数估计和百分位数估计等损失函数对目标变量的取值进行优化估计[24]。在优化估计过程中需要完整的累积概率分布函数。而参数法由于其较强的分布假设难以获得较好的结果，非参数法则会因需要概率内插和外插而引入较大的误差。概率阈值法由于需要获得关于物理阈值的概率，可以与不确定性估计方法结合进行环境质量等级划分。其中非参数法由于没有较强的分布假设，同时在等级划分时只需要阈值所对应的累积概率，因此更适合用于环境质量等级划分[22]。

重度污染产地识别的主要目标在于正确估计污染物含量与阈值之间的大小关系，无须获得每个空单元中污染物含量的具体取值；同时，由于空间自相关性的存在，环境质量等级具有空间连续性。因此，研究团队研发了基于概率克里金（probabilistic Kriging，PK）的多指标等级边界确定方法。概率克里金[21]是将指示克里金和协同克里金相结合，使用主变量和辅助变量两个空间变量，给出基于阈值的无偏最优累积概率估计值。这种方法通过观测值的序列关系表示所有可用属性值的信息。均匀值（也称为标准队列）表示观测值的序列关系，被指定为概率克里金中唯一的辅助变量，以改进对属性值大于或者小于期望阈值的概率的估计。概率克里金需要用到两变量各自的半变异函数以及交叉半变异函数。

概率克里金的主变量是原始变量转换的指示变量，它基于阈值 Z_c，通过指示变换，将原始变量转换为 0 或 1，可以通过变异函数来描述指示变量的空间相关性，式（2-38）定义了基于指示变量计算的变异函数：

$$\gamma_i(h)=\frac{1}{2}E\left\{\left[I(x_i;Z_c)-I(x_i+h;Z_c)\right]^2\right\}=\frac{1}{2N(h)}\sum_{i=1}^{N(h)}\left[I(x_i;Z_c)-I(x_i+h;Z_c)\right]^2 \tag{2-38}$$

式中　$\gamma_i(h)$——第i个方向上距离为h的半变异函数值；

E——数学期望，用于计算随机变量的平均值或长期行为；

$I(x_i;Z_c)$——在位置x_i处，对于阈值Z_c，指示函数的值，当x_i处的属性值大于或等于Z_c时，$I(x_i;Z_c)$取值为1，否则取值为0；

x_i——第i个样本点的位置坐标；

Z_c——一个预设的阈值，用于定义指示函数I的判断标准；

h——两个比较位置之间的距离；

$N(h)$——所有相距为h的点对数量，用于计算半变异函数的平均值。

概率克里金的辅助变量是根据原始目标变量变换获取的，它是将原始目标变量按大小排序的序号转化为 0 ～ 1 之间的标准队列值。对于样本大小为 n 的数据，升序的排列顺序为 $Z_1\leqslant Z_2\leqslant Z_3\leqslant\cdots\leqslant Z_r\leqslant\cdots\leqslant Z_n$，$Z_r$ 为第 r 个顺序的浓度值。$r(x)$ 为 x 位置上的浓度值次序，标准队列值 $[U(x)]$ 表示为：

$$U(x)\approx\frac{r(x)}{n} \tag{2-39}$$

由于满足内在稳定性，可以通过变异函数描述标准队列的空间结构：

$$\gamma_u(h)=\frac{1}{2N(h)}\sum_{i=1}^{N(h)}\left[U(x_i)-U(x_i+h)\right]^2 \tag{2-40}$$

式中　$\gamma_u(h)$——半变异函数值；

$U(x_i)$——位置x_i上的观测值；

$U(x_i+h)$——与位置x_i距离h的观测值。

用来表示 $I(x_i;Z_c)$ 和 $U(x)$ 之间交叉空间相关性的交叉变异函数可表示为：

$$\gamma_{iu}(h)=\frac{1}{2N(h)}\sum_{i=1}^{N(h)}\left\{\left[I(x_i;Z_c)-I(x_i+h;Z_c)\right]^2\times\left[U(x_i)-U(x_i+h)\right]\right\}^2 \tag{2-41}$$

定义概率克里金估计值：

$$I^*(x_0;Z_c)=\sum_{i=1}^{n}\lambda_i I(x_i;Z_c)+\sum_{i=1}^{n}\lambda_{ui}U(x_i) \tag{2-42}$$

式中　λ_i,λ_{ui}——克里金权值。

将估计值的误差方差最小和无偏条件 $\Sigma\lambda_{ij}=1$ 和 $\Sigma\lambda_{up}=0$ 代入公式可得：

$$\sum_{j=1}^{n}\lambda_{ij}\gamma_i\left(x_j-x_i\right)+\sum_{p=1}^{n}\lambda_{up}\gamma_{iu}\left(x_p-x_i\right)=\gamma_i\left(x_0-x_i\right)-\mu_i \tag{2-43}$$

和

$$\sum_{j=1}^{n}\lambda_{ij}\gamma_{iu}\left(x_j-x_i\right)+\sum_{p=1}^{n}\lambda_{up}\gamma_u\left(x_p-x_i\right)=\gamma_{iu}\left(x_0-x_i\right)-\mu_u \tag{2-44}$$

式中 γ_i,γ_u——$I\left(x_i;Z_{\mathrm{c}}\right)$ 和 $U\left(x_i\right)$ 的变异函数模型；

γ_{iu}——交叉变异函数；

μ_i,μ_u——$I\left(x_i;Z_{\mathrm{c}}\right)$ 和 $U\left(x_i\right)$ 的拉格朗日因子。

基于概率克里金的多指标等级边界确定方法能够同时考虑多个指标和各自的阈值，为复杂环境中的决策提供科学依据。基于概率克里金的多指标多阈值等级边界确定方法可以分为多指标单阈值划分等级边界和多指标多阈值划分综合等级边界。

（1）多指标单阈值划分等级边界

需要基于多个土壤重金属指标值进行实际的产地污染等级划分，因此需要先完成多个参数的统计推断。基于概率克里金的多指标单阈值划分等级边界确定方法步骤如下：

1）指示变换

确定 n 个指标的单阈值分别为 $Z_{\mathrm{c}1},Z_{\mathrm{c}2},\cdots,Z_{\mathrm{c}n}$，分别对样本的各指标进行指示变换，得到 n 个指示数据集，即各个指标的主变量。

2）辅助变量计算

基于式(2-40)获取样本的各指标的均匀值，即各个指标的辅助变量。

3）半变异函数计算

分别计算各个指标的主变量和辅助变量所对应的空间半变异函数，并计算表示主变量和辅助变量之间交叉空间相关性的交叉变异函数。

4）概率克里金法插值计算

针对每个指标，基于阈值，对每一个空间单元使用概率克里金法进行空间插值，获得每个指标每个空间单元小于阈值的概率估计值 $p_1,p_2,\cdots,p_n$。

5）空间单元等级确定

对每个指标阈值的概率设置判定的概率阈值 $p_{\mathrm{c}1},p_{\mathrm{c}2},\cdots,p_{\mathrm{c}n}$，对每个空间单元进行类别判定，判定公式如下：

$$c=\begin{cases}C_0,\max\left(\dfrac{p_i}{p_{\mathrm{c}i}}\right)>1\\ C_1,\max\left(\dfrac{p_i}{p_{\mathrm{c}i}}\right)\leqslant 1\end{cases}\quad\left(i=1,2,\cdots,n\right) \tag{2-45}$$

6）划分等级边界

合并同等级空间单元，形成等级边界。

在实际等级划分应用中，选取的划分概率阈值是有差异的，通常以 0.5 作为基准进行浮动。概率阈值也可以根据实际应用需求或专业知识选定。也可以采用概率阈值自适应的方法来进行概率阈值确定。通过将划分结果与实际等级进行对比，得到在不同概率阈值下的划分错误率，最终选择错误率较小的概率阈值作为等级划分的最佳概率阈值。自适应概率阈值的判定方法如下：

首先，在 0.1 ～ 0.9 之间按照等间距设置概率阈值，并基于每一个概率阈值，对采样点处的污染等级进行划分。

其次，根据等级划分结果，将其与真实等级相比较，对第一类错误、第二类错误、总错误进行统计。第一类错误是实际浓度没有超过阈值，但是预测估计结果将其判断为超过阈值。第二类错误是实际浓度超过阈值，但是预测估计结果将其判断为没有超过阈值。总错误为这两类错误的总和。单指标的判断公式如下：

$$T_1=\frac{n_c\left[Z(x)<Z_c \ \& \ \bar{Z}(x;Z_c)>Z_c\right]}{n}=\frac{n_c\left[I(x_i;Z_c)=1 \ \& \ I^*(x_0;Z_c)>p_c\right]}{n} \tag{2-46}$$

$$T_2=\frac{n_c\left[Z(x)>Z_c \ \& \ \bar{Z}(x;Z_c)<Z_c\right]}{n}=\frac{n_c\left[I(x_i;Z_c)=1 \ \& \ I^*(x_0;Z_c)\leqslant p_c\right]}{n} \tag{2-47}$$

$$E=T_1+T_2 \tag{2-48}$$

式中　Z_c——等级阈值；

$Z(x)$——x位置上的实际值；

$\bar{Z}(x;Z_c)$——x位置上基于阈值Z_c的估计值；

n_c——总数据量；

$I(x_i;Z_c)$——基于阈值的指示值；

$I^*(x_0;Z_c)$——概率克里金预测的概率估计值；

p_c——概率阈值；

T_1——第一类错误；

T_2——第二类错误；

E——总错误。

最后，绘制等级划分误差图，根据误差图选择合适的概率阈值。如图 2-6 所示（书后另见彩图），随着概率阈值的增大，第一类错误减少，第二类错误增大，总错误呈现先下降后上升的趋势。当要求第一类错误最小时，概率阈值选择 0.9；当要求第二类错误最小时，概率阈值选择 0.1；当需要总错误最小时，概率阈值选择 0.4。

（2）多指标多阈值划分综合等级边界

在进行等级划分时，不仅存在多个超标指标，一般还存在多个阈值将产地划分成多个等级。基于概率克里金的多指标多阈值划分综合等级边界确定方法步骤如下：

1）指示变换

确定单一指标的 k 个等级阈值为 $Z_{c1},Z_{c2},\cdots,Z_{ck}$，分别将目标变量分为 $C_0,C_1,C_2,\cdots,$

C_k 个类别，其中，$C_0=(0,Z_{c1}],C_1=(Z_{c1},Z_{c2}],\cdots,C_k=(Z_{ck},\infty]$。使用每个阈值对样本值进行指示变换，得到 k 个指示数据集。

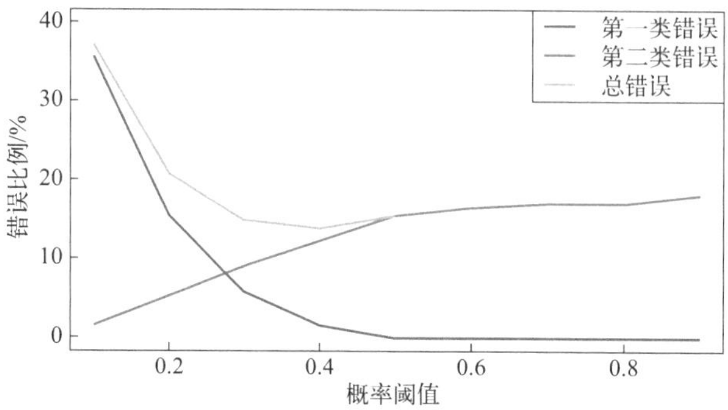

图 2-6　等级划分误差图

2）辅助变量计算

基于式（2-40）获取样本的均匀值，即辅助变量。

3）半变异函数计算

分别计算每个指示数据集和辅助变量所对应的空间半变异函数，并计算每个指示数据集和辅助变量之间交叉空间相关性的交叉变异函数，得到 k 个交叉变异函数。

4）概率克里金法插值计算

依次针对阈值 $Z_{c1},Z_{c2},\cdots,Z_{ck}$，对每一个空间单元使用概率克里金法进行空间插值，获得每个空间单元小于阈值的概率估计值及其估计误差的标准差。

5）多指标概率克里金法插值计算

确定 n 个指标，分别对每一个指标执行步骤 1）到步骤 4），各个指标的每个空间单元小于阈值的概率估计值为 $p_{i1},p_{i2},\cdots,p_{ik}$，估计误差的标准差为 $S_{pi1},S_{pi2},\cdots,S_{pik}$，其中 $i=1,2,\cdots,n$。

6）空间单元等级确定

结合步骤 5）得到的概率估计值计算各个等级每个样点的最大概率估计值 $p_j=\max\{p_{1j},p_{2j},\cdots,p_{nj}\}$ 及其对应的估计误差的标准差 S_{pj}，其中，$j=1,2,\cdots,k$。为每个等级阈值的概率设置判定的概率阈值 $p_{c1},p_{c2},\cdots,p_{ck}$，对每个空间单元进行类别判定，判定方法如下：

① 针对第 j 个等级阈值，计算估计概率的置信区间 $[p_j-S_{pj},p_j+S_{pj}]$。

② 判断空间单元等级。

如果 $j=1$，则按照式（2-49）对空间单元进行等级划定：

$$c_j=\begin{cases}C_{j-1},\ p_{cj}\leqslant p_j-S_{pj}\\ C_j,\ p_{cj}\geqslant p_j+S_{pj}\\ C_{-1},\ p_{cj}\in(p_j-S_{pj},p_j+S_{pj})\end{cases} \tag{2-49}$$

式中　C_{-1}——未分等级；

C_{j-1}——前一个等级值；

C_j——当前等级值。

如果$j \neq 1$，按照式（2-50）进行等级划定：

$$c_j = \begin{cases} C_{j-1}, & p_{cj} \leqslant p_j - S_{pj} \text{且} c_{j-1} = C_{-1} \\ c_{j-1}, & p_{cj} \leqslant p_j - S_{pj} \text{且} c_{j-1} \neq C_{-1} \\ C_j, & p_{cj} \geqslant p_j + S_{pj} \\ C_{-1}, & p_{cj} \in \left(p_j - S_{pj}, p_j + S_{pj}\right) \text{且} c_{j-1} = C_{-1} \\ c_{j-1}, & p_{cj} \in \left(p_j - S_{pj}, p_j + S_{pj}\right) \text{且} c_{j-1} \neq C_{-1} \end{cases} \tag{2-50}$$

式中　c_{j-1}——对某空间单元等级是否为j的前一个等级的判定结果。

③ 判断是否已经对所有的阈值进行计算，即j是否达到k，若达到，则结束，否则转①继续执行。

7）划分等级边界

合并同等级空间单元，形成等级边界。

参考文献

[1] 郑喜珅，鲁安怀，高翔，等．土壤中重金属污染现状与防治方法 [J]．生态环境学报，2002, 11(01): 79-84.

[2] 张永发，邝继云，谢茵，等．海南省农产品产地土壤环境质量评价 [J]．亚热带资源与环境学报，2014, 9(03): 75-81.

[3] 应蓉蓉，张晓雨，孔令雅，等．农用地土壤环境质量评价与类别划分研究 [J]．生态与农村环境学报，2020, 36(01): 18-25.

[4] 杨克燕，熊伟，罗阳，等．都江堰市城区周边农田土壤重金属污染状况分析与评价 [J]．中国环境监测，2011, 27(05): 10-16.

[5] 王雨雪，杨柯，高秉博，等．基于两点机器学习方法的土壤有机质空间分布预测 [J]．农业工程学报，2022, 38(12): 65-73.

[6] Gao B B, Stein A, Wang J F. A two-point machine learning method for the spatial prediction of soil pollution [J]. International Journal of Applied Earth Observation and Geoinformation, 2022, 108: 102742.

[7] GB 15618—2018. 土壤环境质量　农用地土壤污染风险管控标准（试行）.

[8] McBratney A B, Mendonça Santos M L, Minasny B. On digital soil mapping [J]. Geoderma, 2003, 117(1): 3-52.

[9] Minasny B, McBratney A B. Digital soil mapping: A brief history and some lessons [J]. Geoderma, 2016, 264: 301-311.

[10] Wang J F, Haining R, Zhang T L, et al. Statistical modeling of spatially stratified heterogeneous data [J].

Annals of the American Association of Geographers, 2024, 114(3): 499-519.

[11] 齐杏杏，高秉博，潘瑜春，等．基于地理探测器的土壤重金属污染影响因素分析 [J]．农业环境科学学报，2019, 38(11): 2476-2486.

[12] 李晓岚，高秉博，周艳兵，等．基于时空不确定性分析的北京市农田土壤重金属镉含量等级划分 [J]．农业环境科学学报，2019, 38(02): 307-316.

[13] 朱阿兴，闾国年，周成虎，等．地理相似性：地理学的第三定律？ [J]．地球信息科学学报，2020, 22(04): 673-679.

[14] Gao B B, Hu M G, Wang J F, et al. Spatial interpolation of marine environment data using P-MSN [J]. International Journal of Geographical Information Science, 2019, 34(3): 577-603.

[15] 王劲峰，廖一兰，刘鑫．空间数据分析教程 [M]．北京：科学出版社，2019.

[16] Najafian A, Dayani M, Motaghian H R, et al. Geostatistical assessment of the spatial distribution of some chemical properties in calcareous soils [J]. Journal of Integrative Agriculture, 2012, 11(10):1729-1737.

[17] Minasny B, McBratney A B. Methodologies for global soil mapping[M]//Boettinger J L, Howell D W, Moore A C, et al. Digtal Soil Mapping. Dordrecht: Springer, 2010: 429-436.

[18] Li J, Heap A D. A review of comparative studies of spatial interpolation methods in environmental sciences: Performance and impact factors [J]. Ecological Informatics, 2011, 6(3-4): 228-241.

[19] Li J, Heap A D. Spatial interpolation methods applied in the environmental sciences: A review [J]. Environmental Modelling & Software, 2014, 53: 173-189.

[20] Goovaerts P. Geostatistics for Natural Resources Evaluation (Applied Geostatistics) [M]. New York: Oxford University Press, 1997.

[21] 罗明，裴韬．空间软数据及其插值方法研究进展 [J]．地理科学进展，2009, 28(05): 663-672.

[22] Van Meirvenne M, Goovaerts P. Evaluating the probability of exceeding a site-specific soil cadmium contamination threshold [J]. Geoderma, 2001, 102(1-2): 75-100.

[23] Isaaks E H, Srivastava R M. Applied Geostatistics[M]. New York: Oxford University Press, 1989.

[24] 姚荣江，杨劲松，杨奇勇，等．禹城地区土壤铅含量空间分布的指示克里格估值 [J]．生态环境学报，2011, 20(12): 1912-1918.

第3章

种植结构调整的流程与方法

» 不同作物部位、种类和品种之间重金属 Cd 的富集程度研究

» 针对酸性土壤的种植结构调整技术规范的制定

» 针对酸性土壤的多梯度种植结构调整模式的确立

3.1 不同作物部位、种类和品种之间重金属 Cd 的富集程度研究

3.1.1 同等条件下不同农作物对重金属 Cd 的敏感性

3.1.1.1 不同种类谷类作物对Cd的敏感性

现有文献报告中对于不同农产品中镉富集能力排序的结论并不一致，虽然从品种上有一些统计学规律，但是难以从农作物大类上区分镉敏感作物和非敏感作物。例如：李铭红等[1]对几种农作物镉的转移系数大小及排列顺序进行了研究，发现多种农作物对镉的转移系数均在 0.50 ～ 0.95 之间，且玉米＞大麦＞紫云英＞小麦＞大豆＞水稻。另一研究表明，pH=5.6 ～ 8.2 的浙江省红壤、黄壤和棕黄壤上农作物对镉的富集能力排序为大麦＞大豆＞紫云英＞水稻＞小麦＞玉米[2]。

水稻是目前镉污染关注度最高的农产品，但是对其物种敏感性的表述也存在很大差异。例如：pH ＜ 5.5 的云南省红壤上农作物对镉的富集能力排序为水稻＞蚕豆＞小麦＞玉米[2]。然而，江苏省水利科学研究所实验中心发现 pH=6.5 ～ 7.5 的江苏省红壤上农作物对镉的富集能力排序为小麦＞水稻＞油菜＞蚕豆[2]，pH=6.5 ～ 7.5 的天津污灌区盐化潮土上农作物对镉的富集能力排序为小麦＞水稻[2]，沈大高速公路两侧的土壤上农作物对镉的富集能力排序为玉米＞水稻[2]。

（1）作物种类对 Cd 的敏感性

作物种类不同，其对重金属的富集能力和规律不同。pH=6.5 ～ 7.5 的江苏省水利科学研究所实验中心红壤上农作物对 Cd 的富集能力排序为小麦＞水稻。pH=6.0 ～ 7.0 的淮安市绿色食品生产基地黄棕壤上农作物对 Cd 的富集能力排序为小麦＞水稻。pH=6.0 ～ 7.0 的贵州铅锌矿区黄壤上农作物对 Cd 的富集能力排序为水稻＞玉米。pH=6.9 的徐州市某灌区褐土上农作物对 Cd 的富集能力排序为小麦＞玉米。pH ＜ 7.0 的河南省西北部潮土上农作物对 Cd 的富集能力排序为水稻＞玉米。pH ＜ 7.7 的土壤上农作物对 Cd 的富集能力排序为玉米＞小麦。pH=8.34 的弱碱性土壤上农作物对 Cd 的富集能力排序为小麦＞玉米。pH=6.5 ～ 7.56 的河南省新乡市农田褐土和潮土上农作物对 Cd 的富集能力排序为叶菜类＞粮谷类＞非叶菜类。pH=4.42 ～ 5.16 的东莞市麻涌镇麻三村的潮土上农作物对 Cd 的富集能力排序为水稻＞茄子＞菜心＞黄瓜。pH=6.94 ～ 7.48 的衡阳市代表性的连片农作物产地红壤和水稻土上农作物对 Cd 的富集能力排序为水稻 = 叶菜类＞根茎类＞普通蔬菜。pH=7.5 左右的淮南田集电厂黄棕

壤上农作物对 Cd 的富集能力排序为玉米＞大豆。pH=5.0 ～ 8.0 的辽宁铁岭市农田水稻土和黄棕壤上农作物对 Cd 的富集能力排序为水稻＞玉米＞蔬菜。pH=7.0 ～ 7.5 的山西省太原市褐土上农作物对 Cd 的富集能力排序为玉米＞水稻[2]。

以大豆、棉花、曼陀罗、蓖麻和玉米 5 种植物为供试材料，采用土柱栽培试验，探讨 Cd 胁迫后不同种类的植物根系活力与各器官间 Cd 含量的差异[3]。结果表明（表 3-1）：5 种植物中 Cd 富集总量排序为大豆＞玉米＞棉花＞曼陀罗＞蓖麻。不同植物不同器官 Cd 运转积累不同，以根冠比（*R*/*S*）进行衡量，蓖麻、玉米 *R*/*S* 值＞1，称作根优势植物；大豆、曼陀罗 *R*/*S* 值＜1，称作冠优势植物；棉花 *R*/*S* 值接近 1，称作冠根均衡植物。

表3-1　5种植物体内Cd含量比较[3]

项目	根 /（mg/kg）		茎 /（mg/kg）		叶 /（mg/kg）		籽实 /（mg/kg）		总量 /（mg/kg）		*R*/*S* 值	
	Cd	CK	Cd	CK	Cd	CK	Cd	CK	Cd	CK	Cd	CK
大豆	8.643b	2.432b	10.988a	2.766a	3.975b	1.652a	3.288b	1.238a	26.894a	8.088a	0.474	0.430
棉花	8.965b	1.024c	0.325e	0.427c	6.625a	0.844b	1.963c	0.450d	17.878c	2.745d	1.006	0.595
曼陀罗	3.586c	0.765e	5.889b	0.999b	1.850d	0.420d	4.022a	1.150b	15.347d	3.334c	0.305	0.298
蓖麻	8.525b	0.925d	0.869d	0.338d	0.600e	0.363e	0.754d	0.200e	10.748e	1.826e	3.835	1.027
玉米	16.050a	4.675a	1.762c	0.435c	2.043c	0.674c	3.313b	0.763c	23.168b	6.547b	2.255	2.497
平均值	9.154	1.964	3.967	0.993	3.019	0.791	2.668	0.76	18.807	4.508		

注：Cd 表示添加镉的土壤，添加镉后土壤镉含量为 5mg/kg；CK 表示不加 Cd 的对照土壤；*R*/*S*= 根中 Cd 含量与地上部茎、叶、籽实 Cd 含量之和的比值；同列字母不同表示差异显著（$P < 0.05$）。

在对研究区内菜地（种植蔬菜）、稻田（种植水稻）、果园（种植水果）和旱地（种植玉米）4 种不同土地利用类型下土壤和作物进行大规模采样调查的基础上，对不同土地利用类型下各作物的 Cd 富集系数进行聚类分析，比较其对 Cd 富集能力的差异，结果表明（表 3-2）：水稻 Cd 富集系数最大，为 0.211；深色蔬菜和玉米 Cd 富集系数中等，在 0.1 左右；而浅色蔬菜 Cd 富集系数最小，仅为 0.014。

表3-2　不同土地利用类型下作物的镉富集系数

土地利用类型	作物类型	样本数	分布类型	镉富集系数				对数转换结果		
				范围	算术平均值	标准差	$P_{s\text{-}w}$	几何平均值	几何标准差	$P_{s\text{-}w}$
菜地	浅色蔬菜	24	对数正态分布	0.0022 ～ 0.0720	0.0200	0.0178	0.001	0.0140	2.54	0.43
	深色蔬菜	80	对数正态分布	0.0089 ～ 0.7400	0.1980	0.1990	0.000	0.1210	2.87	0.89

续表

土地利用类型	作物类型	样本数	分布类型	镉富集系数				对数转换结果		
				范围	算术平均值	标准差	$P_{s\text{-}w}$	几何平均值	几何标准差	$P_{s\text{-}w}$
稻田	水稻	120	对数正态分布	0.0430 ～ 0.5600	0.2890	0.2330	0.000	0.2110	2.26	0.02
果园	水果	21	对数正态分布	0.0021 ～ 0.3600	0.0617	0.0812	0.000	0.0315	3.50	0.99
旱地	玉米	42	对数正态分布	0.0550 ～ 0.3980	0.1450	0.0732	0.000	0.1050	1.58	0.71

注：$P_{s\text{-}w}$是对数转换后数据的Shapiro-Wilk正态性检验的P值，用于判断数据是否服从对数正态分布。

通过测定陕西某工业区食用农产品铅（Pb）、镉（Cd）、锌（Zn）、铜（Cu）和铬（Cr）等重金属元素含量及铅同位素比率特征值发现，如表3-3所列，相对于小麦和玉米，大豆平均镉（Cd）含量较高，在0.2mg/kg左右[4]。

表3-3　粮食镉含量及超标率

粮食种类	样本量	参数	镉（Cd）
小麦	90	平均值	(0.08±0.06)mg/kg
		超标率	34.3%
大豆	4	平均值	(0.20±0.19)mg/kg
		超标率	50.0%
玉米	14	平均值	(0.02±0.02)mg/kg
		超标率	0%

注：小麦面粉中重金属含量参照查燕等（2000）的研究结果换算[5]。

采用湿法消化法研究了浙江省不同地区农田被污水灌溉后水体、土壤和多种农作物及各器官中的镉含量，进一步分析了土壤污染状况及农作物对重金属镉的富集特征[1]。结果表明：不同农作物对Cd的吸收程度不同，富集系数排序为紫云英＞水稻＞大豆＞大麦＞玉米＞小麦。未受污染农作物和受污染农作物根系及地上部Cd含量差异明显，但Cd富集系数差异不明显。同一农作物不同器官对Cd的累积规律为根系＞茎叶＞果实，且农作物根系器官的富集系数排序为大豆＞水稻＞大麦＞紫云英＞小麦＞玉米[1]，果实排序为紫云英＞大麦＞大豆＞水稻＞小麦＞玉米。对这6种农作物富集系数和吸收系数的比较发现，玉米和小麦根系及茎叶等营养器官富集Cd的能力较强，但果实富集量却很低。6种农作物对Cd的转移系数排序为玉米＞大麦＞紫云英＞小麦＞大豆＞水稻[1]，说明这几种农作物均对Cd有很好的耐性。

（2）品种对 Cd 的敏感性

在乌栅土和红沙泥田中，Cd 浓度为 2.5mg/kg 处理条件下超级稻品种 Cd 吸收能力高于普通杂交稻品种。在 Cd 污染环境下，大多数水稻品种的总生物量和籽粒产量均明显下降。同时，不同品种水稻在吸收 Cd 时存在显著差异性，在水稻的各个部位分配比例基本符合根系＞茎叶＞颖壳＞籽粒的排列顺序[6]。在砂质土上添加浓度分别为 1mg/kg（Cd1）、5mg/kg（Cd5）、15mg/kg（Cd15）的 $CdSO_4$（分析纯）进行实验，结果表明：小麦植株各部位的 Cd 转移系数与外源 Cd 的添加浓度呈明显负相关，且对 Cd 的转运能力高吸收品种强于低吸收品种；小麦品种籽粒 Cd 的积累能力与 Cd 在根茎叶中的吸收、转运能力有关，低 Cd 浓度时，高吸收品种和低吸收品种对 Cd 的转运能力差别很小，中、高 Cd 浓度时，高吸收品种对 Cd 的转运能力远远强于低吸收品种[7]。在土壤 Cd 浓度为 0.6mg/kg 时，白菜 Cd 含量超标率为 23.33%，而在土壤 Cd 浓度为 1.2mg/kg 时超标率也高至 46.67%，表明白菜容易受到 Cd 污染影响[8]。

通过田间试验研究北京市房山区广泛种植的 4 种玉米对 Cd 的吸收能力[9]，结果表明，土壤中 Cd 的浓度为 0.271 ～ 0.337mg/kg 时，所有品种受试玉米对 Cd 的吸收能力在整个生长期保持稳定，对 Cd 的吸收能力大小依次为京玉 11 号＜京单 68 ＜京科糯 200 ＜京单 28，且玉米对 Cd 的吸收能力与籽实生物量和玉米总生物量之间没有显著相关性[9]。在轻度 Cd 污染农田中，受试的 4 种玉米均表现出一定的弱吸收特性，其中京玉 11 号的弱吸收特性最明显。比较玉米品种的富集能力时，各指标的排列次序为：总富集系数＞籽实的富集系数＞地上部富集系数＞茎的富集系数＞根的富集系数[9]。

采用水培法研究了 6 个小麦品种在 5μmol/L Cd 处理条件下的生物量变化、地上部 Cd 含量、地上部 Cd 累积量以及叶中 Cd 含量与根中 Cd 含量的比值大小的差异。结果表明，6 个品种的小麦在不同 Cd 浓度处理下对 Cd 的累积能力具有较大差异[10]。其中宁麦 8 号对 Cd 具有较高的累积能力，而临麦 16 号、临麦 2 号、豫麦 18 和郑麦 9023 则表现出较低的累积能力[11]。临麦 2 号与临麦 16 号地上部 Cd 浓度虽然都最低，但临麦 16 号 Cd 累积量相较于临麦 2 号更低[10]。

（3）不同器官对 Cd 的富集能力

相同农作物种类、不同器官，重金属的富集能力和规律也不同。研究表明，玉米不同部位对土壤（总 Cd 含量为 2.21mg/kg）中 Cd 的富集系数均小于 1，且各部位对 Cd 的累积具有较大差异[12]。在同种土壤重金属处理条件下，番茄对同一重金属元素的富集能力顺序为根＞茎叶＞果实[13]。张士灌区的试验结果显示：从籽实含 Cd 量来看，大豆＞向日葵＞水稻＞玉米；从植物吸收 Cd 总量来看，向日葵＞玉米＞水稻＞大豆[14]。

3.1.1.2　不同种类蔬菜对Cd的敏感性

即便是 pH 值相近的地区，土壤上生长的农作物对镉的富集能力也存在很大差异性。以蔬菜为例，pH=7.0 ～ 7.5 的山西省太原市褐土上，农作物对镉的富集能力排序为叶菜类＞茄果类＞豆类＞根菜类；pH=8.11 的国家北京褐潮土土壤肥力和肥料效益监测基地褐潮土上，农作物对镉的富集能力排序为叶菜类＞茄果类＞甘蓝类＞根菜类＞葱蒜类＞瓜类＞豆类；而 pH=7.94 ～ 8.48 的衡阳市有代表性的连片农作物产地红壤和水稻土上，农作物对镉的富集能力排序为叶菜类＞根茎类＞其他蔬菜。

（1）作物种类对 Cd 的敏感性

自然条件下，若土壤 Cd 活性较差，土壤 pH 值、Cd 含量的差异性则不会对蔬菜吸收土壤 Cd 的能力产生显著影响[15]。用 $CdSO_4$ 的浓度水平为 1.0μmol/L 和 5.0μmol/L 的营养液对白菜、油菜、白萝卜和胡萝卜四种蔬菜进行培养[16]。结果显示各蔬菜地上部和根部干物质中 Cd 含量有明显差异。其中当 Cd 浓度为 1.0μmol/L 时，油菜、白菜及白萝卜叶片中的 Cd 含量相对较高，与胡萝卜相差 2 倍，油菜和白菜茎中的 Cd 含量相对较高，但是根中胡萝卜的 Cd 含量却比较高。随着营养液中 Cd 浓度的增加，蔬菜叶片和茎中 Cd 含量明显提高，但是根中 Cd 含量的增加幅度不大，Cd 在植物各部分的分布基本上是根＞叶＞枝＞花＞果实＞籽粒。设置不同浓度的 Cd 污染，研究青紫塥黏土盆栽 6 种蔬菜（分别为青菜品种华冠、萝卜品种夏白玉、黄瓜品种碧春、番茄品种 903、菜豆品种红花白荚、莴笋品种笋都 1 号）对 Cd 的富集状况[17]，结果表明，不同作物可食部分对 Cd 的富集能力排序为青菜＞萝卜＞莴笋＞菜豆＞黄瓜＞番茄。作物的 Cd 吸收量与土壤浓度正相关；随着土壤 Cd 含量的增加，青菜和萝卜的 Cd 累积系数显著提高，而番茄 Cd 富集能力较低，在轻度 Cd 污染的农田中种植，其食品安全的风险性较低。随着外源 Cd 添加量浓度的提高，小白菜、芹菜、辣椒三种蔬菜可食用部位 Cd 含量随之增加，其中，芹菜对 Cd 的吸收能力最强，其次为小白菜，而辣椒果实对 Cd 的吸收能力最弱，仅为小白菜的 25%。

Cd 浓度分别设置为 0mg/kg（对照）和 200mg/kg（处理），对水稻土上种植的菠菜（日本华波 1 号）、萝卜（杰力高精品今春红）、芹菜（京都实芹王）、大白菜（德高 87-114）、白菜（寒山正京矮帮苏州青）五种蔬菜进行研究[18]，结果表明：土壤高浓度 Cd 明显抑制蔬菜的生长，试验各处理的耐性指数数值均小于 0，其中大白菜的耐性指数最高，为 −26.1%；地上部分 Cd 含量以白菜最高，为 50.2mg/kg，地下根部 Cd 含量以萝卜最高，为 158.5mg/kg；Cd 吸收系数以芹菜最高，达 0.662，菠菜对 Cd 的吸收与积累能力最低。测定了长沙市各主要蔬菜基地生产的 13 种蔬菜 88 个样品中重金属铅、镉、铬、砷、汞等元素含量[19]，结果表明，镉的吸收富集能力大小依次是叶菜类＞茄果类＞豆类＞根菜类＞甘蓝类＞瓜类。

大量研究结果表明，不同种类农作物对镉的吸收能力不同。pH=4.5 的珠江河口湿地土壤上，农作物对 Cd 的富集能力排序为叶菜类＞茄果类＞水果类；pH=4.42 ～ 5.16 的东莞市麻涌镇麻三村的潮土上，农作物对 Cd 的富集能力排序为茄子＞菜心＞黄瓜；pH=5.17 ～ 6.32 的成都市白马村黄壤上，农作物对 Cd 的富集能力排序为空心菜＞莴笋＞豌豆尖＞萝卜＞菜豆；pH=6.0 ～ 7.0 的淮安市绿色食品生产基地黄棕壤上，农作物对 Cd 的富集能力排序为果豆类蔬菜＞瓜果类蔬菜＞茎叶类蔬菜；pH=6.0 ～ 7.0 的贵州铅锌矿区黄壤上，农作物对 Cd 的富集能力排序为萝卜＞大豆＞番茄＞红薯；pH=6.5 ～ 7.5 的天津盐化潮土上，农作物对 Cd 的富集能力排序为水稻＞蔬菜；

pH=7.0 ～ 7.5 的山西省太原市褐土上，农作物对 Cd 的富集能力排序为菠菜＞白菜＞番茄＞萝卜＞玉米＞水稻＞豆角；pH ＞ 7.0 的湖南株洲某铅锌冶炼矿冶区周边污染农田潮土上，农作物对 Cd 的富集能力排序为小白菜＞番茄；pH=7.0 ～ 8.0 的淮南矿区水稻土和紫色土上，农作物对 Cd 的富集能力排序为萝卜＞辣椒＞雪里蕻；pH=8.11 的国家北京褐潮土土壤肥力和肥料效益监测基地褐潮土上，农作物对 Cd 的富集能力排序为豆类＜瓜类＜葱蒜类＜根菜类＜甘蓝类＜茄果类＜叶菜类。

为了研究不同种类蔬菜对土壤镉的吸收能力，在北京市规模化蔬菜生产基地同步采集土壤和蔬菜样品各 220 个（包括 16 个蔬菜种类），其中土壤总 Cd 含量在 0.10 ～ 0.59mg/kg 之间。结果表明，不同种类的蔬菜对 Cd 的吸收能力有显著性差异，叶菜类的吸收能力大于果菜类蔬菜，油菜吸收镉能力最强；叶菜类蔬菜吸收系数变异性较大，而果菜类较小[20]。对长沙市郊几大主要蔬菜基地进行了取样调查分析，结果表明（表 3-4）：不同类型蔬菜的富集系数不同，其顺序为叶菜类＞茄果类＞豆类＞瓜类。

表3-4　长沙市郊蔬菜基地不同类型蔬菜Cd富集系数

蔬菜类型	豆类	瓜类	茄果类	叶菜类	平均
Cd 富集系数 /%	2.620	1.226	5.398	9.696	4.735

以具有代表性的广东省典型地区不同浓度 Cd 污染的原位土进行蔬菜盆栽试验，种植广东省最常见的 4 类蔬菜［叶菜类（小白菜）、根茎类（胡萝卜）、茄果类（辣椒）和豆类（豇豆）］，研究盆栽试验条件下不同种类蔬菜对 Cd 的吸收累积特征[21]，试验中 4 种蔬菜在相同条件下，表现出富集 Cd 的能力由大到小排序为胡萝卜＞小白菜＞辣椒＞豇豆，即根茎类＞叶菜类＞茄果类＞豆类。

通过研究田间自然条件下菜 - 稻 - 菜轮作制度下土壤重金属 Cd 形态分布特征以及农作物（蔬菜和水稻）可食部分中 Cd 的累积特征发现（表 3-5），各植物对 Cd 的富集能力大小排序为水稻＞茄子＞菜心＞黄瓜，且稻米的富集系数约为黄瓜富集系数的 450 倍。

表3-5　各植物对Cd的富集系数

蔬菜类型	黄瓜	茄子	稻壳	稻米	菜心
Cd 富集系数 /%	2.238	22.680	581.700	1007.600	19.780

通过调查广州蔬菜生产基地蔬菜地土壤和主要蔬菜重金属污染状况，对叶菜类、瓜菜类、豆菜类、茄果类 4 大类作物进行调查，且运用数理统计方法研究和比较了不同蔬菜对 Cd 的富集能力。结果表明（表 3-6）：菠菜富集镉的能力最强（富集系数大于 0.3012），其次为番茄（富集系数在 0.1520 ～ 0.3012 之间），芥菜、菜心、茄瓜、油麦菜等蔬菜居于中等水平（富集系数在 0. 0774 ～ 0.1520 之间），荷兰豆、生菜、菜豆、小白菜等蔬菜对镉的富集能力则相对较弱（富集系数小于 0.0774）。

表3-6　不同蔬菜对Cd的富集系数

蔬菜种类	富集系数均值	蔬菜重金属（含量范围）/（mg/kg）	土壤重金属（含量范围）/（mg/kg）
小白菜	0.0401	0.0012 ～ 0.0159	0.0090 ～ 4.2600
菜豆	0.0503	0.0008 ～ 0.0062	0.0390 ～ 0.3740
生菜	0.0688	0.0025 ～ 0.0369	0.0390 ～ 0.6240
荷兰豆	0.0727	0.0035 ～ 0.0047	0.0390 ～ 0.0780
油麦菜	0.0832	0.0009 ～ 0.0279	0.0150 ～ 0.6820
茄瓜	0.0994	0.0050 ～ 0.0116	0.0390 ～ 0.2170
菜心	0.1227	0.0018 ～ 0.0259	0.0090 ～ 0.6820
芥菜	0.1343	0.0043 ～ 0.0243	0.0090 ～ 0.6240
番茄	0.2011	0.0016 ～ 0.0229	0.0200 ～ 0.4320
菠菜	0.3384	0.0012 ～ 0.0341	0.0120 ～ 0.6240

调查福建部分污染严重地区不同蔬菜对 Cd 的富集能力，结果表明（表 3-7）：高富集蔬菜类，其富集系数在 0.012 ～ 0.063 之间，包括青包菜、白包菜、芥菜、茄子、空心菜、芋头；中富集蔬菜类，其富集系数在 0.001 ～ 0.007 之间，包括萝卜、葱、丝瓜、莲藕，且该类蔬菜对镉的富集系数比高富集蔬菜约低一个数量级。

表3-7　蔬菜对土壤镉的富集系数（以蔬菜鲜基含量计）

作物种类	样品数	富集系数
青包菜	3	0.063±0.060
芥菜	4	0.044±0.037
白包菜	3	0.030±0.026
茄子	2	0.022±0.027
空心菜	3	0.016±0.002
芋头	4	0.012±0.012
萝卜	3	0.007±0.007
葱	4	0.004±0.004
丝瓜	3	0.002±0.001
莲藕	6	0.001±0.001
豇豆	5	0.0005±0.0003
茭白	2	0.0002±0.0002

（2）品种对 Cd 的敏感性

土壤 Cd 含量从 1mg/kg 到 10mg/kg，4 种基因型番茄地上部 Cd 吸收量呈增加趋势，并在中度浓度（5mg/kg）Cd 处理下达到峰值，品种间排序为宝冠 1 号＞圣粉 1 号＞

农城 906 ＞东圣 1 号，表明不同基因型番茄对 Cd 胁迫响应存在差异。

（3）不同器官对重金属的富集能力

通过对叶菜类蔬菜和萝卜进行地上部和地下部重金属含量分析发现（表 3-8），叶菜类蔬菜中重金属含量表现为根＞叶，萝卜表现为叶＞根，其原因是不同蔬菜种类由于外部形态及内部结构不同，吸收重金属元素的生理生化机制各异，表现为蔬菜不同器官部位中的重金属浓度不同，其中新陈代谢旺盛器官的重金属含量基本大于营养储存器官[22]。

表3-8 叶菜类蔬菜和萝卜不同部位重金属含量

蔬菜种类	蔬菜品种	地上部（茎叶）重金属含量/（mg/kg）			地下部（根块）重金属含量/（mg/kg）		
		Cd	As	Pb	Cd	As	Pb
叶菜	#2 京丰 1 号甘蓝	0.42±0.04e	0.30±0.03ef	0.20±0.03g	1.10±0.01b	2.40±0.06a	1.09±0.08b
	#2 极品绿圆	0.52±0.03d	0.23±0.04g	0.23±0.06fg	0.82±0.05d	0.65±0.04gh	0.43±0.08g
	YR- 绿优甘蓝	0.59±0.03c	0.45±0.05d	0.30±0.04ef	0.94±0.05c	1.10±0.07e	0.69±0.07def
	新育黄心白菜	0.23±0.02f	0.27±0.03fg	0.34±0.05e	0.35±0.03g	0.80±0.06fg	0.17±＜0.01h
	新抗病鲁白菜六号	0.40±0.04e	0.42±0.06d	0.67±0.06c	0.69±0.03e	0.63±0.03gh	0.58±0.05g
	奶油小白菜	0.74±0.07b	1.16±0.01a	0.98±0.07b	0.97±0.05c	1.28±0.08d	0.83±0.16cd
	新改良小杂 56	0.24±0.03f	0.25±0.05fg	0.28±0.04ef	1.10±0.03b	1.50±0.16c	0.77±0.16cde
	黑叶白菜	0.28±0.06f	0.59±0.04c	0.65±0.04c	0.55±0.05f	0.71±0.05fgh	0.41±0.09g
	澳洲多枝甜菜心	0.65±0.01c	0.34±0.02e	0.41±0.03d	0.98±0.01c	1.70±0.20b	0.52±0.10fg
	抗热尖叶油麦菜	0.86±0.08a	0.79±0.03b	1.23±0.02a	1.50±0.02a	1.80±0.18b	1.79±0.15a
	#3 京丰 1 号甘蓝	0.50±0.03d	0.25±0.05fg	0.44±0.03d	0.62±0.03f	0.56±0.05h	0.80±0.09cde
	#3 极品绿圆	0.39±0.03e	0.26±0.04fg	0.28±0.03ef	0.35±0.03g	0.60±0.08h	0.63±0.06ef
	中甘 590 甘蓝	0.29±0.05f	0.24±0.01f	0.20±0.04g	0.61±0.04f	0.85±0.07f	0.90±0.03c

续表

蔬菜种类	蔬菜品种	地上部（茎叶）重金属含量/(mg/kg)			地下部（根块）重金属含量/(mg/kg)		
		Cd	As	Pb	Cd	As	Pb
萝卜	改良胭脂红萝卜	0.39±0.04a	0.52±0.02c	0.66±0.07a	0.17±0.01b	0.19±0.02b	0.18±0.01a
	七寸人参红萝卜	0.27±0.05b	0.72±0.05b	0.52±0.02b	0.13±0.01c	0.42±0.01a	＜0.01±＜0.01b
	马尔早白萝卜	0.33±0.05ab	0.86±0.07a	0.49±0.02b	0.20±0.01a	0.21±0.01b	＜0.01±＜0.01b

注：同列不同小写字母表示不同类蔬菜不同品种间蔬菜各部位的重金属含量差异显著（$P<0.05$）。

3.1.1.3　不同种类水果对Cd的敏感性

（1）作物种类对 Cd 的敏感性

不同水果对镉的敏感性存在差异。调查蚌埠市市售水果（苹果、桃子、梨、香蕉、芒果和火龙果）重金属镉的含量，结果表明（表 3-9）：所调查的 6 种水果果肉中镉的含量差异较大，Cd 含量从大到小排序依次为：梨＞芒果＞火龙果＞苹果＞香蕉＞桃子[23]。

表3-9　不同水果Cd含量

样品名称	苹果	桃子	梨	香蕉	芒果	火龙果
Cd 含量（以鲜重计）/(mg/kg)	0.021	0.013	0.047	0.019	0.025	0.024

（2）品种对 Cd 的敏感性

采用水培实验对 9 种柑橘砧木（枳、红橘、资阳香橙、卡里佐枳橙、宜昌橙、枳柚、枸头橙、巴西酸橙和印度酸橘）实生苗的镉耐受性及其迁移富集进行研究，结果表明（表 3-10、表 3-11）：9 种柑橘砧木实生苗根系为镉积累的主要器官，地上部分对镉的积累量相对较低。随着处理浓度升高，镉迁移能力增强[24]。

表3-10　镉胁迫对柑橘砧木幼苗不同器官镉积累量的影响[24]

品种	地下部分（单株）/(μg/株)					地上部分（单株）/(μg/株)				
	Cd-0	Cd-2.5	Cd-10	Cd-20	Cd-50	Cd-0	Cd-2.5	Cd-10	Cd-20	Cd-50
枳	ND	9.96	13.70	14.34	16.22	ND	0.02	0.17	0.24	0.50
红橘	ND	17.28	19.55	23.71	34.29	ND	0.10	0.36	0.40	1.01
资阳香橙	ND	40.81	44.85	42.50	31.90	ND	0.40	0.34	0.47	1.85

续表

品种	地下部分（单株）/(μg/ 株)					地上部分（单株）/(μg/ 株)				
	Cd-0	Cd-2.5	Cd-10	Cd-20	Cd-50	Cd-0	Cd-2.5	Cd-10	Cd-20	Cd-50
卡里佐枳橙	ND	35.82	46.53	43.28	41.62	ND	0.16	0.51	0.44	2.42
宜昌橙	ND	34.27	42.85	58.92	51.03	ND	0.08	0.14	0.64	2.12
枳柚	ND	39.61	42.36	49.62	51.97	ND	0.08	0.09	0.59	1.02
枸头橙	ND	75.81	70.26	101.46	52.96	ND	0.25	0.45	0.86	3.81
巴西酸橙	ND	43.58	60.63	67.56	55.44	ND	0.15	0.25	0.67	1.67
印度酸橘	ND	34.93	33.37	21.24	54.82	ND	0.20	0.10	0.32	1.32

注：本试验为水培试验，Cd-0 表示水培溶液镉浓度为 0mg/L；Cd-2.5 表示镉浓度为 2.5mg/L；Cd-10 表示镉浓度为 10mg/L；Cd-20 表示镉浓度为 20mg/L；Cd-50 表示镉浓度为 50mg/L；ND 表示未测出镉。

表3-11 镉胁迫对柑橘砧木幼苗镉迁移系数和富集系数的影响[24]

品种	迁移系数 /%				富集系数 /%			
	Cd-2.5	Cd-10	Cd-20	Cd-50	Cd-2.5	Cd-10	Cd-20	Cd-50
枳	0.23	1.20	1.65	3.01	0.06	0.02	0.01	< 0.01
红橘	0.55	1.83	1.66	2.87	0.10	0.03	0.02	0.01
资阳香橙	0.97	0.74	1.10	5.49	0.24	0.06	0.03	0.01
卡里佐枳橙	0.44	1.09	1.01	5.5	0.21	0.07	0.03	0.01
宜昌橙	0.23	0.32	1.08	3.98	0.20	0.06	0.04	0.02
枳柚	0.20	0.22	1.17	1.92	0.23	0.06	0.04	0.02
枸头橙	0.34	0.64	0.84	6.71	0.43	0.10	0.07	0.02
巴西酸橙	0.35	0.41	0.99	2.93	0.25	0.09	0.05	0.02
印度酸橘	0.58	0.29	1.50	5.06	0.20	0.05	0.02	0.01

注：本试验为水培试验，Cd-2.5 表示镉浓度为 2.5mg/L；Cd-10 表示镉浓度为 10mg/L；Cd-20 表示镉浓度为 20mg/L；Cd-50 表示镉浓度为 50mg/L；迁移系数 = 地上部分镉含量 /（地上部分镉含量 + 地下部分镉含量）×100%，富集系数 = 植物体内镉积累量 / 溶液中镉总量 ×100%。

（3）不同器官对 Cd 的富集能力

对砂壤土（Cd 背景含量为 0.435mg/kg）上三年生盆栽松风本龙眼，用不同浓度的 Cd（0mg/kg、50mg/kg、100mg/kg、200mg/kg、400mg/kg）进行试验处理。结果表明，龙眼对 Cd 具有较强的耐性，即使土壤外加 Cd 量达 400mg/kg，其植株外观也未出现明显的毒害症状[25]，但果实中的 Cd 含量已严重超标。龙眼吸收的 Cd，大部分停留在根内，少量向地上的叶和果内转移，各器官的 Cd 含量从大到小依次为根＞

叶＞果[25]。西番莲对 Cd 有较强的吸收能力（枝蔓和叶对土壤 Cd 的富集系数均大于1）[26]，Cd 在西番莲体内分布的一般规律是枝蔓＞叶＞果，且西番莲枝蔓和叶内的 Cd 含量与各自土壤的添加量呈极显著正相关关系。

3.1.1.4 不同种类茶叶对Cd的敏感性

（1）品种对 **Cd** 的敏感性

在福建省主要产茶地和市场随机抽取不同品种茶叶 135 份，用微波消解 - 电感耦合等离子体 - 质谱法测定样品中重金属元素 Cd 的含量，结果表明：所采集的 135 份茶叶中，各品种镉含量存在差异，以白牡丹含量最高，武夷岩茶含量最低[27]。

有研究测定了西南地区主要茶园土壤和茶叶中重金属元素 Cd 的含量，比较了 3 种茶叶对土壤中 Cd 的富集能力，结果表明（表 3-12）：不同品种茶叶中 Cd 的富集程度也不同，Cd 富集系数排序为缙云山茶＞银芽＞川茶群体[28]。

表3-12 不同品种茶叶对土壤中镉的富集系数[28]

茶叶品种	缙云山茶	银芽	川茶群体
Cd 富集系数	2.04	1.00	0.14

对都匀毛尖茶主要产区土壤及主要茶树品种进行抽样调查并分析成品及土壤中的镉含量，结果表明（表 3-13）：不同品种都匀毛尖茶中不同产区镉含量的平均值排序为福鼎大白茶＞地方种群＞福云 6 号[29]。

表3-13 不同产区、不同品种都匀毛尖茶中镉的含量[29]

品种	**Cd** 含量 /（**mg/kg**）			
	团山茶场	牛场茶场	供销茶场	平均值
福鼎大白茶	—	0.1038	0.1293	0.1166
福云 6 号	0.0758	—	—	0.0758
地方种群	0.1056	0.0915	—	0.0986
平均值	0.0907	0.0977	0.1293	

注：“—”表示该采样区没有种植表中对应的茶树品种。

（2）不同器官对 **Cd** 的富集能力

在不同 Cd 浓度处理下，春茶生物量与 Cd 浓度呈显著负相关（$P < 0.05$），夏茶生物量与 Cd 浓度呈极显著负相关（$P < 0.01$），当 Cd 浓度达到 60mg/kg 时，夏茶植株中毒致死。Cd 在茶树体内的含量由高到低分布顺序为吸收根＞嫩茎＞成熟叶片＞新梢（一芽二叶），且各部位 Cd 含量与土壤 Cd 含量间有极显著性正相关关系。复合污染

下，Cd 对吸收根、嫩茎、春茶、夏茶累积 Pb 具有协同作用。在四川雅安砂质黄壤上种植名山白毫品种茶苗，按 0mg/kg（对照）、10mg/kg、30mg/kg、60mg/kg、90mg/kg、120mg/kg 六种浓度添加 Cd。结果显示，Cd 含量在茶树体内由高到低的分布次序是吸收根＞主根＞主茎＞新梢（一芽二叶）＞枝条＞老叶，虽然进入茶树的 Cd 大部分被根固定，但 Cd 在茶树体内还是具有一定迁移能力的，迁移到新梢中的 Cd 含量与土壤外源添加量呈显著性正相关[30]。

冯德建的研究显示，Cd 在茶叶生产枝中含量最高，其次是根，老叶中最低[31]。刘声传等的研究也显示，同一生境下不同茶树品种，Cd 在茶树中含量从根部至嫩叶自下而上依次递减[32]。

对南京城郊 312 国道旁茶树不同器官中重金属含量和分布规律研究发现（表 3-14），嫩枝对 Cd 的富集能力最强，富集系数达 1.565，且各器官对 Cd 的富集能力差别不大，并且富集金属元素强的部位基本上为新陈代谢旺盛的器官[33]。

表3-14 茶树不同器官对土壤Cd的富集系数[33]

器官	老枝	老叶	嫩枝	嫩叶	根
Cd 富集系数	0.656	0.348	1.565	0.261	0.652

有研究分析了同一茶园中 5 个茶树品种和 5 个不同生境茶园福鼎大白茶种群中土壤和侧根的 Cd 含量，以及相应 5 个品种及 5 个种群的老叶和嫩叶的 Cd 含量、富集系数和转移系数。结果表明（表 3-15）：5 个品种茶树老叶的 Cd 含量均大于嫩叶，老嫩叶中转移系数排序为福鼎大白茶＞平阳茶＞贵茶 8 号＞福鼎大豪茶≥歌乐茶[32]。

表3-15 同一生境下各茶树品种老叶、嫩叶中Cd的富集系数和转移系数[32]

品种	Cd 含量 /（mg/kg）		富集系数		转移系数	
	老叶	嫩叶	老叶	嫩叶	老叶	嫩叶
福鼎大白茶	0.61±0.01	0.37±0.01	2.10	1.28	0.37	0.22
福鼎大豪茶	0.86±0.02	0.38±0.05	2.97	1.31	0.13	0.06
歌乐茶	0.57±0.06	0.36±0.05	1.97	1.24	0.09	0.06
贵茶 8 号	0.46±0.02	0.21±0.02	1.59	0.72	0.18	0.08
平阳茶	0.53±0.04	0.27±0.03	1.82	0.93	0.19	0.10

唐茜等[30]通过水培实验，研究了 3 个品种茶树器官受镉（Cd^{2+}）毒害的表观症状及镉在茶树体内的分布、积累特性。结果表明（表 3-16）：各器官的镉含量顺序为吸收根＞粗根＞主茎＞新梢（一芽二叶）＞枝条＞老叶，吸收根的镉含量最大，为粗根的 1 ～ 6 倍，为主茎的 9 ～ 77 倍，为枝条的 23 ～ 1085 倍，为新梢（一芽二叶）的 8 ～ 307 倍，为老叶的 50 ～ 1126 倍，而老叶的镉含量最小。

表3-16　镉胁迫对不同品种茶树各器官镉含量的影响[30]

器官	品种	不同处理浓度下的镉含量 / (mg/kg)					
		0mg/L	1mg/L	2mg/L	3mg/L	4mg/L	5mg/L
新梢（一芽二叶）	名山 213	0.21	2.84	3.02	22.87	32.01	38.02
	福鼎	0.46	57.08	67.63	113.20	124.90	212.00
	名山 131	0.27	12.41	37.22	37.75	41.40	60.71
老叶	名山 213	0.32	0.32	0.40	0.98	1.93	2.28
	福鼎	0.19	1.01	2.05	5.35	3.83	8.65
	名山 131	0.28	1.61	6.06	9.23	14.83	29.94
枝条	名山 213	0.74	0.94	4.42	5.64	6.77	12.43
	福鼎	0.39	1.07	7.89	15.75	20.76	35.59
	名山 131	0.81	8.30	19.25	30.01	40.08	65.33
主茎	名山 213	2.95	9.05	16.54	31.36	66.55	77.69
	福鼎	1.17	39.71	80.15	102.68	155.90	191.85
	名山 131	1.094	25.54	41.78	72.96	149.15	129.50
吸收根	名山 213	52.35	696.85	926.25	1272.00	1471.00	2001.50
	福鼎	21.89	803.50	1047.00	1217.50	1431.50	1711.00
	名山 131	24.86	1027.00	1124.00	1220.00	1367.00	1484.00
粗根	名山 213	8.58	249.25	369.80	552.50	1019.00	1177.04
	福鼎	23.69	277.25	422.00	547.29	619.25	1093.50
	名山 131	1.72	184.85	250.47	327.80	511.60	735.45

以名山白毫品种茶苗为材料，通过土壤盆栽试验，研究了高浓度镉胁迫对茶树生长、生理及吸收积累特性的影响。结果表明（表 3-17）：茶树各器官镉含量与镉胁迫浓度、土壤有效态镉含量均呈显著或极显著性正相关关系，各器官镉积累量高低顺序为细根＞粗根＞主茎＞枝条＞叶片＞新梢[34]。

表3-17　茶树各部位对镉的吸收积累量[34]　　单位：mg/kg

处理条件	新梢	叶片	枝条	主茎	粗根	细根
Cd-0	0.07±0.02	0.31±0.12	0.57±0.17	0.26±0.01	0.71±0.02	9.46±0.65
Cd-1	0.81±0.11	1.79±0.21	2.84±0.10	3.27±0.06	11.72±0.96	153.65±7.79
Cd-2	1.10±0.01	3.55±0.13	5.34±0.12	4.80±0.06	29.68±1.07	366.85±16.05
Cd-3	1.48±0.42	4.71±0.51	9.39±0.48	8.93±0.45	55.69±5.30	502.80±31.11
Cd-4	2.06±0.02	5.99±0.49	12.55±0.71	12.50±1.32	78.81±12.90	626.40±20.51
Cd-5	3.19±0.12	17.84±0.38	36.70±3.10	37.19±6.51	249.05±21.57	756.85±34.58

注：以硝酸镉 [$Cd(NO_3)_2 \cdot 4H_2O$，分子量 308.48] 作为镉供源，按土壤最终镉含量为 0mg/kg(CK)、10mg/kg、30mg/kg、60mg/kg、90mg/kg、120mg/kg 向土壤添加镉元素，记为 Cd-0、Cd-1、Cd-2、Cd-3、Cd-4、Cd-5, 共 6 个处理。

3.1.1.5 不同种类油料作物对Cd的敏感性

（1）作物种类对 Cd 的敏感性

以大豆、棉花、曼陀罗、蓖麻和玉米为供试材料，采用土柱栽培试验，探讨镉胁迫后 5 种植物根系活力与各器官间 Cd 含量的差异 (详见表 3-18)，以及 5 种植物根际土壤酶活性与根际土壤营养含量对镉胁迫的反应。结果表明：镉胁迫后，除棉花茎外，5 种植物各器官对 Cd 的富集系数均大于 1，其中玉米和蓖麻根系富集系数达到 20 ～ 30，大豆茎和根、棉花根富集系数在 15 ～ 20 之间，曼陀罗茎、棉花叶富集系数在 10 ～ 15 之间。从富集系数角度讲，玉米、蓖麻、棉花是根富集 Cd 植物，大豆、曼陀罗是茎富集 Cd 植物。5 种植物 Cd 富集总量排序为大豆＞玉米＞棉花＞曼陀罗＞蓖麻，同一器官不同植物 Cd 富集量差异显著 [3]。

表3-18 Cd在5种植物体内的分配比率与富集系数[3]

作物种类	处理条件	分配比率				富集系数				地上部转移系数
		根 /%	茎 /%	叶 /%	籽实 /%	根	茎	叶	籽实	
大豆	Cd	32.1	40.9	14.8	12.2	15.5	19.7	7.1	5.9	0.70
	CK	30.1	34.2	20.4	15.3	7.1	8.1	4.8	3.6	0.78
棉花	Cd	50.1	1.8	37.1	11.0	17.4	0.6	12.8	3.8	0.33
	CK	37.3	15.6	30.7	16.4	2.8	1.2	2.3	1.2	0.56
曼陀罗	Cd	23.4	38.4	12.1	26.2	7.0	11.4	3.6	7.8	1.09
	CK	22.9	30.0	12.6	34.5	2.0	2.6	1.1	3.1	1.12
蓖麻	Cd	79.3	8.1	5.6	7.0	20.1	2.0	1.4	1.8	0.09
	CK	50.1	18.5	19.9	11.0	2.4	0.9	1.0	0.5	0.32
玉米	Cd	69.3	7.6	8.8	14.3	29.1	3.2	3.7	6.0	0.15
	CK	71.4	6.6	10.3	11.7	18.1	1.7	2.6	3.0	0.13

注：分配比率为各器官 Cd 含量占总量的百分比；地上部转移系数为地上部茎、叶、籽实 Cd 含量的平均值与根中 Cd 含量的比值；Cd 表示添加镉的土壤，添加镉后土壤镉含量为 5mg/kg，CK 表示不添加镉的对照处理的土壤。

（2）品种对 Cd 的敏感性

为了探讨镉（Cd）胁迫对不同大豆品种不同发育阶段的生理生态响应及其耐镉差异性，采用盆栽试验方法研究了镉胁迫下“五月王”和“日本青”两个大豆品系幼苗期、花荚早期、花荚晚期三个发育阶段植株的耐镉性，结果表明：“日本青”不同时期植株对 Cd 的敏感性均高于“五月王”不同时期植株的敏感性，即大豆“五月王”的耐 Cd 能力高于“日本青”的耐 Cd 能力 [35]。

为探讨不同大豆品种耐镉能力的差异，采用营养液培养，对10个大豆品种的Cd毒害效应及耐镉性进行研究。结果表明（表3-19），10个大豆品种加Cd培养14d后，其茎叶和根系中Cd含量均表现出一定的差异性，其中茎叶和根系中Cd含量最高为292，其次是南春豆204，茎叶中Cd含量较低的有沔1101和湘春豆13，根系Cd含量最低的是本地种。由于不同品种生物产量的差异，大豆Cd累积量不同，茎叶累积吸收的Cd以04-1、本地种和04-6较高，根系累积的Cd以292、早生白鸟和04-1较高[36]。

表3-19 供试大豆幼苗茎叶和根系中Cd含量和Cd累积量[36]

品种	Cd含量/（mg/kg）		Cd累积量①/mg	
	茎叶	根系	茎叶	根系
湘春豆13	94.6±1.8	664.4±34.6	269.9±2.9	214.6±8.8
本地种	103.7±8.5	574.6±21.3	378.8±8.6	245.4±9.5
沔1101	93.6±2.1	651.9±23.9	333.5±53.3	284.9±10.9
04-6	108.5±11.4	740.7±10.5	372.4±26.3	292.6±20.9
04-1	115.6±15.8	736.7±14.5	388.0±12.4	297.6±18.8
292	138.8±16.2	962.0±32.3	354.6±18.4	337.7±16.9
湘春豆15	124.5±4.9	841.7±60.5	365.4±45.4	239.0±21.2
特早熟毛豆	120.8±4.5	615.1±35.7	233.3±21.4	206.1±9.1
南春豆204	130.0±5.3	948.3±37.0	275.0±31.4	219.1±14.9
早生白鸟	102.4±11.9	668.1±9.8	320.5±36.6	310.7±6.6

① Cd累积量以10株计。

采用盆栽试验，研究镉（12mg/kg）处理对15种基因型花生籽仁产量、镉含量和品质的影响及种间差异。结果表明（表3-20），各基因型间镉含量存在显著差异，其中基因型XA004镉含量最高，达6.42mg/kg，基因型D131镉含量最低，为2.49mg/kg。综合分析得出，D131、E133、KB054和XD011品种属于花生籽仁镉低富集品种，而B029、XA004和XB135品种属于花生籽仁镉高富集品种[37]。

表3-20 镉处理对花生籽仁中镉含量的影响[37]

基因型	花生籽仁中镉含量/（mg/kg）		差异性
	对照	Cd处理	
A001	0.099	4.27	**
B029	0.194	6.31	**
C004	0.130	3.39	**

续表

基因型	花生籽仁中镉含量 /（mg/kg）		差异性
	对照	Cd 处理	
D131	0.058	2.49	**
E133	0.050	2.98	**
KA100	0.090	3.17	**
KB054	0.060	2.67	**
KC008	0.101	3.65	**
KD079	0.058	4.36	**
KE007	0.073	4.69	**
XA004	0.073	6.42	**
XB135	0.084	5.43	**
XC052	0.121	3.77	**
XD011	0.118	2.96	**
XE003	0.131	3.92	**

注：** 表示镉处理组与对照组在 0.01 水平上差异显著。

通过 6 个大豆品种的水培试验，研究了镉胁迫对大豆生长发育、叶片脯氨酸含量、过氧化物酶和硝酸还原酶活性的影响以及不同品种大豆幼苗耐镉性的差异。结果表明（表 3-21），6 个大豆品种在镉胁迫下表现出的生长特征和耐镉性均有明显差异，根据耐镉性系数的计算，6 个大豆品种耐镉性的顺序为：中豆 30 ＞湘春豆 15 ＞湘春豆 19 ＞ 8157 ＞早生白鸟＞铁丰 29[38]。

表3-21　各指标的赋值及不同大豆品种耐镉性评价[38]

品种	株高赋值	POD 活性赋值	脯氨酸含量赋值	NR 活性赋值	耐镉性系数
中豆 30	6	5	6	6	23
湘春豆 15	5	6	4	3	18
湘春豆 19	4	4	1	4	13
8157	2	3	5	2	12
铁丰 29	1	2	3	1	7
早生白鸟	3	1	2	5	11

注：POD 指过氧化物酶；NR 指硝酸还原酶。

以特选 75、开新 1 号、高雄 3 号三个菜用大豆品种为试验材料，以土壤添加 Cd 之后的栽培试验研究不同浓度镉胁迫下不同品种菜用大豆植株 Cd 累积能力及耐性差异。结果表明（表 3-22）：在供试品种中，品种间植株 Cd 含量存在显著差异，高雄 3 号 Cd 含量最高，而特选 75 Cd 含量最低 [39]。

表3-22　菜用大豆植株品种间Cd含量差异[39]

品种	特选 75	开新 1 号	高雄 3 号
Cd 含量 /（mg/kg）	13.7435c	21.1063b	23.2771a

注：不同小写字母表示品种间 Cd 累积量有显著差异。

（3）不同器官对 Cd 的富集能力

通过盆栽试验，选用高油花生品种豫花 15 和高蛋白种质 XB023 为试验材料，研究了不同浓度镉处理下，花生生理特性和产量品质所受影响。研究结果表明：镉在两品种（系）中含量分布情况大致为根＞叶＞茎＞籽仁，整体来看，豫花 15 植株内镉含量高于 XB023，但其籽仁中的镉含量却低于 XB023。说明豫花 15 比 XB023 更易吸收土壤中的镉，但吸收后多数镉却残留在植株内，并没有转入籽仁中，而 XB023 相反，根部吸收镉后多数向籽仁中转移 [40]。

通过添加 Cd 的培养液水培试验，发现镉在大豆中的累积分布状况为根＞叶＞籽粒（表 3-23），当培养液中 Cd 浓度为 0.5μmol/L 时，镉在大豆籽粒中的含量达 4.89mg/kg ±1.14mg/kg [41]。

表3-23　镉在大豆不同部位的分布状况[41]

镉处理	根 /(mg/kg)	叶 /(mg/kg)	籽粒 /(mg/kg)
0μmol/L	0.29（0.16）c	0.07（0.01）c	0.17（0.011）b
0.5μmol/L	157.17（3.55）b	8.30（1.29）b	4.89（1.14）a
2.5μmol/L	546.10（31.27）a	53.55（2.47）a	—

注：数据为 3 样本均值，括号内为标准偏差，多重比较采用邓肯检验，不同的小写字母表示不同镉处理样本镉含量差异显著（$P < 0.05$），—表示没有采集到样品。

以鲁花 14 为材料，采用盆栽试验的方法，设置 5 种土壤镉浓度，研究了土壤镉胁迫对鲁花 14 生长和籽粒矿质元素吸收的影响。结果表明：随着镉浓度的增加，花生叶、茎、根和籽粒中的镉含量呈持续上升趋势，不同镉浓度间差异极显著。镉浓度小于 8.38mg/kg 时，镉在不同部位的含量大小排序为叶＞根＞茎＞籽粒；高镉浓度（18.80mg/kg）时，镉含量大小排序为根＞叶＞籽粒＞茎。花生不同器官的镉积累量也随镉浓度的增大而升高，且不同处理结果差异显著，但其累积量大小在不同镉浓度间均为叶＞茎＞籽粒＞根 [42]。

在添加镉的土壤中盆栽试验种植大豆，通过测定含镉的土壤、大豆各器官（根茎、叶子、豆子）中的镉含量，研究镉在成熟大豆植株不同部位的富集情况。结果表明（表 3-24）：大豆植株不同部位对镉的吸收能力大小排序为根茎＞叶子＞豆子 [43]。

表3-24　大豆植株各部位中镉含量　单位：mg/kg

样品	Ⅰ	Ⅱ	Ⅲ	Ⅳ	Ⅴ	Ⅵ
根茎	1.33	36.05	45.78	70.97	83.06	119.10
叶子	0.43	8.10	10.24	13.17	20.93	24.02
豆子	0.34	4.51	5.43	6.72	7.09	7.49

注：Ⅰ、Ⅱ、Ⅲ、Ⅳ、Ⅴ、Ⅵ共6组土壤，每组土壤总质量为6kg，分别加入含0g、0.4g、0.8g、1.2g、1.6g、2.0g镉粉的酸解液，制成6组不同浓度的含镉的系列土壤（Ⅰ组为空白对照组），在相同条件下栽培大豆。

在温室条件下，采用盆栽试验方法研究了大豆在全镉含量为0.211～2.011mg/kg的土壤中的生长状况以及对镉的吸收与富集特征。结果表明，大豆的富集系数大小表现为根＞茎叶＞籽粒，在土壤全镉含量低于0.511mg/kg时，大豆根和茎叶的富集系数接近或大于1.0，对镉的吸收较强[44]。

以蓖麻为盆栽试验植物材料，盆栽基质分为Ⅰ、Ⅱ、Ⅲ、Ⅳ、Ⅴ、Ⅵ、Ⅶ7种，Ⅰ为100%矿渣；Ⅱ为80%矿渣+10%泥炭土+10%黄土；Ⅲ为80%矿渣+10%泥炭土+10%黄土+有机菌肥；Ⅳ为80%矿渣+20%黄土；Ⅴ为60%矿渣+20%泥炭土+20%黄土；Ⅵ为60%矿渣+40%黄土；Ⅶ为50%黄土+50%泥炭土。研究表明（表3-25）Ⅰ、Ⅱ、Ⅲ、Ⅳ、Ⅴ、Ⅵ、Ⅶ的蓖麻根部的镉含量大于地上部分的镉含量[45]。

表3-25　不同栽培基质中蓖麻幼苗各组织中的Cd含量[45]

项目	地上部分Cd含量/（mg/kg）	根系Cd含量/（mg/kg）	根系与土壤中的Cd含量比
Ⅰ	3.97±0.09	59.25±0.37	0.86±0.50
Ⅱ	2.46±0.03	38.06±0.28	0.92±0.60
Ⅲ	2.18±0.02	25.17±0.07	0.52±0.50
Ⅳ	2.06±0.53	23.03±0.14	0.77±0.45
Ⅴ	2.37±0.04	27.16±0.07	0.69±0.10
Ⅵ	1.32±0.02	20.81±0.09	0.64±0.20
Ⅶ	0.39±0.10	9.28±0.005	0.92±0.60

采用污染土壤进行盆栽试验，研究大豆不同部位对镉的吸收情况。结果表明（表3-26），大豆各部位镉含量依次为果实＜根＜茎叶，且各部位对镉的富集系数均小于1，果实最小，为0.23[46]。

表3-26　大豆各部位对镉的累积能力[46]

项目	果实	茎叶	根
镉平均含量 /(mg/kg)	0.5	1.74	1.62
富集系数	0.23	0.79	0.73

以大豆为供试材料，采用营养液培养和土壤盆栽培养进行试验，研究添加不同浓度外源 Cd 对大豆的生理效应及 Cd 吸收分布的影响。结果表明（表 3-27、表 3-28），营养液加 Cd 培养和土壤加 Cd 处理两种方式下，大豆吸收累积的 Cd 量均随 Cd 处理浓度的升高而增加，且根系 Cd 浓度明显高于茎叶 [47]。

表3-27　营养液加Cd培养对大豆幼苗吸Cd量及Cd分布的影响[47]

Cd 处理浓度 /(mg/L)	茎叶		根系		*A*/%
	Cd 含量（干重）/(mg/kg)	Cd 总量 /(mg/11 株)	Cd 含量（干重）/(mg/kg)	Cd 总量 /(mg/11 株)	
0.00（对照）	0±0	0.000	0.08±0.02	7.48×10^{-5}	0.00
0.25	21.95±3.16	0.104	79.28±16.51	0.116	47.27
0.50	34.85±4.23	0.132	95.38±21.42	0.120	52.38
1.00	53.27±6.74	0.184	167.80±22.03	0.152	54.76
2.50	79.86±6.15	0.252	256.80±34.80	0.224	52.94
5.00	161.20±9.57	0.500	558.10±26.97	0.596	45.62
10.00	383.40±8.69	0.980	1461.90±29.61	1.588	38.16

注：表中 *A* 为大豆幼苗茎叶中 Cd 总量占植物 Cd 总量的比例。

表3-28　土壤加Cd处理对大豆吸Cd量及Cd分布的影响[47]

Cd 处理浓度 /(mg/kg)	茎叶		根系		*A*/%
	Cd 含量（干重）/(mg/kg)	Cd 总量 /(mg/ 盆)	Cd 含量（干重）/(mg/kg)	Cd 总量 /(mg/ 盆)	
0.00（对照）	0.016±0.010	0.019	0.038±0.020	0.017	52.8
0.25	0.297±0.020	0.441	0.453±0.110	0.217	67.0
0.50	0.462±0.020	1.049	0.597±0.130	0.256	80.4
2.50	0.963±0.100	1.084	1.126±0.090	0.470	69.8
5.00	1.196±0.100	1.220	2.459±0.230	1.060	53.5
10.00	2.033±0.120	1.693	8.414±1.680	1.674	50.3

注：表中 *A* 为大豆地上部 Cd 总量占植物 Cd 总量的比例。每盆种 5 粒大豆种子。

在重金属复合污染的土壤中，通过施用不同水平的碳酸钙对土壤进行改良，研究土壤中Cd交换态含量的变化以及在大豆植株中的累积分布。结果表明：Cd在大豆植株中含量分布为叶＞根≈茎＞豆荚＞籽粒[48]。

3.1.2 同等条件下同种农作物对重金属Cd的敏感性

3.1.2.1 水稻对Cd的敏感性

在pH＜5.5的红壤上，水稻对重金属的敏感性为Cd＞Pb＞Cr＞As＞Hg；在pH值为5.6～8.2的红壤、黄壤上，水稻对重金属的敏感性为Hg＞Cd；在pH值为6.2～6.9的红壤和黄壤上，水稻对重金属的敏感性为Pb＞Cr＞As＞Cd＞Hg；在pH值为6.5的棕壤上，水稻对重金属的敏感性为Pb＞Cd；在pH＜7.0的潮土上，水稻对重金属的敏感性为As＞Cr＞Pb＞Cd；在pH值为6.0～7.0的黄棕壤上，水稻对重金属的敏感性为Cr＞Pb＞Hg＞Cd＞As；在pH值为6.5～7.5的盐化湿潮土上，水稻对重金属的敏感性为Cr＞Pb＞As＞Cd=Hg；在pH值为6.50～7.56的褐土和潮土上，谷粮类作物对重金属的敏感性为Hg＞Cd＞Pb＞As＞Cr。水稻吸收土壤重金属能力较强，吸收土壤中的Cd较容易，且对重金属的敏感性排序为Cd＞Cu＞Zn＞Cr＞Pb。

以福建省漳州和泉州两个地区的39个水稻样品及相应的表层土壤为材料，研究了土壤和糙米中铜、锌、砷、氟四种元素的含量状况[49]。结果表明：糙米中铜、锌、砷、氟含量分别为2.31～5.68mg/kg、15.28～45.23mg/kg、0.056～0.382mg/kg、3.83～11.45mg/kg。研究了闽西某钢铁厂附近污染农田中水稻对土壤镉、铅、铜、锌四种重金属的富集情况[50]。结果表明，糙米中各元素的富集系数排序为Cd（0.25）＞Zn（0.18）＞Cu（0.11）＞Pb（0.0006）。

3.1.2.2 小麦对Cd的敏感性

小麦吸收土壤中的Cd较容易，对Pb和Cr的吸收能力相对较弱。在重金属含量本底值Cd为0.54μg/g、Cr为44.0μg/g、Pb为21.8μg/g的黄土性褐土上种植冬小麦，小麦幼苗对Cd、Cr、Pb累积能力的强弱顺序为Cr＞Pb＞Cd。

小麦对不同重金属敏感性存在差异。在pH＜5.5、pH=6.5～7.5和pH＞8.0的红壤上，小麦对重金属的敏感性分别为Cd＞Pb＞Hg＞As＞Cr、Cd＞Pb＞Cr和Cr＞Pb；在pH值为4.22～7.83的黄壤上，小麦对重金属的敏感性为Zn＞Cu＞Cd；在pH值为4.80～8.28的黄棕壤和红黄壤上，小麦对重金属的敏感性为Cd＞Cr；在pH值为5.6～8.2的红壤和水稻土上，小麦对重金属的敏感性为Cr＞Cd＞Pb；在pH值为6.0～7.0的黄棕壤上，小麦对重金属的敏感性为Cr＞Pb＞Cd＞Hg＞As；在pH值为6.5～7.5的盐化湿潮土上，小麦对重金属的敏感性为Pb＞As＞Hg＞Cd＞Cr；

在 pH 值为 6.5 ~ 7.5 的水稻土和风沙土上，小麦对重金属的敏感性为 Pb > Cr > As > Cd > Hg；在 pH < 7.0 的潮土上，小麦对重金属的敏感性为 Cu > Zn > Ni=Pb > Cr > As > Cd；在 pH 值为 7.0 ~ 7.5 的褐土和潮土上，小麦对重金属的敏感性为 Hg > Cd > Pb > Cr > As；在 pH < 7.7 的棕壤上小麦对重金属的敏感性为 Zn > Cu > Mn > Ni > Cr；在 pH < 7.7 的壤土上，小麦对重金属的敏感性为 Zn > Cd；在 pH < 8.0 的褐潮土上，小麦对重金属的敏感性为 Cr > Pb > As > Cd > Hg；在 pH 值为 8.34 的弱碱性土壤上，小麦对重金属的敏感性为 Pb > Cd > Hg；在 pH 值为 8.01 ~ 8.72 的灰钙土和灌淤土上，春小麦对重金属的敏感性为 Cd > Pb。

以苏州昆山市为典型区[51]，测定该地区小麦植株根、茎、叶、籽粒及对应点位土壤中 8 种重金属的含量，探究长江三角洲地区小麦植株各器官重金属的吸收状况及其关联分析。结果显示（表 3-29）：小麦根部和茎部各种重金属的吸收能力由大到小均为 Cd > Cu > Zn > Hg > Ni > Pb > As > Cr；叶和籽粒中的顺序一致，为 Cd > Zn > Cu > Hg > Pb > Ni > As > Cr；对整个小麦植株，各种重金属的吸收系数排序为 Cd > Zn > Cu > Hg > Ni > Pb > As > Cr。结果均是对 Cd 的吸收能力最强而对 Cr 最弱。

表3-29　小麦植株不同器官重金属吸收系数[52]

器官	吸收系数							
	Hg	As	Cr	Cu	Ni	Pb	Zn	Cd
根	0.341	0.117	0.018	0.819	0.257	0.125	0.641	2.122
茎	0.131	0.010	0.003	0.173	0.039	0.028	0.171	0.701
叶	0.110	0.043	0.006	0.141	0.072	0.098	0.332	1.110
籽粒	0.017	0.003	0.003	0.192	0.005	0.009	0.278	0.413
全植株	0.088	0.014	0.004	0.213	0.036	0.029	0.252	0.662

3.1.2.3　玉米对Cd的敏感性

针对不同重金属，玉米对其敏感性存在差异。在 pH < 5.5 的红壤上，玉米对重金属的敏感性为 Cd > Pb > As > Hg > Cr；在 pH 值为 5.92 的黑土上，玉米对重金属的敏感性为 Pb > Cr > Cd；在 pH 值为 6.2 ~ 6.9 的红壤、黄壤和红褐土上，玉米对重金属的敏感性为 Pb > Cd > As > Hg > Cr；在 pH > 6.5 的红壤上，玉米对重金属的敏感性为 Cd > Cr > As > Pb；在 pH < 7.0 的潮土上，玉米对重金属的敏感性为 Pb > Cr > As > Cd；在 pH 值为 7.5 左右的黄棕壤上，玉米对重金属的敏感性为 Pb > Cr > Cd=Hg > As；在 pH < 7.7 的壤土上，玉米对重金属的敏感性为 Cd > Zn；在 pH 值为 7.01 ~ 8.15 的棕壤上，玉米对重金属的敏感性为 Zn > Cu > Cd；在 pH 值为 8.34 的弱碱性土壤上，玉米对重金属的敏感性为 Pb > Cd > Hg；

在 pH 值为 8.01 ～ 8.72 的灰钙土和灌淤土上，玉米对重金属的敏感性为 Cd ＞ Pb。

以玉米京科甜 183 和郑单 958 为供试作物，通过盆栽试验，对铅、砷胁迫下玉米的生长发育进行了研究。结果表明，重金属铅对玉米作物的毒性明显小于砷，同时京科甜 183 对重金属铅和砷的抗性均强于郑单 958[52]。通过对干旱区污灌农田主要农作物中重金属镉、铅生态行为的调查研究得出：大田条件下研究元素在玉米体内迁移能力排序为 Cd ＞ Pb[53]。以位于广西壮族自治区南宁市宾阳县的岭甲村等大致沿公路分布的 6 块旱地作为研究的采样区，测试分析得到玉米对重金属的敏感性排序为 Pb ＞ Cd ＞ As ＞ Cr，玉米籽粒对重金属的富集能力排序为 Cr ＞ Cd ＞ Hg ＞ As ＞ Pd[54]。

3.1.3　同等条件下同种蔬菜对重金属 Cd 的敏感性

3.1.3.1　叶菜对Cd的敏感性

对 Hg 和 As 污染较轻的广州蔬菜地叶菜类作物进行调查 [55]，发现蔬菜对重金属元素的吸收富集能力大小顺序为 Cd ＞ Hg ＞ As ＞ Pb ＞ Cr。南沙围垦农田表层土壤种植菜心、芥蓝、芥菜、青椒、通心菜、苋菜、小白菜、番茄，重金属被作物吸收的难易程度大致为 Cd ＞ Pb ＞ Cr。油菜作物吸收土壤中的 Cd 较容易，对 Pb 和 Cr 的吸收能力相对较弱。通过调查广州蔬菜生产基地蔬菜地土壤和主要蔬菜重金属污染状况 [55]，运用数理统计方法研究比较了不同蔬菜对 Pb、Hg、Cd、Cr 和 As 的富集能力，结果表明不同元素的富集存在很大差异，吸收富集能力大小顺序为 Cd ＞ Hg ＞ As ＞ Pb ＞ Cr。对福建部分污染严重地区不同蔬菜对镉、锌、铜的富集能力进行调查发现，各蔬菜对三种重金属的平均富集系数排序为 Zn ＞ Cd ＞ Cu[56]。

在 pH 值为 4.5 的湿地土壤和 pH 值为 6.5 ～ 7.56 的褐土和潮土上，叶菜对重金属的敏感性分别为 Cd ＞ Hg ＞ Pb ＞ Cr ＞ As 和 Cr ＞ Pb ＞ Cd；在 pH 值为 5.92 的黑土上，白菜对重金属的敏感性为 Cr ＞ Pb ＞ Cd；在 pH 值为 5.17 ～ 6.32 的黄壤上，空心菜和豌豆尖对重金属的敏感性分别为 Pb ＞ Cr ＞ As ＞ Cd ＞ Hg 和 As ＞ Pb ＞ Cr ＞ Cd ＞ Hg；在 pH 值为 6.52 ～ 6.98 的棕壤上，空心菜和甘蓝对重金属的敏感性均为 Cd ＞ Pb；在 pH ＜ 6.5 的厦门东北赤红壤上，生菜和包菜对重金属的敏感性均为 Cd ＞ Cr ＞ Pb；在 pH 值分别为 7.0 和 7.76 的黄棕壤上，豌豆尖对重金属的敏感性分别为 As ＞ Cd ＞ Pb 和 Cd ＞ Pb；在 pH ＜ 6.5 的赤红壤和 pH ＞ 7.0 的潮土上，小白菜对重金属的敏感性分别为 Cd ＞ Cr ＞ Pb 和 Cd ＞ Pb ＞ As；在 pH 值为 7.0 的黄棕壤上，韭菜和生菜对重金属的敏感性分别为 As ＞ Cd ＞ Pb 和 Cd ＞ As ＞ Pb；在 pH 值为 7.76 的黄棕壤上，韭菜和白菜对重金属的敏感性均为 Cd ＞ Pb；在 pH 值为 8.18 的褐土和潮褐土上，白菜对重金属的敏感性为 Hg ＞ Cd ＞ Cr ＞ Pb ＞ As；在云南中性和碱性黄棕壤上，薄荷对重金属的敏感性分别为 As ＞ Cd ＞ Pb 和 Cd ＞ Pb；在碱性褐土和潮褐土上，甘蓝对重金属的敏感性为 Hg ＞ Cd ＞ Pb ＞ Cr ＞ As；在中碱性土壤上，青菜对重金属的敏感性为 Cd ＞ Pb。

通过采集珠江三角洲地区蔬菜产地原位土壤（非人工添加重金属）进行盆栽试验[57]，研究了Cd、Pb、As和Cr在种植菜薹土壤中的活性以及菜薹可食部分对土壤中全量和有效态重金属的富集特征，根据盆栽条件下菜薹中Cd、Pb、As和Cr含量与土壤全量间的线性回归方程斜率大小可以得出菜薹对重金属的富集能力强弱顺序为Cd > Cr > As > Pb。对长沙市郊几大蔬菜基地进行了叶菜类蔬菜的取样调查分析，结果表明（表3-30）：不同重金属富集系数不同，其顺序为Cd > Hg > Pb > As > Cr。

表3-30 长沙市郊蔬菜基地叶菜类蔬菜重金属富集系数

蔬菜类型	富集系数 /%					
	As	Pb	Hg	Cd	Cr	平均
叶菜类	0.345	0.568	1.279	9.696	0.264	2.430

通过苋菜种植实验，探讨复合肥、腐植酸液肥对苋菜中重金属富集和转运的影响，研究发现苋菜富集重金属能力大小依次为Cd > Pb > As > Hg[58]。对不同苋菜品种对重金属累积差异和机制进行初探，发现不同苋菜品种对不同重金属的富集能力也存在着差异。其中，对Zn的富集能力最强，对Pb的富集能力最弱，从高到低的排序为Zn > Cd > Cu > Cr > Pb。而对于不同的苋菜品种，12号品种优选柳叶苋菜对重金属Cd、Pb、Cr、Cu的富集能力最高，9号品种圆叶花苋菜对重金属Cd、Pb、Cr的富集能力最低，对于Zn富集系数最低的则是15号品种花红圆叶苋菜。

以天津市5个郊县农田为研究单元，共采集土壤样品140个，7种叶菜类蔬菜样品共188个，对土壤以及叶菜类蔬菜中重金属Cr、As、Cd、Pb、Hg进行含量分析[59]。得到如下结果（表3-31）：叶菜类蔬菜对重金属的富集能力大小依次为Cd > Hg > Pb > Cr > As，其中油菜对Cd的富集系数达0.01933。

表3-31 蔬菜重金属生物富集系数[59]

项目	富集系数				
	Cr	As	Cd	Pb	Hg
油麦菜	0.000271	0.000240	0.005730	0.000260	0.000628
韭菜	0.000324	0.000288	0.002810	0.000407	0.003850
芹菜	0.000261	0.000292	0.012200	0.000384	0.001110
生菜	0.000242	0.000303	0.008260	0.000294	0.000407
白菜	0.000299	0.000285	0.017790	0.000433	0.001620
油菜	0.000289	0.000321	0.019330	0.000315	0.000278
快菜	0.000215	0.000164	0.004850	0.000244	0.000780

3.1.3.2　根菜对Cd的敏感性

根菜类蔬菜对不同重金属的敏感性存在差异。在 pH 值为 4.5 的湿地土壤上，莲藕对重金属的敏感性为 Cr ＞ Pb ＞ Cd；在 pH 值为 5.17 ～ 6.32 的黄壤和 pH 值为 7.76 的黄棕壤上，萝卜对重金属的敏感性分别为 As ＞ Pb ＞ Cd ＞ Cr ＞ Hg 和 Cd ＞ Pb；在 pH 值为 6.52 ～ 6.98 的湘江中下游棕壤上，胡萝卜、白萝卜和大蒜对重金属的敏感性均为 Cd ＞ Pb；在 pH ＜ 6.5 的赤红壤上，马铃薯、胡萝卜和大蒜对重金属的敏感性均为 Cd ＞ Cr ＞ Pb；在 pH 值为 6.5 ～ 7.5 的黄棕壤和石灰土、石质土及沼泽土上，萝卜对重金属的敏感性为 Hg ＞ Pb ＞ Cd ＞ As ＞ Cr；在 pH 值为 7.76 的黄棕壤和 pH 值为 8.32 的湿地土壤上，马铃薯对重金属的敏感性分别为 Cd ＞ Pb 和 Cr ＞ Cd ＞ As ＞ Pb；在 pH 值为 8.18 的褐土和潮褐土上，胡萝卜对重金属的敏感性为 Cd ＞ Hg ＞ Pb ＞ Cr ＞ As；在 pH 值为 8.32 的湿地土壤上，莲藕对重金属的敏感性为 Cr ＞ Pb ＞ Cd ＞ As。

在海南省最具有代表性的砖红壤中添加不同量的重金属后，测定大田下胡萝卜（品种为日本新田黑五寸）可食部分和土壤中重金属的累积规律[60]。结果表明（表 3-32）：总体来看，在不同重金属处理下，胡萝卜对 Cd 的富集能力最强，对 As 和 Pb 的富集能力较弱。

表3-32　不同处理下胡萝卜的富集系数[60]

元素	CK（原始土壤）	C1（低重金属添加量处理）	C2（高重金属添加量处理）
As	0.0197±0.0016	0.0583±0.0021	0.0694±0.0009
Hg	0.2458±0.0046	0.0811±0.0068	0.0651±0.0021
Cd	9.4609±0.3528	29.2839±0.8434	30.6974±0.4287
Pb	0.1402±0.0112	0.0460±0.0008	0.0434±0.0015
Cr	0.1331±0.0052	0.2970±0.0130	0.3091±0.0106

注：C1 处理土壤中 As、Hg、Cd、Pb 和 Cr 含量分别为 30mg/kg、0.3mg/kg、0.6mg/kg、250mg/kg 和 250mg/kg，C2 处理 5 种重金属含量分别是 C1 的 2 倍，土壤 pH 值为 6.65。

3.1.3.3　茎菜对Cd的敏感性

茎菜类蔬菜对不同重金属的敏感性也不同。在 pH ＜ 6.5 的赤红壤上，花菜对重金属的敏感性为 Cr ＞ Cd ＞ Pb；在 pH 值为 6.52 ～ 6.98 的棕壤上，红菜薹对重金属的敏感性为 Cd ＞ Pb；在 pH 值为 5.17 ～ 6.32 的黄壤和 pH ＜ 7.0 的灰潮土上，莴笋对重金属的敏感性分别为 As ＞ Pb ＞ Cr ＞ Cd ＞ Hg 和 Pb ＞ Cd；在 pH ＜ 7.0 的红壤和黄棕壤上，芹菜对重金属的敏感性为 Cd ＞ Hg ＞ As ＞ Pb ＞ Cr；在 pH 值为 7.76 的黄棕壤上，青花菜对重金属的敏感性为 Cd ＞ Pb；在 pH ＜ 7.7 的壤土、pH 值为

7 的黄棕壤、pH 值为 7.76 的黄棕壤、pH 值为 8.18 的褐土和潮褐土上，莴笋对重金属的敏感性分别为 Cd ＞ Zn、Zn ＞ Cd ＞ As ＞ Pb、Cd ＞ Pb、Hg ＞ Cd ＞ Cr ＞ Pb ＞ As；在 pH ＜ 6.5 的厦门东部赤红壤土和 pH ＞ 8 的西安红壤土上，葱对重金属的敏感性分别为 Cd ＞ Cr ＞ Pb 和 Cr ＞ Pb ＞ Cd；在中性黄棕壤土和碱性黄棕壤土上，葱对重金属的敏感性分别为 Cd ＞ Pb 和 Cd ＞ As ＞ Pb。菜心对重金属的富集能力顺序为 Cd ＞ Cr ＞ As ＞ Pb。

3.1.3.4 果菜对Cd的敏感性

大量调查结果表明，果菜类蔬菜对不同重金属的敏感性排序不同。在同一土壤重金属处理条件下（土壤全 Pb 和 Cd 含量分别为 49.77mg/kg、0.16mg/kg），番茄各部位对 Pb 和 Cd 的富集能力大小顺序均为 Cd ＞ Pb；在 pH 值为 4.5 的湿地土壤上，茄果类蔬菜对重金属的敏感性为 Pb ＞ Cr ＞ Cd；在 pH 值为 5.17 ～ 6.32 的黄壤上，菜豆对重金属的敏感性为 As ＞ Pb ＞ Cd ＞ Cr ＞ Hg；在 pH 值为 5.92 的黑土上，黄瓜对重金属的敏感性为 Cr ＞ Pb ＞ Cd；在 pH ＜ 5.5 和 pH 值为 6.5 ～ 7.5 的红壤上，蚕豆对重金属的敏感性分别为 Cd ＞ Pb ＞ As ＞ Hg ＞ Cr 和 Cd ＞ Cr ＞ Pb；在 pH 值为 6.52 ～ 6.98 的棕壤和 pH 值为 7.0 的黄棕壤上，辣椒对重金属的敏感性分别为 Cd ＞ Pb 和 Cd ＞ As ＞ Pb；在 pH 值为 6.0 ～ 7.0 的黄棕壤上，瓜果类蔬菜对重金属的敏感性为 Cr ＞ Pb ＞ Hg ＞ Cd ＞ As；在 pH=7.0 的黄棕壤上，番茄对重金属的敏感性为 Cd ＞ Pb ＞ As；在 pH 值为 6.52 ～ 6.98 的棕壤和 pH 值为 7.76 的弱碱性土壤上，豌豆对重金属的敏感性分别为 Cd ＞ Pb 和 Cr ＞ Pb ＞ Cd；在 pH 值为 7.76 的碱性黄棕壤上，朝天椒和蚕豆对重金属的敏感性排序均为 Cd ＞ Pb；在 pH ＞ 7.0 的潮土、pH ＞ 8.0 的红壤上，番茄对重金属的敏感性分别为 Cd ＞ Pb ＞ As、Cr ＞ Pb ＞ Cd；在 pH 值为 7.01 ～ 8.15 的棕壤上，南瓜对重金属的敏感性为 Zn ＞ Cd ＞ Cu；在 pH 值为 8.18 的褐土和潮褐土上，冬瓜对重金属的敏感性为 Cd ＞ Hg ＞ Pb ＞ As ＞ Cr。而番茄、尖椒、西葫芦、茄子和黄瓜等多种果菜类对重金属的敏感性均为 Cd ＞ Hg ＞ Pb ＞ Cr ＞ As。

3.1.4 同等条件下同种水果对重金属 Cd 的敏感性

Cd^{2+}、Pb^{2+} 在枇杷树体各器官中的分配累积顺序均为根＞枝＞叶＞果实，且各器官间含量均差异显著 [61]。

以 5 个桃树品种为试材，研究了铅（Pb）、镉（Cd）、铬（Cr）和铜（Cu）四种重金属在桃树体不同部位的分布情况及状态。结果表明：相对土壤中金属元素的含量，果实中各元素的平均累积比率（果实 / 土壤）大小依次为 Cr ＜ Pb ＜ Cd ＜ Cu[62]。蒋巧根等分析测定锡宜高速公路南北两侧离高速公路 20m 处的水蜜桃中重金属砷、汞、铅、铬、镉的含量，结果显示：重金属含量排序均为 Pb ＞ Cr ＞ As ＞ Cd ＞ Hg[63]。

柑橘果肉对土壤重金属富集能力的大小顺序为 Hg > Cu > Cr > Zn > Pb > As[64]。

3.1.5　同等条件下同种茶叶对重金属 Cd 的敏感性

测定了西南地区主要茶园土壤和茶叶中重金属 Pb、Cr、Cu、Cd、Hg 和 As 的含量，比较了不同品种茶叶对土壤中重金属的富集能力，结果表明（表 3-33）：同一品种茶叶对 6 种不同的重金属的富集系数存在较大差别。缙云山茶的富集系数排序为 Cd > Hg > Cu > Pb > As > Cr，银芽的富集系数排序为 Hg > Cd > Cu > Cr > Pb > As，而川茶群体的富集系数排序为 Hg > Cd > Cu > Pb = Cr > As，说明茶叶对汞和镉的富集能力较强，对砷的富集能力较弱[28]。

表3-33　不同品种茶叶对土壤中重金属的富集系数[28]

茶叶样品	重金属富集系数					
	Pb	Cu	Cd	Cr	Hg	As
缙云山茶	0.008	0.014	2.04	0.001	1.560	0.002
银芽	0.002	0.062	1.00	0.016	1.110	0.001
川茶群体	0.002	0.023	0.14	0.002	1.280	0.001

3.1.6　同等条件下同种油料作物对重金属 Cd 的敏感性

通过正交试验设计研究了溶液培养条件下 Cd、Pb、Cu、Zn、As 复合污染对大豆幼苗生长的影响。结果表明，复合污染条件下，各元素在根中积累顺序为 As > Pb > Cu > Cd > Zn，茎叶中为 Cd > Cu > Zn > As > Pb[65]。以蓖麻为盆栽试验材料，采用不同体积比的铅锌尾矿渣、泥炭土、有机菌肥及黄土作为生长基质，对蓖麻的种子萌发、幼苗生长、生理生化指标及不同生长时期四种重金属元素的积累特性进行了观测分析。结果表明，同种基质中蓖麻对重金属的累积能力排序为 Pb > Zn > Cu > Cd[66]。通过对辽宁省北部风沙土区花生种植基地的地球化学调查，分析了重金属在不同花生品种植株和果实中的分布特征。结果表明，白沙 1016 果实对重金属的富集能力为 Cd > Cu > Ni > Hg > Cr > As > Pb，北镇二代果实对重金属的富集能力为 Cu > Ni > Cr > Pb > Cd > As > Hg[67]。

3.1.7　水稻品种、蔬菜种类、田间粮食作物 Cd 含量排序

（1）水稻品种 Cd 含量排序

根据 2014 年度研究结果，2015 年选用湘潭县当地栽种面积较多的 61 个水稻品

种进行田间试验，开展低 Cd 积累水稻品种的筛选试验。根据生育期将 61 个水稻品种分为早熟品种 32 个（生育期 <73d）、中熟品种 18 个（生育期 75 ～ 98d）和晚熟品种 11 个（生育期＞ 100d）。将田块翻耕耙匀，使其表面平整。然后将平整的田块分成 3 个大区（作为 3 个重复），大区之间挖深排水沟。在每个大区内分成 3 个小区，分别栽种早熟品种、中熟品种和晚熟品种，小区之间挖深排水沟。小区内水稻品种随机分布，按湘潭县当地生产习惯进行播种、育秧、插秧等水稻生产活动。肥料及农药控制同湘潭县当地常规水稻生产管理，田间水分管理按照当地农业农村局推荐措施进行，在河口镇中湾村开展田间试验。

2016 年，本书著者团队挑选了 W930、中嘉早 17、W200、深优 957、威优 402、株两优 168 和威优 463 等 7 个低 Cd 品种以及国丰 1 号、Ⅱ优 936、湘晚籼 13 号、C 两优 7 号、甬优 17、甬优 538 和甬优 9 号等 7 个高 Cd 品种在河口镇中湾村种植，进行低 Cd 积累稳定性验证试验，试验结果如图 3-1 所示。该块稻田土壤 Cd 含量均值（以干重计）为 0.92mg/kg，pH 均值为 5.6。收获的水稻籽粒 Cd 含量范围为 0.05 ～ 3.63mg/kg，此次试验，农民因自身原因，将田间排水较常规水稻操作提前，促进了晚熟品种籽粒 Cd 的积累。甬优系列水稻籽粒 Cd 含量高达 2.86 ～ 3.63mg/kg，为 2015 年试验结果的 3 ～ 4 倍，这也说明灌浆期间田间水分条件显著影响水稻籽粒 Cd 的吸收。低 Cd 品种如威优 402、威优 463 和株两优 168 籽粒 Cd 含量分别为 0.09mg/kg、0.14mg/kg 和 0.09mg/kg，均低于食品安全国家标准水稻品种籽粒中 Cd 的限量（0.2mg/kg），这与 2015 年试验结果基本一致，说明这 3 个水稻品种属于较稳定的低 Cd 品种。

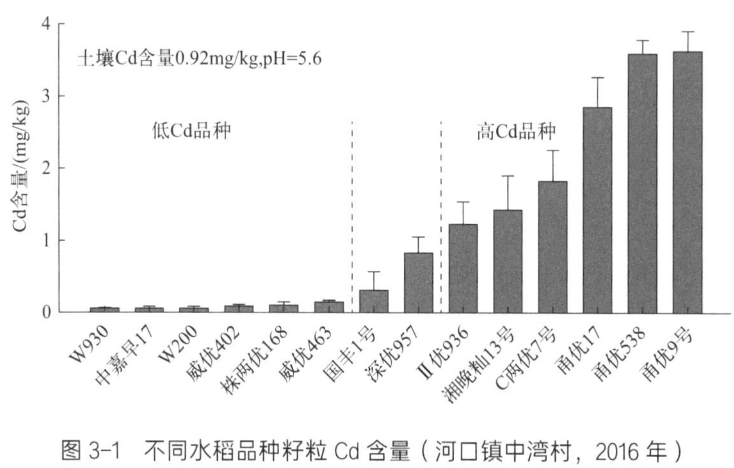

图 3-1　不同水稻品种籽粒 Cd 含量（河口镇中湾村，2016 年）

在河口镇中湾村，于 2015 年、2016 年、2017 年连续种植了低 Cd 积累水稻品种：威优 402、威优 463、株两优 168。考察这些低 Cd 积累水稻品种籽粒 Cd 含量随年份（气温、降雨量等影响水稻生长的气候因素每年不尽相同，水稻灌浆成熟期水光温条件及昼夜温差对籽粒 Cd 含量影响很大）变化的稳定性，结果如图 3-2 所示。威优 402、威优 463、株两优 168 这 3 个水稻品种具有低 Cd 积累稳定性，不仅是当地广为种植的水稻品种，也是非常稳定的低 Cd 积累水稻品种，后续试验中的低 Cd 积累水稻品种从这 3 个品种中选用。

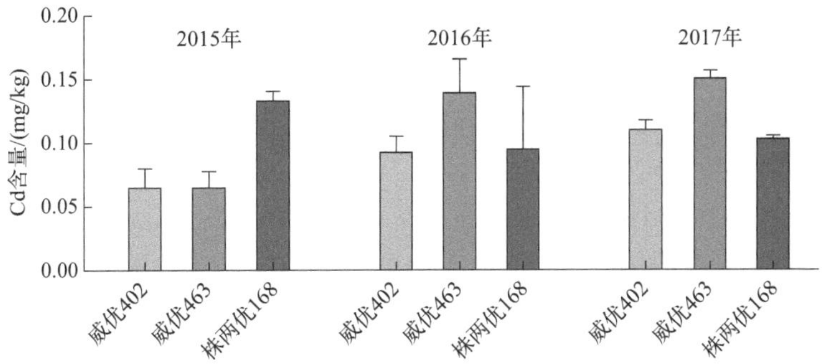

图 3-2　不同水稻品种稻米 Cd 含量随时间的变化

（2）蔬菜种类 Cd 含量排序

2015 年在中湾村严重 Cd 污染蔬菜地、2017 年在杨基村中度 Cd 污染蔬菜地开展蔬菜低 Cd 种类筛选的田间试验。种植的蔬菜包括苋菜、香菜、辣椒、茄子、丝瓜等叶菜类、根茎类、茄果类和豆类 4 大类蔬菜，收获的蔬菜可食部位 Cd 含量见图 3-3（中湾村）、图 3-4（杨基村）。

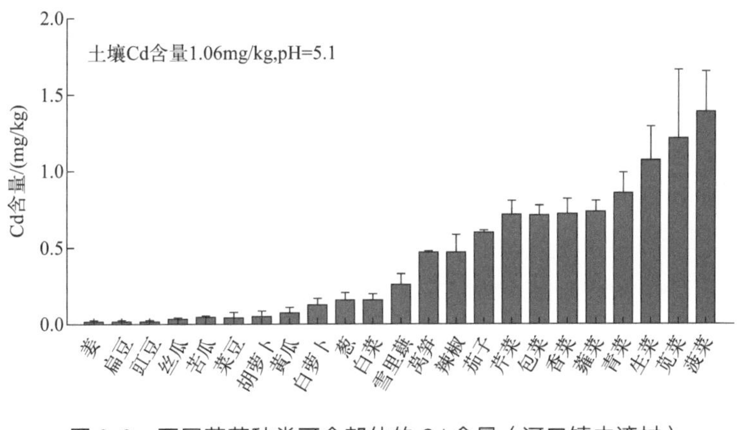

图 3-3　不同蔬菜种类可食部位的 Cd 含量（河口镇中湾村）

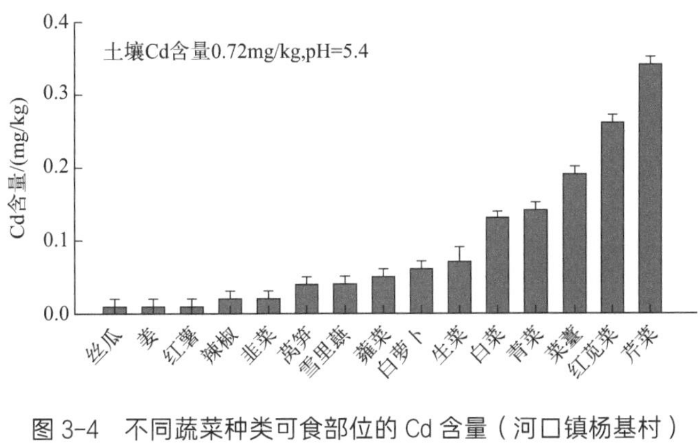

图 3-4　不同蔬菜种类可食部位的 Cd 含量（河口镇杨基村）

不同种类的蔬菜对Cd的积累存在明显差异，从图3-3、图3-4中可看出，对于Cd污染程度不同的蔬菜地，蔬菜可食部位Cd的积累能力表现出明显的差异，无论是中湾村蔬菜地还是杨基村蔬菜地生长的蔬菜，其Cd积累量从高到低依次为叶菜类＞根茎类＞茄果类＞豆类。

在严重Cd污染蔬菜地（中湾村蔬菜地）上生产的蔬菜，Cd含量未超过食品安全国家标准对应蔬菜种类Cd限量的蔬菜包括叶菜类（葱、白菜）、根茎类（胡萝卜、姜）、茄果类（苦瓜、丝瓜）和豆类（豇豆、扁豆和菜豆）；在中度Cd污染蔬菜地（杨基村蔬菜地）生产的蔬菜，Cd含量未超过食品安全国家标准对应蔬菜种类Cd限量的蔬菜包括叶菜类（韭菜、雪里蕻、蕹菜、生菜、白菜、青菜、菜薹）、根茎类（姜、红薯、莴笋、白萝卜）和茄果类（丝瓜、辣椒）等。因此，苦瓜、丝瓜、豇豆、扁豆、菜豆和姜无论是在严重Cd污染蔬菜地还是在中度Cd污染蔬菜地生长，都表现出稳定的低Cd积累特性，属于低Cd积累蔬菜种类。

（3）田间作物水稻、玉米、小麦Cd含量排序

在中湾村挑选1亩（1亩=666.67m^2）Cd污染稻田（土壤Cd浓度为0.90mg/kg，pH值为5.1），设置3个随机重复区组，每个区组水稻、玉米、小麦分区种植（田块之间用田埂隔开，便于水分管理），田间行列间距约20cm，田块四周各种1m保护行。按当地习惯播种、育秧、插秧。肥料及农药控制根据当地农作物常规管理。水稻品种为深优957和株两优168，小麦、玉米为当地栽种品种。试验结果如图3-5所示。

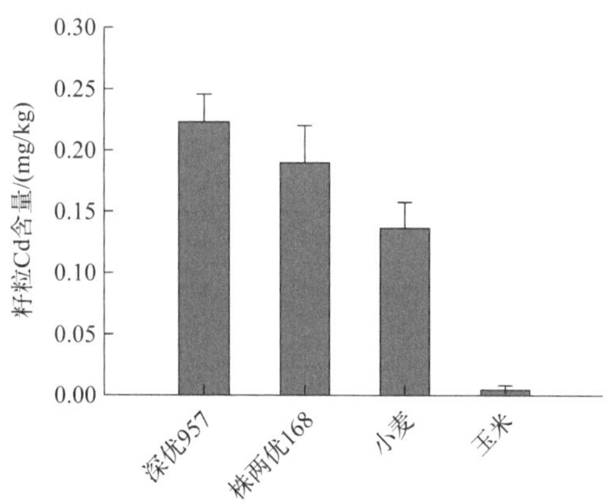

图3-5　大田作物水稻、玉米和小麦的Cd累积能力

不同田间作物的籽粒Cd含量从高到低顺序为深优957＞株两优168＞小麦＞玉米。在相同土壤条件下，水稻籽粒对Cd的累积能力最高，玉米累积能力最低。与食品安全国家标准食品中污染物Cd限量相比，株两优168籽粒Cd含量符合食品安全要求（0.2mg/kg），玉米籽粒Cd含量符合食品安全要求（0.1mg/kg），小麦籽粒Cd含量超出了食品安全限量（0.1mg/kg），深优957籽粒Cd含量超出了食品安全限量（0.2mg/kg）。3种田间作物从籽粒的Cd含量来看，种植玉米和低Cd水稻品种可以满足食品安全的要求。湖南地区包括湘潭县田间作物以水稻为主，玉米仅有少量种植，多以嫩玉米形式供应蔬菜市场，小麦在湘潭县几乎不栽种。

3.2 针对酸性土壤的种植结构调整技术规范的制定

由于作物对污染物的敏感性不同，可根据不同作物和同种作物不同品种对重金属敏感性的排序生成宜种植农作物的排序清单，并通过制定的农作物排序清单指导实际的种植结构调整。我国目前针对酸性土壤的种植结构调整技术需求较大，因此本节介绍针对酸性土壤的种植结构调整相关技术。

土壤酸碱度（pH）对 Cd 等重金属在土壤中的吸附能力有着极为重要的影响 [68]。土壤酸化时，土壤中的有机质、铁锰氧化物、黏土矿物这些物质吸附 Cd 的能力弱，Cd 在土壤 - 植物系统中容易迁移 [69]。我国南方耕地土壤呈酸性，酸性土壤更易导致耕地 Cd 污染。酸性 Cd 污染耕地的修复缺乏因地制宜的技术措施，农产品尤其是食用农产品难以稳定达标（安全）生产。

本书以湘潭县 2014 年水稻、蔬菜及土壤 Cd 含量的一对一调查结果，以及 2015 年、2016 年、2017 年、2018 年 4 年的田间试验结果为基础，针对 Cd 污染程度不同的农产品产地，探索并提出酸性 Cd 污染耕地的种植结构调整技术规范，规定了酸性 Cd 污染耕地种植结构调整技术的术语和定义、耕地 Cd 污染程度等级划分方法、酸性 Cd 污染耕地种植结构调整技术要点及基本原则和工作程序等内容，可应用于酸性 Cd 污染耕地的评价分级和种植结构调整技术方案的设计，为我国南方酸性 Cd 污染水稻产地种植结构的调整提供理论指导和示范支撑。

该规范的规范性引用文件如表 3-34 所列。该规范提出了耕地 Cd 污染、种植结构调整、农产品达标生产的定义。

（1）耕地 Cd 污染

耕地 Cd 污染是指由人类活动产生的 Cd 进入土壤，积累到一定程度，土壤本身的生产功能或土壤环境容量受限，导致土壤性状和质量变化，构成对人体和生态环境的负面影响和危害。

（2）种植结构调整

种植结构调整是指根据区域资源条件、市场需求、生态环境保护以及政策导向，对农业种植业中各种作物（如粮食、经济作物、蔬菜、果树等）之间的种植比例、空间布局、品种类型等进行优化和重新配置的过程。种植结构调整策略表示使 Cd 污染耕地进行种植结构调整的工艺路线与管控制度。

（3）农产品达标生产

农产品达标生产是指 Cd 污染耕地修复后，农产品抽样样本中 Cd 的平均含量显著低于国家食品卫生标准（t 检验，$P < 0.05$），而且农产品抽样样本达标率不低于 90%。

表3-34　规范性引用文件

文件编号	文件名称
GB 15618	《土壤环境质量　农用地土壤污染风险管控标准（试行）》
NY/T 395	《农田土壤环境质量监测技术规范》
NY/T 398	《农、畜、水产品污染监测技术规范》
GB 5084	《农田灌溉水质标准》
GB 2762	《食品安全国家标准　食品中污染物限量》
NY/T 5295	《无公害农产品　产地环境评价准则》
NY/T 1634	《耕地地力调查与质量评价技术规程》
HJ/T 166	《土壤环境监测技术规范》
NY/T 525	《有机肥料》

3.2.1　酸性土壤 Cd 污染程度等级划分方法

（1）酸性耕地 Cd 污染评价方法

采用土壤单因子污染指数法[70]进行耕地土壤的分级评价，计算公式如下：

$$P_{\mathrm{Cd}}=\frac{C_{\mathrm{Cd}}}{S_{\mathrm{Cd}}} \tag{3-1}$$

式中　P_{Cd}——酸性耕地土壤Cd污染指数；

C_{Cd}——酸性耕地土壤Cd的实测浓度；

S_{Cd}——酸性Cd的土壤环境质量筛选值（GB 15618—2018）。

（2）酸性耕地 Cd 污染评价分级标准

按上述酸性耕地 Cd 污染程度评价方法进行计算后，进行分级，分级标准见表 3-35。

表3-35　耕地土壤Cd污染评价分级标准

等级	污染指数	污染程度
1	$P_{\mathrm{Cd}} \leqslant 0.7$	清洁
2	$0.7 < P_{\mathrm{Cd}} \leqslant 1.0$	尚清洁
3	$1.0 < P_{\mathrm{Cd}} \leqslant 2.0$	轻度污染
4	$2.0 < P_{\mathrm{Cd}} \leqslant 3.0$	中度污染
5	$P_{\mathrm{Cd}} > 3.0$	严重污染

3.2.2　酸性耕地 Cd 污染种植结构调整技术要点

根据 Cd 污染程度，实行分区治理（表 3-36）。在达标生产区，选种 Cd 低积累的水稻品种和蔬菜种类，并采取耕地修复措施，确保水稻籽粒、蔬菜可食部位 Cd 含量低于食品安全国家标准限值（GB 2762—2022）；在管控专产区，种植低积累的水稻品种和蔬菜种类，同时采取耕地修复措施，并对农产品实行严格的检测，未满足食品安全要求的水稻籽粒、蔬菜转为非食用用途，不得流入市场；在替代种植区，不再种植食用水稻和蔬菜[71]，进行农作物种植结构调整，保障农产品质量安全。

表3-36　与耕地Cd污染程度相适应的分区管理

等级	污染指数	污染程度	适合的分区管理
1	$P_{Cd} \leqslant 0.7$	清洁	未污染区域，优先保护
2	$0.7 < P_{Cd} \leqslant 1.0$	尚清洁	预防为主，限制污染物进入量，限制引起较大土壤理化性质变化措施
3	$1.0 < P_{Cd} \leqslant 2.0$	轻度污染	达标生产区
4	$2.0 < P_{Cd} \leqslant 3.0$	中度污染	管控专产区
5	$P_{Cd} > 3.0$	严重污染	替代种植区

3.2.3　基本原则和工作程序

3.2.3.1　基本原则

重金属 Cd 污染耕地修复治理和农作物种植结构调整试点，根据 Cd 污染程度，在尽量保证农民收益不减的基本原则下，实行分区治理。制定调整方案，使其目标可达，同时要确保结构调整方案实施的安全性。

3.2.3.2　工作程序

（1）资料收集

收集并核实修复、调整区域内农产品种植结构现状、农产品种类、耕地面积、耕作制度、农时季节气候条件、农业用水质量、替代作物的市场容量、农民接受程度等与农产品生产、耕地质量相关资料的完整性和有效性，结合当地农业、环境、自然资源部门的相关调查和监测结果，判断耕地 Cd 污染和农产品食品安全的情况及其管理制度等。

（2）耕地污染及农产品安全质量现状监测

依据《农田土壤环境质量监测技术规范》（NY/T 395—2025）、《农、畜、水产品污染监测技术规范》（NY/T 398—2000）、《耕地地力调查与质量评价技术规程》（NY/T 1634—2008）、《无公害农产品　产地环境评价准则》（NY/T 5295—2015）、《土壤环境监测技术规范》（HJ/T 166—2004）对耕地及其上生长的农产品进行采样点布设并依据相应的土壤、植株检测方法进行质量监测；开展土壤和农产品的“一对一”取样和检测，即在选定点位（每 150 亩采集 1 个点），农产品成熟期采集植物（水稻、蔬菜或其他农产品）和土壤一对一样品，每个采样点的样品为 5 点以上等量的混合样。

根据历史数据和采样调查数据，分析评估耕地土壤和作物 Cd 污染特征及空间分布状况，测定土壤和作物中镉（Cd）、铅（Pb）、汞（Hg）、铬（Cr）、砷（As）等的含量，对于土壤样品还要增加有效态 Cd、pH 值、有机质、阳离子交换量（CEC）等监测指标。

（3）耕地 Cd 污染程度与等级划分

根据《土壤环境质量　农用地土壤污染风险管控标准（试行）》（GB 15618—2018），按照本书 3.2.1 中污染程度等级划分方法确定耕地污染程度和等级。根据《食品安全国家标准　食品中污染物限量》（GB 2762—2022）对农产品食品安全进行评价。

（4）加密监测与修复效果跟踪评价

在达标生产区和管控专产区耕地修复前，按照每 150 亩 1 个点位采集土壤样品，对照水稻或蔬菜收获后检测结果，开展 Cd 污染耕地修复效果跟踪评价检测；在替代种植区，在原点位基础上加密到每 50 亩 1 个点位，以再次确认污染程度。

（5）酸性 Cd 污染耕地主栽农作物（水稻、蔬菜）的敏感性排序

调查当地主栽农作物，按照粮食类作物（水稻）、蔬菜类、非食物链经济作物（花卉、麻类、桑树等）等分别进行 Cd 污染敏感性排序，筛选低 Cd 积累水稻品种和蔬菜种类以及其他非食物链经济作物。需要关注低 Cd 积累水稻品种和蔬菜种类的产量、抗病虫害能力以及市场销路等因素。

（6）灌溉水源和农业投入品的使用对耕地 Cd 含量的影响

按照《农用水源环境质量监测技术规范》（NY/T 396—2000）要求，在调整区内的耕地灌溉主进水口附近河流断面、干渠、支渠灌溉主进水口、每个骨干库、塘、堰分级设置农田灌溉水源检测点。采集蔬菜地所用灌溉水，测定灌溉水中 Cd、Pb、Cr、As、Hg 含量及 pH 值等。对照《农田灌溉水质标准》（GB 5084—2021），判断灌溉水是否超标，如超标改用其他灌溉水源或建立水处理设施将污染物降至标准限值以下。对施入耕地的农业投入品如化肥和农药以及修复材料如石灰等检测其 Cd、Pb、Cr、As、Hg 含量等，防止对耕地造成污染。

（7）酸性 Cd 污染耕地种植结构调整方案筛选

基于污染程度评估结果，筛选低 Cd 积累的当地主栽水稻品种、蔬菜种类，在不同污染程度的耕地上分区调整。对于 Cd 轻度、中度污染耕地，采用农艺修复措施，保障水稻、蔬菜等农产品安全；对于 Cd 严重污染土壤，开展非食用、非口粮作物替代种植，如苎麻、桑树、花卉等非食物链作物。

（8）酸性 Cd 污染耕地种植结构调整方案可行性评估

编制酸性 Cd 污染耕地种植结构调整可行性研究报告，报告的编写内容包括污染耕地概况（农田特征、污染程度、耕地分区等）、Cd 污染土壤的农艺修复措施的技术经济分析、种植结构调整方案、监测与分析方法（布点、采样方法、分析方法）、结论和建议。

3.3 针对酸性土壤的多梯度种植结构调整模式的确立

3.3.1 替代种植

在 Cd 含量为（12.5±0.12）mg/kg 的酸性极严重 Cd 污染土壤种植蔬菜或者水稻都不能保证水稻和蔬菜的食品安全，需要尝试在酸性极严重 Cd 污染土壤进行替代种植，即种植能保证食品安全的当地经济作物或者不进入食物链的当地经济作物，这样可以最大限度保证农民不减收入。当地有种植藤本类水果猕猴桃、藤本类药材瓜蒌的习惯，近年来种植苎麻、桑树等非食物链经济作物。据文献报道，藤本类植物果实Cd积累量低于一般的瓜果类植物[72-73]。因此，2016 年本书著者团队在酸性极严重 Cd 污染土壤 [(12.5±0.12)mg/kg] 种植猕猴桃、瓜蒌、苎麻（黄麻和红麻）。试验结果如图 3-6 所示。

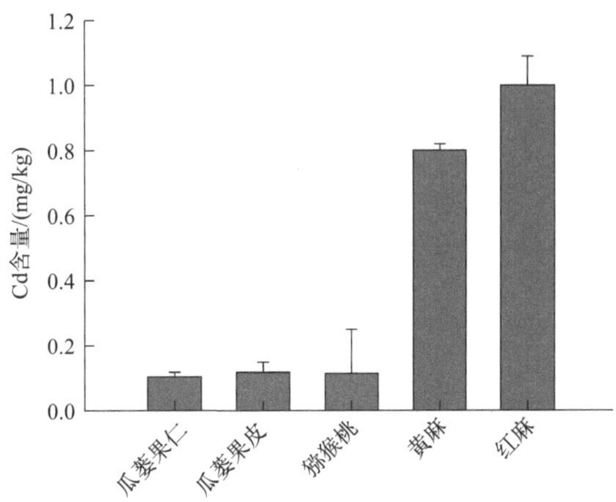

图 3-6　酸性极严重 Cd 污染土壤上替代种植植物的 Cd 含量

中药材瓜蒌果仁、瓜蒌果皮和猕猴桃果肉平均 Cd 含量（以鲜重计算）分别为

0.10mg/kg、0.12mg/kg 和 0.11mg/kg，超过食品安全国家标准中水果 Cd 污染物限量（GB 2762—2022，0.05mg/kg），这两种超过食品安全限量的经济作物可将 Cd 通过食物链传输到人体，在 Cd 含量为（12.5±0.12）mg/kg 的酸性高 Cd 污染土壤不推荐种植这两种经济藤本植物。

黄麻、红麻 Cd 含量分别为 0.8mg/kg 和 1.0mg/kg，两种麻的生物量没有显著性差异。同期，在 Cd 含量为 (0.72±0.16)mg/kg 的酸性土壤上也栽种黄麻和红麻，这两类 Cd 污染程度不同的试验地种植的黄麻、红麻在株高、生物量方面没有显著性差异（图 3-7），在不宜种植粮食作物或蔬菜的严重 Cd 污染土壤上可以进行替代种植，种植黄麻或红麻等经济类作物。

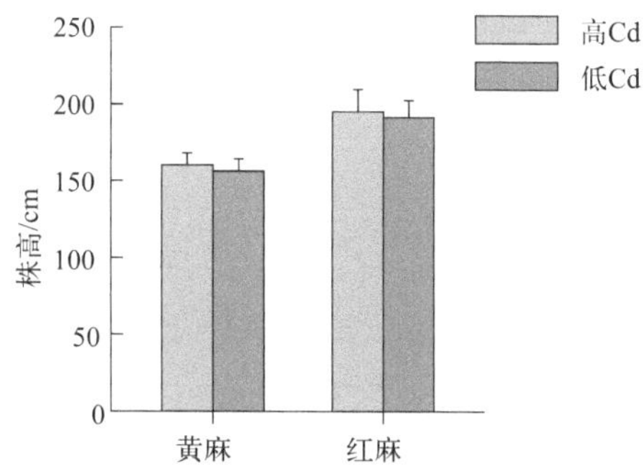

(a) 株高

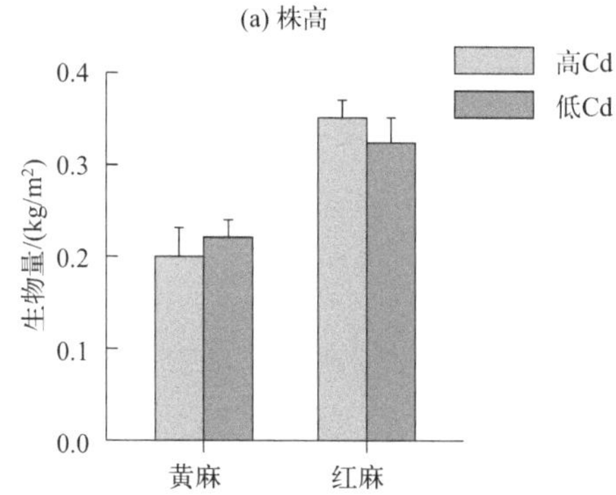

(b) 生物量

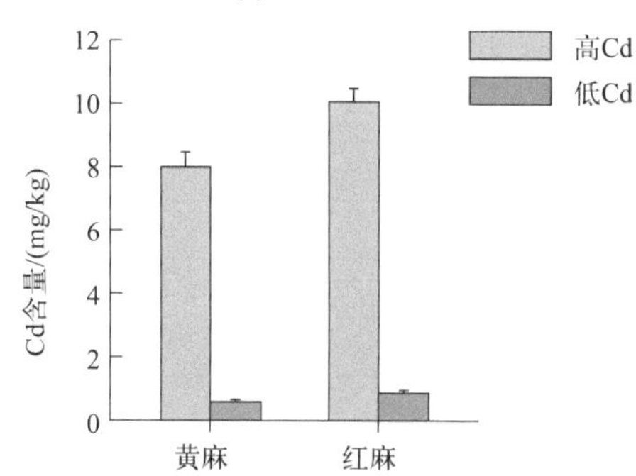

(c) Cd含量

图 3-7　不同 Cd 污染程度土壤上黄麻、红麻的株高、生物量与 Cd 含量

3.3.2　多梯度种植模式

针对酸性重金属 Cd 污染耕地（稻田和蔬菜地），按照 Cd 污染程度进行农艺措施修复及农作物种植结构调整，分区治理，形成多梯度重金属 Cd 污染抗性的种植模式，是进行镉污染产地安全利用的重要途径。

在酸性轻度 Cd 污染稻田（0.3mg/kg ＜ Cd 含量≤ 0.6mg/kg）、中度 Cd 污染稻田（0.6mg/kg ＜ Cd 含量≤ 0.9mg/kg），进行农艺措施修复，保障水稻安全生产，即水稻籽粒 Cd 含量满足《食品安全国家标准 食品中污染物限量》要求（Cd 限量 0.2mg/kg，GB 2762—2022）。实施农艺措施“施用 $CaCO_3$+ 灌浆期持续淹水 + 低 Cd 水稻品种”保障 Cd 污染土壤生产水稻的食品安全，施用石灰的频率为 3 年施用 1 次，每次施用石灰增加的成本为 1890 元 /hm^2，稳定的低 Cd 水稻品种包括晚稻品种深优 957、株两优 168 和早稻品种中早 39 等。需要特别注意的是，在中度 Cd 污染稻田上生产的稻米要进行严格监测、管控，防止不满足食品安全的稻米流入市场。

在轻度 Cd 污染蔬菜地（0.3mg/kg ＜ Cd 含量≤ 0.6mg/kg）农艺修复措施为种植低 Cd 积累的蔬菜，如丝瓜、苦瓜、菜豆、扁豆、豇豆等，不允许种植叶菜类蔬菜、芹菜和辣椒等蔬菜；中度 Cd 污染蔬菜地（0.6mg/kg ＜ Cd 含量≤ 1.0mg/kg），农艺修复措施为“施用 4.5t/hm^2 $CaCO_3$ 或 3.0t/hm^2 CaO + 低 Cd 蔬菜种类”保障中度 Cd 污染蔬菜地生产蔬菜的食品安全，施用石灰的频率为 2 年施用 1 次，保障蔬菜安全生产，每次施用石灰增加的成本为 1890 元 /hm^2 或 1620 元 /hm^2。低 Cd 蔬菜种类包括丝瓜、苦瓜、菜豆、扁豆、豇豆等。

土壤 Cd 含量＞ 0.9mg/kg 的酸性水稻田、土壤 Cd 含量＞ 1.0mg/kg 的酸性蔬菜地建议进行替代种植。替代种植的经济作物选用生物量大、生长快的苎麻，包括黄麻和红麻。

参考文献

[1] 李铭红，李侠，宋瑞生．受污农田中农作物对重金属镉的富集特征研究 [J]．中国生态农业学报，2008(03): 675-679.

[2] 农业农村部环境保护科研监测所.《全国农产品产地土壤重金属安全评估技术规定》（农办科〔2015〕42 号）编制说明 [Z]. 2015.

[3] 杨珍平，郝教敏，卜玉山，等．Cd 胁迫对 5 种植物体内 Cd 积累及根际土壤特性的影响 [J]．水土保持学报，2011, 25(06): 186-192.

[4] 赵多勇．工业区典型重金属来源及迁移途径研究 [D]．北京：中国农业科学院，2012.

[5] 查燕，杨居荣，刘虹，等．污染稻麦籽实中镉和铅的分布及其存在形态 [J]．北京师范大学学报（自然科学版），2000, 36(02): 268-273.

[6] 佟倩，张秀双，魏晓敏，等．不同品种水稻对镉累积特性研究 [J]．北方水稻，2014, 44(05): 1-7.

[7] 高巍，耿月华，赵鹏，等．不同小麦品种对重金属镉吸收及转运的差异研究 [J]．天津农业科学，2014, 20(10): 55-59.

[8] 柴冠群，杨娇娇，陈晓燕，等. 不同品种白菜对 Cd 的吸收富集特征与安全限值研究 [J]. 西南农业学报，2022, 35(03): 617-622.

[9] 刘锐龙，刘翔，马伟芳，等 . 4 种玉米对镉的弱吸收特性研究 [J]. 安徽农学通报 , 2012, 18(07): 35-39.

[10] 李平远，娄运生，王琦，等 . 6 个小麦品种对铜镉吸收积累差异的比较 [J]. 安徽农学通报，2007, 13(12): 102-104,158.

[11] 李平远. 大气 CO_2 浓度升高对土壤 - 小麦系统铜、镉转化与生物有效性的影响 [D]. 南京：南京农业大学，2006.

[12] 梁彦秋，关杨，张显龙. 玉米对镉的累积特性及镉的存在形态研究 [J]. 安徽农业科学，2011, 39(30): 18569-18570, 18572.

[13] 茹淑华，张国印，贡冬梅，等. 铜、锌、铅和镉复合污染对番茄生长和重金属累积规律的影响 [J]. 华北农学报，2013, 28(增 1): 371-375.

[14] 张学询，吴燕玉，陈涛，等. 张士灌区镉、铅等重金属迁移分布规律及其治理途径 [J]. 环境科学，1982, 3(06):7-10.

[15] 柴冠群，杨娇娇，刘桂华，等. 高镉地质背景区设施菜地土壤镉生物有效性主控因子分析 [J]. 生态与农村环境学报，2021, 37(07): 917-923.

[16] 王芳，杨勇，张燕，等. 不同蔬菜对镉的吸收累积及亚细胞分布 [J]. 农业环境科学学报，2009, 28(01): 44-48.

[17] 刘恩玲，王亮，孙继，等. 不同蔬菜对土壤 Cd、Pb 的累积能力研究 [J]. 土壤通报，2011, 42(03): 758-762.

[18] 宋浩，沈明星，陈凤生，等. 蔬菜对土壤高浓度镉的吸收与积累特点及耐性 [J]. 江苏农业科学，2011, 39(04): 195-197.

[19] 沈彤，刘明月，贾来，等. 长沙地区蔬菜重金属污染初探 [J]. 湖南农业大学学报 (自然科学版), 2005, 31(01): 87-90.

[20] 欧阳喜辉，赵玉杰，刘凤枝，等. 不同种类蔬菜对土壤镉吸收能力的研究 [J]. 农业环境科学学报，2008, 27(01): 67-70.

[21] 刘香香，文典，王其枫，等. 广东省不同种类蔬菜与土壤镉污染相关性及阈值研究 [J]. 中国农学通报，2012, 28(10): 109-115.

[22] 涂春艳，陈婷婷，廖长君，等. 矿区农田蔬菜重金属污染评价和富集特征研究 [J]. 农业环境科学学报，2020,39(08):1713-1722.

[23] 盛蒂，朱兰保，王丹. 蚌埠市售水果重金属污染及健康风险预警评估 [J]. 西南民族大学学报 (自然科学版), 2014, 40(06): 837-842.

[24] 周薇. 柑橘镉胁迫耐受性及其生理研究 [D]. 重庆：西南大学，2014.

[25] 许文宝，谢志南，刘鸿洲，等. 龙眼对镉的吸收分布特性及耐性研究 [J]. 亚热带植物科学，2007(03): 1-3.

[26] 张立杰，张小艳，谢丽雪，等. 百香果叶片镉胁迫响应转录组分析 [J]. 福建农业学报，2024, 39(08): 938-945.

[27] 周娜，白艳艳，王文伟，等. 福建省不同品种茶叶中重金属元素含量的调查分析 [J]. 中国卫

生检验杂志，2014, 24(13): 1948-1950.

[28] 李云，张进忠，童华荣. 茶园土壤和茶叶中重金属的监测与污染评价 [J]. 环境科学与技术，2008, 31(05): 71-75.

[29] 杨艳，宋丽莎，孙成斌，等. 都匀毛尖茶及其土壤铅和镉的含量变化与相关性 [J]. 贵州农业科学，2014, 42(08): 164-167.

[30] 唐茜，叶善蓉，陈能武，等. 茶树对铬、镉的吸收积累特性研究 [J]. 茶叶科学，2008, 28(05): 339-347.

[31] 冯德建. 铅、镉及其复合污染对茶树生理生化及吸收积累特性的研究 [D]. 雅安：四川农业大学，2010.

[32] 刘声传，罗显扬，赵志清，等. 茶树对铅、镉、铜的吸收累积特性研究 [J]. 西南农业学报，2011, 24(05): 1805-1812.

[33] 吴永刚，姜志林，罗强. 公路边茶园土壤与茶树中重金属的积累与分布 [J]. 南京林业大学学报 (自然科学版), 2002, 26(04): 39-42.

[34] 王春梅，唐茜，张小琴，等. 高浓度镉胁迫对茶树生理及吸收积累特性的影响 [J]. 茶叶科学，2012, 32(02): 107-114.

[35] 刘俊，廖柏寒，周航 . 2 个大豆品种不同发育阶段对镉胁迫的生理响应及耐镉差异研究 [J]. 农学学报，2012, 2(06): 15-20.

[36] 黄运湘，廖柏寒，王志坤，等. 不同大豆品种镉毒害效应及耐镉差异性 [J]. 湖南农业大学学报 (自然科学版), 2008, 34(05): 519-524.

[37] 单世华，范仲学，吕潇，等. 镉处理对不同基因型花生产量及品质的影响 [J]. 中国农业科技导报，2009, 11(03): 102-108.

[38] 王志坤，廖柏寒，黄运湘，等. 镉胁迫对大豆幼苗生长影响及不同品种耐镉差异性研究 [J]. 农业环境科学学报，2006, 25(05): 1143-1147.

[39] 王建明. 菜用大豆对 Cd^{2+} 累积特性及耐性差异研究 [D]. 福州：福建农林大学，2010.

[40] 高芳，林英杰，张佳蕾，等. 镉胁迫对花生生理特性、产量和品质的影响 [J]. 作物学报，2011, 37(12): 2269-2276.

[41] 何勇强，陶勒南，小畑仁，等. 镉胁迫下大豆中镉的分布状况及其籽粒品质 [J]. 环境科学学报，2000, 24(04): 510-512.

[42] 王丽香，陈虎，郭峰，等. 镉胁迫对花生生长和矿质元素吸收的影响 [J]. 农业环境科学学报，2013, 32(06): 1106-1110.

[43] 赵本行，陈康姜，何楚斌，等. 大豆作物对污染土壤中重金属镉的富集研究 [J]. 天津农业科学，2013, 19(11): 15-17.

[44] 赵鲁，李旭军，刘安辉，等. 大豆和小麦对土壤中镉的吸收与富集研究 [J]. 中国土壤与肥料，2013(05): 66-70.

[45] 易心钰，蒋丽娟，刘强. 不同铅锌含量的矿渣基质对蓖麻种子萌发和幼苗生长的影响 [J]. 经济林研究，2014, 32(03): 87-93.

[46] 张显龙，于涛，冯婧微，等. 大豆对镉的累积特性及形态研究 [J]. 安徽农业科学，2010, 38(02): 672-673.

[47] 黄运湘，王志坤，袁红，等. 大豆对镉胁迫的生理反应及耐镉机理探讨 [J]. 农业环境科学学报，2011, 30(08): 1514-1520.

[48] 周航，曾敏，刘俊，等. 施用碳酸钙对土壤铅、镉、锌交换态含量及在大豆中累积分布的影响 [J]. 水土保持学报，2010, 24(04): 123-126.

[49] 王伟玲. 福建水稻土中的铜、锌、砷和氟及其向糙米转移规律的研究 [D]. 福州：福建农林大学，2006.

[50] 张潮海，华村章，邓汉龙，等. 水稻对污染土壤中镉、铅、铜、锌的富集规律的探讨 [J]. 福建农业学报，2003, 18(03): 147-150.

[51] 王晓瑞，周生路，吴绍华. 长江三角洲地区小麦植株的重金属分布及其相关性——以昆山市为例 [J]. 地理科学，2011, 31(02): 226-231.

[52] 贺璟，马红梅，谢英荷. 重金属铅、砷对玉米生长发育的影响 [J]. 山西农业科学，2014, 42(02): 126-128,142.

[53] 南忠仁，程国栋. 干旱区污灌农田作物系统重金属 Cd Pb 生态行为研究 [J]. 农业环境保护，2001, 20(04): 210-213.

[54] 苏春田，唐健生，单海平，等. 黎塘岩溶区铁锰结核背景下的土壤诊断 [J]. 西北农业学报，2008, 17(06): 338-342.

[55] 何江华，柳勇，王少毅，等. 蔬菜对重金属富集能力的研究——以广州蔬菜生产基地为例 [J]. 重庆环境科学，2003, 25(12): 4-6,12-206.

[56] 林君锋，高树芳，陈伟平，等. 蔬菜对土壤镉铜锌富集能力的研究 [J]. 土壤与环境，2002, 11(03): 248-251.

[57] 文典，刘香香，王其枫，等. 菜薹(菜心)对土壤中重金属的富集特征及产地土壤安全临界值 [J]. 中国蔬菜，2012(12): 83-90.

[58] 李奔. 复合肥、腐植酸液肥对苋菜重金属富集和转运的影响研究 [D]. 长沙：中南大学，2013.

[59] 宇妍. 天津市近郊叶菜类蔬菜和菜地土壤重金属含量调查及风险评估 [D]. 咸阳：西北农林科技大学，2013.

[60] 黄吉东，吴治彭，吴鹏豹. 不同污染浓度的五种重金属在胡萝卜与土壤中的积累研究 [J]. 安徽农业科学，2013, 41(13): 5769-5773.

[61] 李秀珍. 重金属在枇杷中的分配累积规律及其对枇杷品质影响研究 [D]. 雅安：四川农业大学，2008.

[62] 王宝刚，冯晓元，李文生，等. 重金属在桃树体上的分布情况 [J]. 北方园艺，2011(06): 12-14.

[63] 蒋巧根，祁力言，朱江涛，等. 高速公路两侧水蜜桃重金属污染调查 [J]. 林业科技开发，2007(05): 50-51.

[64] 黄昀，李道高，刘光德，等. 三峡库区柑橘对土壤重金属吸收富集特征研究 [J]. 中国环境监测，2005, 21(01): 12-15.

[65] 余国营，吴燕玉，王新. 重金属复合污染对大豆生长的影响及其综合评价研究 [J]. 应用生态学报，1995, 6(04): 433-439.

[66] 易心钰，蒋丽娟，易诗明，等. 铅锌矿渣对蓖麻生长、重金属累积及其对矿质元素吸收的影响 [J]. 中南林业科技大学学报，2017, 37(03): 116-122.

[67] 于成广，李博，杨晓波，等. 不同花生品种间重金属元素分布特征 [J]. 安徽农业科学，2007, 35(12): 3505,3511.

[68] 杨忠芳，陈岳龙，钱鑢，等. 土壤 pH 对镉存在形态影响的模拟实验研究 [J]. 地学前缘，2005, 12(01): 252-260.

[69] 陈能场. 消除镉大米需要内外兼治 [J]. 黑龙江粮食，2015(05): 4-5.

[70] 许学宏，余云飞，陈庆生，等. 江苏南北典型县域表层土壤化学元素差异性及农业评价 [J]. 农业环境科学学报，2006, 25(增 2): 565-569.

[71] 徐隽. 让土壤污染防治有法可依 [J]. 农村农业农民 (A 版)，2014(19): 6-8.

[72] 任艳欣，耿志席，宋宁宁，等. 基于作物累积砷镉差异的超标农区优先种植作物筛选 [J]. 环境科学，2024, 45(11): 6654-6664.

[73] 孟媛，张亮，王林权，等. 复合污染土壤上几种叶类蔬菜对 Cd 和 As 的富集效应 [J]. 植物营养与肥料学报，2019, 25(06): 972-981.

第4章

生态激励与补偿机制

≫ 理论基础
≫ 产地污染治理基本原则及相关风险分析
≫ 产地污染治理举措及组织实施机制
≫ 利益相关者视角下政策体系的完善

产地污染不仅导致农产品质量不达标，危害消费者的健康，更直接影响农业生产的持续稳定发展，使农民面临巨大的收入压力。而同时，产地安全利用、种植结构调整等产地安全管理措施可能会提高农民种植成本并影响农民收益。现行政策体系中缺乏与产地安全管理相配套的激励补偿政策，制约了农产品产地安全保护工作的开展。维护农民的合法权益，研究探讨合适的补偿渠道、方法与标准，是有效解决产地安全污染问题的重要内容，不仅关乎农民的切身利益，也关系到我国农业的可持续发展和生态环境的整体保护。只有建立起科学合理的生态激励与补偿机制，才能有效推动产地安全管理工作，确保农产品质量安全，实现农业与生态的和谐共生。本章将在介绍产地安全管理生态激励与补偿机制相关基础理论的基础上，介绍作者研究团队的初步探索成果，主要包括风险综合管控政策体系的构建、农户采用特征及影响因素分析和利益相关者视角下政策体系的完善等内容。

4.1 理论基础

4.1.1 风险管理理论

风险管理是研究风险发生规律和风险控制技术的一门新兴管理学科，是指个人、家庭、企业或政府单位等在对可能遇到的风险进行识别、估测与评价的基础上，合理地优化与组合各种风险管理技术，对风险实施有效控制，并妥善处理相应后果，以期达到以最小的成本获得最大安全保障的科学管理方法。风险管理是一个动态过程，这主要是因为个人、家庭或者组织内外部的环境是不断变化的。因此，在风险管理计划的实施过程中，应根据风险状态的变化及时调整风险管理方案，对偏离风险管理目标的行为进行修正[1]。

风险管理理论主要从风险的角度考虑可持续发展性与不确定性等问题，是通过各种方式对风险实施有效控制以及妥善处理损失的一项过程[2]。风险管理理论经历了以期望与方差等统计学理论为代表的早期风险管理理论、以风险价值（value at risk, VaR）模型为代表的现代风险管理理论，以及以全美反舞弊性财务报告委员会发起组织（简称 COSO 委员会）发布的《全面风险管理——整合框架》为代表的从整个系统的角度对所有风险集合管理的全面风险管理理论三个阶段[3]。与之相对应，在研究领域方面，风险管理理论从重视自然科学的探讨，逐渐过渡到自然科学与社会科学并重[4]。在研究对象方面，风险管理也突破了企业的范畴，扩展至社会领域[5]。可见，随着研究的深入，风险管理正在不断突破研究边界，成为观察与分析事物的一种全新视角。

现代风险管理的趋势是从单一风险管理转向综合性风险管理，其主要体现为以下几方面：

① 在风险管理的对象上，从狭义的纯粹风险扩展到广义的技术风险、金融风险、生态环境风险、政策风险、人力风险与社会文化风险等；

② 在管理过程中，越来越强调风险的不可分割性，因而更加注重对各个环节与过程中风险因素和风险状态的监控和管理；

③ 在管理方法上，强调构建由多种管理工具与科学方法组成的综合性方法体系，强调定性管理与定量管理的内在统一；

④ 在价值定位上，更为关注风险管理中的利益相关者，如在管理企业风险时，必须考虑股东、债权人、管理层、雇员、顾客以及所在社区的利益。

农业风险是指农业生产或经营活动存在不确定性，这种不确定性包括损失和获利的可能性，从而影响农业生产经营者的福利[6]。其分类方法大体可以分为两种：一种是二分法，将农业风险分为自然风险和市场风险，其中自然风险主要包括寒潮、干旱、风灾、洪水与病虫害等，市场风险主要涵盖投入品和产出品的价格风险；另一种为多分法，主要认为农业风险除了自然风险和市场风险外，还存在其他风险，如Hardaker等将农业风险归为生产、价格、货币、制度、融资、法律与人身共七类[7]。

风险管理理论在农业中的运用已较为成熟，研究者从不同的角度对其进行了分析与总结。例如，表4-1归纳了多种可以选择的风险管理策略；表4-2总结了生产前、生产中、生产后等不同农业生产环节风险管控的政策措施；表4-3则依据风险管理技术的不同，将众多农业风险管理工具分为控制型和融资型两大类。但不同的策略有着各自适宜的应用范围和目标，并且当风险发生时，风险管理者会根据自己的风险偏好来选择适合的管理策略[8]。此外，风险管理方式和类型的采用还取决于成本、风险大小、风险之间的交互作用、获取赔偿的渠道、对于自然风险的认知以及农业生产经营者的收入和财富状况。

表4-1　农业风险管理策略

研究者	具体风险管理策略
王红等[9]	远期合同、期货合同、期权合同、政府价格补贴
Maff	“多元化经营”策略、“风险分担”策略
西爱琴等[10]	从生产经营、市场策略、财务策略和政府支持四方面进行管理
何嗣江	利用期货与期权工具将农业风险转移至体系之外
李彩珍[11]	建立农业组织机构、利用金融衍生工具、建立农业风险基金、健全法律制度、改善农业教育、推动农业产业化经营
栾敬东等[12]	从产前、产中、产后三个环节进行管理
Jaffee等	开发出了农业供应链快速风险评估模型，可针对任意一种农产品的供应链，对其不同风险类型、风险暴露与潜在损失的严重程度以及现有风险管理工具的效果进行评估，并给出相应的建议

续表

研究者	具体风险管理策略
刘学文	建立以自然风险、市场风险管理为基础，政府、市场和农户共同参与的农业风险管理体系
吴渭	产业链上的不同主体应通过风险共担机制共同应对农业风险
张峭等	风险缓释策略、风险分散策略、风险转移策略和风险应对策略

表4-2　不同管控环节的农业风险管理措施

管控环节	主要政策措施
生产前	良种补贴、农机具补贴、柴油补贴、农用薄膜补贴、节水灌溉补贴、化肥补贴、测土配方施肥计划、种质资源保护、农业投入品质量检测、农业基础设施建设、信息预计与信息服务投入、劳动力转移培训补贴等
生产中	农业保险、农业风险保障基金、灾害救济、农作物病虫害防治补助、炭疽病诊断与渔业疫病防治、全国农村统一灭鼠、保护性耕作、标准化种植与养殖补贴等
生产后	保护价收购、粮食直接补贴、订单农业、农产品期货市场、农产品质量安全监测、农产品促销项目

表4-3　农业风险管理工具的分类

基本类别	具体类别	内容
控制型风险管理措施	农业基础设施建设	农业基础设施建设是农业风险管理主体通过对农业风险规律的认识，结合农业生产特征与布局，在农业损失发生前实施的具有针对性的农业基础设施工程措施
	生产经营多样化	农业生产经营者依据不同农作物对同一种风险或灾害所具有的差异化的抵御能力和自我恢复能力的客观认识，合理地优化组合种植品种、模式、空间和时间等要素，减弱农业风险的相关性，减少和分散农业风险损失
	订单农业	订单农业是在农产品种养前，农产品供求双方通过签订合同，约定农产品质量要求和相应的价格等要素的一种新型农业
	农产品期货	农产品期货是指将农产品按期货形式进行交易，使农产品的销售价格固定在一个相对稳定的水平上，进而将农产品生产者的价格风险转嫁给期货市场投机者承担
融资型风险管理措施	储蓄	储蓄是指人们为了获取一定的利息，而把积累下来或暂时闲置的资金存到银行或其他金融机构，以备未来某种购买、生产或损失补偿所需。在经济和金融不发达地区，储蓄是普通百姓最主要的风险管理和投资手段，对于农业生产经营者更是如此

续表

基本类别	具体类别	内容
融资型风险管理措施	农业保险	依据《农业保险条例》第二条，农业保险是指保险机构根据农业保险合同，对被保险人在种植业、林业、畜牧业和渔业生产中因保险标的遭受约定的自然灾害、意外事故、疫病、疾病等保险事故所造成的财产损失，承担赔偿保险金责任的保险活动。农业保险是农业生产经营者有意地将农业风险与损失进行转移的一种财务型风险管理工具
	农产品价格保护	农产品价格保护是政府为实现稳定农业生产和农产品市场、增加农民收入等目标，在充分发挥市场机制作用的基础上，所采取的以保护价收购、差价补贴或差额补贴、生产资料补贴和缓存储备四种手段为主的一系列干预措施
	农产品风险基金	农产品风险基金专项用于稳定农产品供给和调控农产品市场价格，是政府调控和干预农产品市场的基础，一般与农产品价格保护措施搭配使用，以弥补国家因实施农产品储备调节和保护制度等所产生的亏损，是政府管理农业市场风险的传统手段与核心工具
	农业灾害救济	农业灾害救济一般是由政府通过转移支付的方式，或依靠社会力量向遭受严重自然灾害的农业生产者无偿给予一定的资金或物质，以帮助受灾农户渡过难关，恢复农业生产
	农业风险证券	农业风险证券是一种把农业风险转换成资本市场上的金融有价证券的金融创新活动

目前，国内外学术界对农业风险管理问题的研究较为丰富，主要表现在研究内容、研究方法与研究成果 3 个方面。

① 研究内容不断深入。随着农业风险分类的日益细化，农业风险决策与管理行为的研究已扩展至农业生产的各个环节。

② 研究方法日益规范。基于统计学、概率论、运筹学和计量经济学的研究已经形成了较为完善的农业风险分析与决策模型方法。

③ 研究成果应用性逐渐增强。多数研究大都与本国农业风险的具体实际问题结合紧密，提出的建议具有较强的针对性与科学性，不仅能为农业风险管理提供决策支持，还能为政府制定农业风险管理政策提供参考。

4.1.2 利益相关者理论

通常认为，利益相关者理论源起于 20 世纪 60 年代对股东中心理论的质疑与创新，然而截至目前，仍没有一个定义得到普遍认同。Mitchell[13] 曾总结了有关利益相关者的 27 种代表性概念表述，其中以 Freeman 与 Clarkson 的表述最具代表性。Freeman[14] 直观地描述了一个相当宽泛的，包括股东、债权人、雇员、供应商以及顾客等利益相关者与组织（企业）之间的关系，认为“利益相关者是能够影响一个组织目标的实现，或者受到一个组织实现其目标过程影响的人”；而 Clarkson[15] 则在进一步加强利益相关者与企业关联的同时，着重强调了专用性投资，他认为“利益相关者在企业中投入了一些实物资本、人力资本、财务资本或其他有价值的东西，并由此而承担了某些形式的风险；或者说，他们因企业活动而承受风险”。

Freeman 提出的利益相关者理论认为企业可被理解为关联的利益相关者的集合，而企业的管理者需要管理与协调各个利益相关者。利益相关者可以影响企业的利益与合法性权利，甚至“死亡”，如消费者停止购买产品、政府停止补助或给予罚款，以及环保主义者的控诉等[16]，因此企业必须满足利益相关者的需求[17]。该理论从组织的视角分析了各利益相关者的行为动机。

科学的分类有利于对不同类别的利益相关者进行管理，目前关于利益相关者分类的研究主要集中于多维细分法和评分法[18]。其中多维细分法又包括 Freeman、Frederick、Charkham、Clarkson、Wheeler 等的分类结果。具体来说，Freeman 主要从所有权、经济依赖性和社会利益三个角度对企业利益相关者进行分类；Frederick 将利益相关者分为直接型和间接型两类；Charkham 按照相关群体与企业是否存在交易合同，将利益相关者分为契约型和公众型两类；Clarkson 认为可以根据相关群体在企业经营活动中承担的风险种类，以主体是否自愿向企业提供物质资本和非物质资本投资为区分标准，将利益相关者分为自愿和非自愿两类。还可以根据相关群体与企业的紧密性，分为首要的和次要的利益相关者。Wheeler 从相关群体是否具备社会性以及其与企业的关系是否直接由真实的人来建立两个方面，将其分为主要的社会利益相关者、次要的社会利益相关者、主要的非社会利益相关者以及次要的非社会利益相关者四类。至于 Mitchell 的评分法，则主要从合法性、权利性以及紧迫性三个方面对利益相关者进行评分，并根据分值将企业的利益相关者分为确定型、预期型和潜在型三类。关于上述分类的评价，付俊文等[19]认为 Clarkson 的分类方法具有较强的实用性，可以有效区分不同的行业或同一行业内企业的不同发展阶段中的利益相关者。

利益相关者在风险管理中一般可划分为：公共部门、私营部门、非营利组织与家庭 4 个主要角色。从制度角度看，这些角色的主要区别在于他们在委托代理问题上寻求合作和结盟的激励结构差别。公共部门依靠由强制力所支持的法律和管制规则，私营部门依靠市场压力，非营利组织主要基于兴趣、地方归属感和团结，而家庭则主要受社会道德和价值观的影响[20]，具体的角色特性差异详见表 4-4。

表4-4 风险化解过程中组织和制度特性

项目	公共部门	私营部门	非营利组织	家庭
运作模式	自上而下	个人主义	以自下而上为主	自下而上
激励	法律法规、规章制度	利益和 / 或效用最大化、价格信号和质量判断	均衡的互惠、自我兴趣、志愿主义、团结	社会道德和价值观、利他行为、慈善、父母 - 子女关系
惩罚	离开项目、收回项目	费用水平、提供有限的保险	社会压力、离开组织	社会压力、固有的家庭契约

资料来源：Jutting J. Social security systems in low-income countries: Concepts, constraints and the need for cooperation [J]. International Social Security Review, 2000, 53(4): 3-24.

利益相关者理论表明，任何事物的产生和发展都是多个利益相关者相互作用的结果，他们既可以因利益一致而形成合作关系，也可以因利益冲突而形成博弈关系。同时，由于不同利益相关者在资源禀赋和行动能力等方面的差异，他们获取相关利益的结果并不相同。对利益相关者进行理性分析可以更好地理解政策实施过程中各方利益的博弈过程。

4.1.3 农业补贴政策

农业补贴是一国政府农业支持和保护政策体系中最重要、最常用的政策工具，其主要目的是保护本国的粮食安全、维护农产品价格稳定和保障农民收入[21]。

由于不同国家和组织通常根据自身意愿和利益来界定什么是农业补贴，使得这一概念既宽泛又模糊。但当前普遍接受的定义是《补贴与反补贴措施协定》所作出的表述：如出现下列情况应视为存在补贴。

在一成员（该协定中称“政府”）领土内，存在由政府或任何公共机构提供的财政资助，包括以下几种情况：

① 涉及资金的直接转移（如赠款、贷款和投股）、潜在的资金或债务的直接转移（如贷款担保）的政府做法；

② 放弃或未征收在其他情况下应征收的政府税收（如税收抵免之类的财政鼓励）；

③ 政府提供除一般基础设施外的货物或服务，以及购买货物；

④ 政府向一筹资机构付款，或委托、指示一私营机构履行以上列举的一种或多种通常应属于政府的职能，且此种做法与政府通常采用的做法并无实质差别。

除此之外，如果还存在关税及贸易总协定（GATT，1994）第 16 条所指的任何形式的收入或价格支持，则因此而产生的利益授予，都被视为存在补贴。

一般来说，农业补贴的主要内容包括农产品出口补贴和国内农业支持两类政策。但多哈发展议程提出了“削减直至取消所有形式的出口补贴”的谈判目标，并于 2005 年香港部长会议上，各方达成了“在 2013 年底前取消所有出口补贴”的共识。因此在本书中，研究内容仅限于国内支持范畴的农业补贴，而对农产品出口补贴并不涉及，如表 4-5 所列。所谓国内支持政策，是指对农业生产和贸易具有一定扭曲性作用的补贴政策，按照扭曲性程度的大小，可将政策分为“绿箱”、“蓝箱”和“黄箱”。其中，一般认为“绿箱”的扭曲性程度最小，这类政策基本不直接作用于农业生产，主要目标在于保障农业的稳定性。而“蓝箱”和“黄箱”对农业生产和贸易具有相对较大的扭曲性，主要目标在于提高农业的竞争力。

分析相关文献可知，农业补贴自 20 世纪 90 年代才逐渐成为国内研究热点。在研究内容方面，主要集中在理论研究和经验研究两大方面，前者主要包括农业补贴的理论基础[22-24]、经济效应、支持水平测算[25-26]、农业补贴制度的演变[27-28]、国内农业补贴政策存在的主要问题及建议[29-30]、农业补贴制度的国际比较与经验借鉴[31-32]等；后者主要涉及农业补贴的政策效果评价及效率测度[33-34]等。

表4-5 世界贸易组织（WTO）框架下的国内农业支持政策

政策类型	定义	具体内容
“绿箱”政策	对贸易和生产无扭曲作用或扭曲作用极小的政策，并应同时满足两项基本标准： （1）应当是通过政府公共政策提供的（包括政府税收减免），而不是来自消费者的转移；这是因为消费者转移意味着价格扭曲和贸易扭曲； （2）不能具有或产生与价格支持相同的效果，因为价格支持具有直接的贸易扭曲效果	（1）一般服务：农业研究、病虫害控制、培训、资讯推广服务、检查服务、营销和促销服务、基础设施服务、其他一般性服务； （2）粮食安全公共储备； （3）国内粮食援助； （4）不挂钩的收入支撑； （5）收入保险和收入安全网计划； （6）自然灾害救济； （7）生产者退休计划提供的结构调整援助； （8）资源停用计划提供的结构调整援助； （9）投资提供的结构调整援助； （10）环境计划； （11）地区援助计划
“蓝箱”政策	指限产计划下给予的直接支付	（1）按固定面积和产量给予的补贴，如休耕补贴； （2）按基期生产水平的85%或85%以下给予的补贴； （3）按固定牲畜头数给予的补贴等
“黄箱”政策	对贸易有重大扭曲作用的国内支持措施，包括所有受削减承诺约束的国内支持	（1）良种补贴； （2）农业机械购置补贴； （3）农资综合补贴； （4）粮食最低收购价制度

4.1.4 政策过程理论

任何一项政策都有其政策过程，“过程”可以理解为行动、事件和决策的进行，这些行动、事件和决策可能会上升成为权威决策。一般地，学者将政策过程划分为狭义和广义两类。其中，狭义的“政策过程”仅包括问题认定与政策制定，而不涵盖后续的政策执行等阶段。例如，薛澜等[35]认为政策过程始于政策问题、止于政策输出，包括政策议程设定、政策方案规划、政策采纳以及政策合法化。

广义的“政策过程”包括从问题确认到政策评估的全过程。在国外，Lasswell最早提出“政策过程”这一概念，将其理解为从议题设置到政策完结的整个周期，并分解为相互联系的情报、建议、规定、合法化、应用、终结、评价7个阶段。克鲁斯克等在《公共政策词典》中将“政策过程”界定为从最初对某个问题的看法和定义到对该问题做出反应的政策规划、执行和评估过程中所包含的一系列事件。在国内，陈玲认为政策过程是指提出政策问题、形成政策选择、做出政策决定、实施政策内容、评估和反馈政策效果并进行修正等环节的总和。具体的政策过程分析方法及其评述详见表4-6。

表4-6　政策过程分析方法及其评述

名称	内容	评述
阶段分析法	通常被称为“教科书过程”。阶段分析法认为政策过程是由一系列连续的阶段构成。如 Lasswell 的七个阶段，以及 Brewer 提出的政策过程“六阶段论”，即创议、估计、选择、执行、评估、终结	（1）主要贡献： 阶段分析法把复杂的政策过程划分为分散的阶段，为理解政策过程提供了一个概念性框架 （2）不足： ① 忽视了政策过程的复杂性与关联性，因为政策过程中的任何一个阶段都可能对其他阶段造成影响； ② 未能探究政策过程中各阶段间的因果关系，也没有阐明各阶段间的衔接，缺乏阶段间的连续性假设，对政策过程的解释不充分
渐进主义模型	鉴于以下 3 点，Lindblom 提出了渐进主义模型： （1）受限于时间、信息和成本，政府无法对所有的备选方案进行调查； （2）决策者已就政策的合法性达成共识，全新的政策可能会导致不确定性，进而可能带来难以预测的政策效果； （3）现有政策的沉没成本在一定程度上阻碍了新政策的出现，只有那些政策成本上略有改动的政策才会进入决策者的视线	（1）主要贡献： ① 政策方案设计方面，认为政策的渐进性取决于现实的渐进性，鉴于已有的价值共识，决策者更倾向于对现存政策进行修改与补充； ② 政策方案抉择方面，认为政策制定最终是各种政治力量相互协商所达成的某种和解、调停和协议，而并非用理性标准判断解决方案 （2）不足： ① 基于决策者角度构建的模型，没有充分考虑外部环境的作用，因而缺乏对制度环境的分析； ② 模型的前提是假设外部的经济、文化、社会等环境是稳定的，这使得该模型无法适应环境重大变化下的政策需求
政治系统模型	指社会中的政治互动所构成的行为系统。其重要功能是对社会价值进行权威性分配，公共政策便是这种权威性分配的基本表现形式。 模型具有环境输入、政治系统、环境输出 3 个基本要素： （1）政治系统存在于外部环境中，是开放系统。环境包括了社会的内部与外部，并通过要求或支持施加影响。 （2）政治系统依据环境的要求和支持做出决策。政策的出台是对环境输入做出的反应，是政治系统对环境进行处理后的输出结果。 （3）环境输出主要是指由政治系统做出的政策以及环境对政策的反应。同时，这种反应还会对环境产生影响进而成为新的环境输入再次进入政治系统	（1）主要贡献： 通过系统论弥补了传统政治学单纯注重制度和权力的缺陷，阐明了政治决策与环境间的互动关系。强调了除政策制定主体外其他环节对政策过程的影响 （2）不足： ① 模型无法清楚地说明政策在政治系统中的形成过程，仅能分析比较抽象的政策过程，也无法解释政治系统自身的特性。 ② 没有将政治系统从其他社会系统中剥离出来，这使得模型在环境输入的解释上会出现逻辑困难

续表

名称	内容	评述
政策网络模型	Benson 将政策网络定义为由于资源的相互依赖而结合的组织或若干组织的联合体，它们往往通过各种手段排除异己，以确保网络内部具有共同的政策偏好。Rhodes 秉承 Benson 的观点，将其定义为因资源依赖结盟，又因资源依赖关系破裂而互相区别的组织。Peterson 和 Bomberg 认为政策网络是在特定政策部门所拥有的利益或者“股份”，并有能力左右政策成功或失败的组织。Klijn 认为政策网络具有 3 个特征：①网络中的主体互相依赖；②政策网络是相关主体利用资源寻求实现各自利益和目标的动态过程；③制度在一定程度上会制约政策网络中的活动	（1）主要贡献： 模型对阶段分析法进行了扬弃，将政策过程看作多元主体间权力互动的结果，其互动的频率和权力分布是网络构成的要点。模型表明，政策不仅仅是位于核心地位的少数政策行动者意愿的体现，而是大量行动者之间互动的过程 （2）不足： 政策网络主要强调了网络结构对行动者互动的影响，并没有探讨政策网络在何种程度上影响政策过程和政策结果
制度分析和发展框架	Ostrom 将其定义为直接影响主体行为过程的结构。框架表明，对相关问题的研究不仅应该考虑自然属性，管理体系、产权、应用规则等社会因素也同等重要。其中，行动情境是该框架的核心。该框架主要可归纳为 7 组变量： （1）行动者集合； （2）行动者身份； （3）可采取行动集合； （4）可采用信息数量； （5）潜在结果； （6）行动者对决策的控制力； （7）收益和成本	（1）主要贡献： 该框架为政策制定过程研究提供了关于个人行动的更为清晰与连贯的模型 （2）不足： 具体政策问题所处的外部变量和行动情境各不相同，所以在某一行动情境内产生积极作用的规则不一定适合另一行动情境
多源流模型	金登认为政策问题被提上议程是在特定时刻汇合在一起的多种因素共同作用的结果，而并非它们中的某一种因素单独作用所致。这种共同作用也就是多源流理论所讲的问题源流、政策源流和政治源流，三者共同作用的结果是：当政策窗口打开，3 条源流交汇，最适宜的解决方案成为最终的政策，其他方案则被忽略	（1）主要贡献： 多源流模型通过问题源流、政策源流和政治源流来刻画政策过程，尤其强调三大源流交汇与互动是推动政策议程建立的核心机制，为以“阶段为中心”的政策研究做出了重要贡献。虽然模型仍处于阶段分析法的范围，但已经初步打开了前决策过程中政策问题如何被提上议程的黑箱 （2）不足： 过多地强调了偶然性事件的重要作用，对于政策窗口的判断模糊不清

续表

名称	内容	评述
倡导联盟框架	主要解释政策变迁以及不同政策联盟参与政策问题及政策解决方案时的互动关系 该框架认为，政策过程是不同政策联盟在政策子系统中的竞争。其内容主要包括： （1）社会经济环境的变迁、公共舆论的变化、系统统治联盟的改变与其他子系统的影响等外部事件； （2）由深层核心信念、政策核心信念和次要方面信念等构成的政策信念系统； （3）由制定政策的法定权威、行政职责、民意、信息与财力等构成的联盟资源； （4）为了维护信念系统和扩展资源而进行的政策学习	（1）主要贡献： 以政治理念而非利益来划分联盟的方法可以将更多难以直接观测到其利益主张的参与者纳入政策过程分析中。另外，该框架也是对多源流和利益集团政治理论的继承与发展 （2）不足： ① 难以清晰地对政治理念这一概念进行界定，使得在实际政策问题分析中难以操作； ② 框架没有清晰地界定政策联盟内部成员的关系，对不同政策联盟政治理念的变化以及外部事件如何引发政策变迁的具体过程也较为模糊
间断 - 平衡理论	Baumgartner 和 Jones 将生物学中的进化理论移植于政策学中，并提出了著名的间断 - 平衡理论。其主要观点为，对大多数政策领域而言，其在较长的时间段内是相对稳定的；只有重大危机出现时，政策才会有较大变动。因此，间断 - 平衡理论既可以解释政策渐进的线性变迁过程，也可以解释政策发生重大变化的非线性变迁过程	（1）主要贡献： 间断 - 平衡理论充分吸收了渐进主义和制度结构等模型的优点，是对 Lindblom 渐进主义模型的重大改进。使其不仅可以弥补渐进主义模型无法解释政策间断的缺陷，也可以解释社会环境发生重大改变时的政策变迁 （2）不足： ① 模型难以对政策变迁进行预测； ② 由美国特定的权力制衡制度衍生而来的模型，难以解释中国的政策过程问题

4.2 产地污染治理基本原则及相关风险分析

产地重金属污染治理是一个长期的过程，涉及的一个主要对象是农民，而“三农”问题是中国的一个特殊和基本问题。在治理污染的过程中，要遵循如下的基本原则，切实保护农民的利益，保证方案的有效实施。

4.2.1 基本原则

（1）坚持农民收益不受损

在污染产地种植结构调整中，农民一方面遭受产地污染带来的损害，另一方面也承担着落实各项技术措施的责任。因此，为保障农民利益，调动农民参与结构调整的积极性，应以收益不受损作为政策制定的底线，甚至当资金充足时可酌情增加补偿数额。

（2）坚持问题导向

围绕落实产地污染治理措施这一核心问题，聚焦现行政策的薄弱环节，以明确任务落实主体和成本收益分析为切入点，科学地识别任务主体，制定受损主体的补偿标准与补偿方式，确保调动各方参与治理工作的积极性。

（3）确保方案可持续

不断优化技术体系，探索简便易行、控制污染富集效果稳定的技术措施，实现技术的可持续。同时，依据各地实际情况优化现行补偿机制，不断完善内容与方法，确保方案的可持续性。

（4）保障政策间衔接

注重与《全国农业可持续发展规划（2015—2030 年）》、《农用地土壤环境管理办法（试行）》、《耕地草原河湖休养生息规划（2016—2030 年）》以及 WTO《农业协定》中“绿箱”“蓝箱”政策等规划与办法的协调与衔接。

（5）合理分散风险

充分发挥具有不同禀赋的主体在应对风险中的优势，通过政策机制的合理设计调动相关主体的积极性。最大程度地聚集社会资源，塑造有效的激励机制和良好的舆论氛围，形成政府 - 市场 - 社会积极应对耕地重金属污染的合力，实现风险共担与利益共享。

4.2.2　治理方案风险分析

产地污染修复技术确立之后，会根据不同的修复技术实施不同的污染治理方案。从具体方案实施来看，对每一个治理方案进行显性的和潜在的风险分析，对于提高治理效果、实现治理政策目标具有重大的现实意义。根据风险管理相关理论，风险分析分为定性和定量两个维度，其定义为系统地使用既有信息，识别出危险，并预测其对于人员、财产和环境的风险。因此，不同的污染修复方法和治理技术手段，采用不同的治理方案进行风险识别和估测，找出影响治理方案效果发挥的每一个潜在的风险影响因子，再把影响治理效果的各个风险因子进行筛选，找出治理过程中的主要风险因子。最后，评估治理举措的风险等级，进而选择最优的治理污染的技术举措，达到改善土壤环境污染的目的。图 4-1 为一般领结模型污染治理方案风险分析。

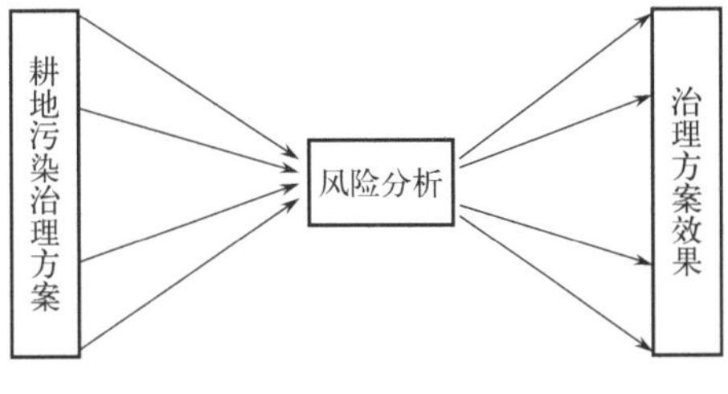

图 4-1　一般领结模型污染治理方案风险分析

4.2.3 治理环节风险管理

产地污染治理是一项复杂的系统性工程，不仅对前端降低产地土壤污染物含量的治理技术有着严格的要求，而且还要充分考虑治理方案的复杂程度和可能带来的风险因素。从具体措施来看，主要在土壤修复和农业生产链条产前、产中、产后三个环节进行风险管控，即源头控制、过程阻断和末端治理[36-37]。从治理路径来看，由末端治理建立倒逼机制来降低耕地污染风险，包括从技术举措、风险评价、风险管理三个层面来制定土壤污染治理方案。

风险管理作为研究风险发生规律和风险控制技术的一门新兴管理学科，它不仅是一种管理方法和技术手段，更与自然科学、社会科学、系统科学紧密联系。马文·拉桑德在《风险评估：理论、方法与应用》一书中将风险管理描述为：识别、分析、评价系统当中或者与某项行为相关的潜在危险的持续管理过程，寻找并引入风险控制手段，消除或者减轻这些危险对人员、环境或者其他资产的潜在伤害。作为产地污染治理方案和治理政策最重要的管控环节，风险管理对于整个治理环节和治理链条发挥着至关重要的作用。根据风险管理基本程序，通过对不同的产地污染修复举措、治理方案、治理政策进行风险识别、风险评价、风险管控进而在此基础上优化组合各种风险管理技术，提出最优的产地污染治理政策，并选取相关的评价指标对治理政策进行风险评估，可以降低治理政策在实施过程中的风险发生率，实现以最小的成本获得最大的安全收益的目标。图 4-2 为产地污染治理一般风险管理程序。

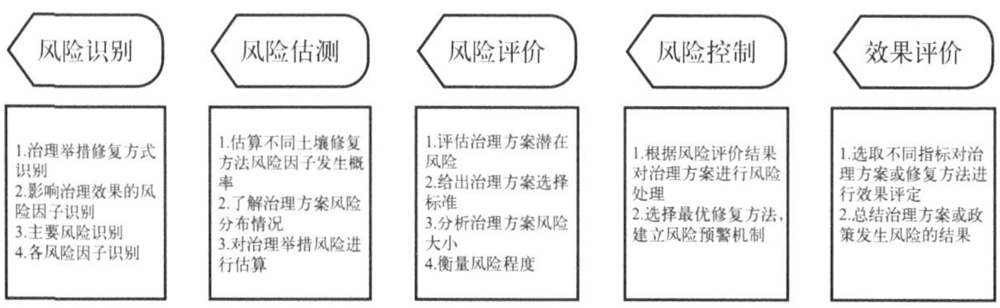

图 4-2　产地污染治理方案一般风险管理程序

通过提出产地污染治理的风险管理，关注风险治理技术、治理方案，规避在整个治理环节出现的潜在风险，建立治理技术研究 - 风险评价 - 风险管理“三位一体”的污染治理框架，从治理前、中、后三个阶段来对产地污染进行风险管控，从而实现对产地污染治理的预期目标。

因此，根据产地污染治理路径以及公共政策一般理论和风险管理理论，构建治理实施方案的一般分析框架是推进产地污染治理的基本保障和关键所在。治理方案一般风险管控分析框架如图 4-3 所示。

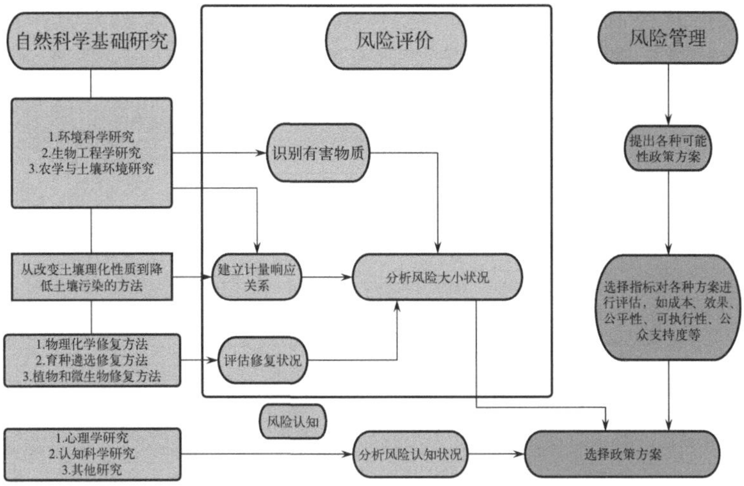

图 4-3　治理方案一般风险管控分析框架

4.2.4　治理政策效果风险评价

对产地污染治理政策进行风险评价是实现治理政策目标和治理效果的关键环节。产地污染治理政策的选择与制定作为公共政策领域的重要子系统，属于公共政策风险评价重要组成部分。因此，产地污染治理政策的制定遵循公共政策分析基本框架和一般性程序，如图 4-4 所示。

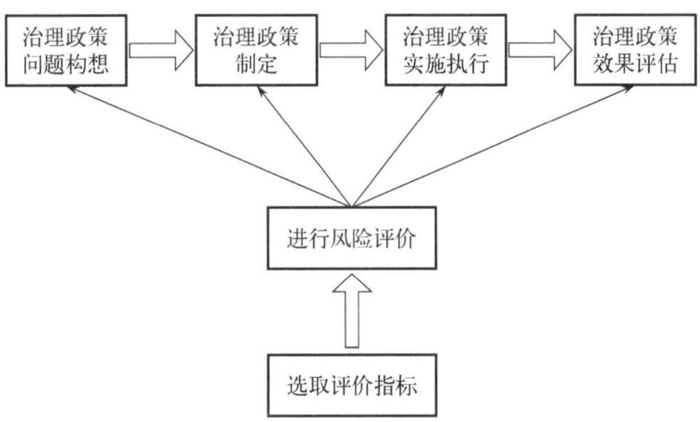

图 4-4　治理政策风险评价一般分析框架

从治理政策一般分析框架和基本流程可知，治理政策效果的优劣，能否达到预期治理目标，需要建立一套评价标准，即选择相应的评价指标对治理政策进行价值尺度的判断。由于治理政策涉及不同的主客体，利益相关者众多，外部变量因素复杂，因此选择科学合理的评价指标和标准，对于治理政策效果的发挥起到了至关重要的作用。根据公共政策分析理论一般范式，美国著名学者威廉·N. 邓恩把公共政策评价指标分为效益、效率、充足性、公平性、回应性和适应性六大类。我国学者陈庆云认为公共政策评价要坚持价值与事实有机结合，将评价指标分为投入工作量、绩效、效率、充分性、公平性、适当性、执行力、社会发展总指标 8 个方面。因此，应根据产地污染治理主客观实际条件以及具体实施情况，充分发挥治理政策对产地污染治理的先导性作用，建立治理政策风险评价指标体系，对治理方案进行风险评估，规避治理方案的潜在风险。根据公共政策的风险评价一般性原则以及产地污染治理实际情况，主要指标选取如下：

（1）成本

不同的学科、理论以及研究视角对成本的定义、内涵及演进过程都有着不同的解释。西方经济学理论的成本观主要包含成本的资本属性和成本的补偿属性两个方面。亚当·斯密在《国富论》中认为成本主要是由支付给工人的工资、原材料的垫付以及地租三部分构成；1951 年美国会计学会（AAA）将成本定义为为了实现一定的目的而付出（或可能付出）的用货币测定的价值属性；美国著名经济学家曼昆在《经济学原理》中提出了显性成本和隐性成本的概念，扩大了成本的内涵与外延；我国学者南星恒从企业和会计的视角认为成本的本质是为了得到一定的收益而需要付出的牺牲或者代价，并从主体和客体两部分对其进行了系统的阐述，认为成本的主体是指人或者组织，是代价或者牺牲的承载者，而成本的客体是指那些有形或者无形的东西如产品、服务等，同时它也是引起成本主体的耗费与牺牲的承载者。

国内外不同的学者从经济学和会计学两个维度对成本的内涵与外延给予了一般意义上的界定，但就具体实际情况而言还缺乏对成本内涵的定义。因此，在实际中还需要对成本的广度进行拓展。

（2）效果

本书对效果的界定属于公共政策分析的一般范式，主要强调政策在整个实施过程中所产生的结果，即是否达到政策预期的目标。邓恩[38]在《公共政策分析导论》中将效果定义为：为解决某一特定的公共问题所采取的特定方案能否实现有价值的行动结果，即目标的完成情况。就政策实施效果的具体领域而言，张永波[39]基于 IS-LM 模型分析了 2008 年金融危机背景下我国政府采取的适度宽松的货币政策所产生的效果，得出由于边际消费倾向和投资利率弹性是影响长期政策效应发挥的关键，因此需要不断对现有政策进行完善改革。李素利等[40]从我国社会保障政策执行效果的维度，通过访谈、样本分析，建立了适当性、公平性、回应性三个维度对社会保障政策执行效果进行实证研究，得出良好的政策效果是政策推广和进一步发展的前提条件。王玉珍[41]通过引入时间虚拟变量，运用计量经济分析方法和工具分析了我国阶段性的稀土产业政策所带来的效果，得出政府干预下的产业政策对我国产业发展是有效的，但在贸易争端上只有符合 WTO 规则和国际形势才能达到产业政策效果和实现政策目标。

通过对不同学者从不同的领域对政策效果所选取的不同衡量标准和评价方法进行分析，政策实现的途径和目标具有趋同性，都是以问题为导向，具有短期的时效性特点，单就解决某一问题而言可以很快达到政策所要实现的效果与目的，但同时也暴露出政策在出台过程中缺乏长期性、整体性和系统性的问题。

（3）公平性

在我国，公平一词最早出现在《管子・形势解》："天公平而无私，故美恶莫不覆；地公平而无私，故小大莫不载。"在西方经济学中对公平性的解释影响最为深远的是福利经济学领域的代表人物罗尔斯、帕累托和瓦里安。罗尔斯认为公平性就是一个人不能以牺牲他人的利益为代价来获得自己的利益；帕累托从经济资源配置的视角认为在没有使任何人境况变坏的前提下，使得至少一个人变得更好，实现帕累托改进。瓦里安则从分配的维度认为在分配中没有一个人羡慕他人，那么这样的分配就是公平的[42]。弗雷德里克森在《新公共行政学》一书中从社会学的角度将社会公平性阐述为政府在提供公共服务过程中要充分地考虑平等性以及公共管理者在制定决策和组织执行中的责任与义务。我国学者陈振明在《公共政策分析》一书中将公平性定义为政策执行后，导致与该政策有关的社会资源、利益及成本在社会不同群体间公平分配的程度，并认为公平标准是衡量政策好坏的一个重要尺度。陈庆云在其《公共政策分析》(第二版)中则认为：公平性是指公共政策所投入的工作量以及产生的绩效在社会不同群体间分配的程度。就具体领域而言，我国学者刘佳从对农村基础设施投资的视角对公平性的内涵以及实现途径做了系统性分析并提出公平并不意味着均等化，而是实现资源合理配置的一种方式。潘玉君等[43]认为公平性是引导和测评可持续发展的重要原则之一并对可持续发展的地域公平性进行了分析与论述，得出了次级地域、相关地域和背景地域三者的公平性与区域协调观念具有一致性的结论。张仁田等[44]基于有着公共属性的水资源在合理配置中如何协调公平与效率的问题，对水资源的公平性提出了要从代内和代际两个维度去进行思考分析，并认为水资源的公平性可以通过客观标准去度量。

综上所述，不同学者从不同视角对公平性的内涵进行了相关的界定，基于不同的领域对公平性问题展开了系统性分析，拓展了对公平性外延的定义。然而，对于在公共政策方面公平性问题如何度量以及实现的途径和方法、通过哪些变量来衡量，学者们没有给出全面而准确的阐述。

（4）可执行性

对可执行性的定义有着广义和狭义的区分。狭义而言，可执行性是指企业在现有资源和条件下确保生产作业计划的执行，广义上可拓展到农业、工业、科技、文化、日常生活等不同的领域。从公共政策分析视角，在学术界对政策可执行的重要性研究源于20世纪70年代，目前已大致形成了"自上而下"、"自下而上"和"综合模型"三种对政策可执行性的研究路径，由于政策在实际执行过程中会出现目标置换和信息不对称的问题，因此要充分分析政策可执行性的有利因素与障碍，保障政策执行效力的发挥[45]。我国学者陈庆云在《公共政策分析》（第二版）中将可执行性定义为：公共政策目标和所表现出的价值偏好以及所依据的假设是否合适。具体来说，公共政策追求的目标是不是社会期望的，公共政策的成本与利益分配是否公平公正，同时这也是政策可执行性的依据与本源。因此，要实现特定政策目标，达到政策效果，关键在于对政策可执行性的分析。具体而言，刘瑛华[46]认为公共政策可执行性在公共政策实施过程中处于十分重要的地位，它直接影响着公共政策目标的实现，并得出政策问题的广度、复杂程度、政策目标的合理性和政策执行主体、政策目标群体是影响政策可执行性的主要障碍因子。毛劲歌等[47]认为信息是公共政策执行的重要资源和前提条件，并通过对政策执行的过程分析得出信息失真是影响政策可执行性的重要因素。信息失真可能会影响政策本身及政策执行的公正性，影响政策的准备与实施，导致政策达不到预期效果。冯英等[48]通过对河北省贫困地区扶贫政策执行影响因素的分析，得出问题的可解决性、政策和制度的规制能力以及政策的外部环境三者是影响贫困政策可执行性的关键因素。

通过不同学者对政策可执行性的内涵、前提条件以及影响政策可执行性的因素的分析，大致可将影响政策可执行性的因素归为政策问题构建、政策目标实现、政策执行主体、主要利益相关者以及政策外部环境五个方面。但是，大部分学者对影响政策可执行性的因素分析都是从政策本身所要实现的政策目标考虑的，即从政治层面分析，缺乏从经济学视角进行的分析。一项政策在解决特定问题时，可以运用成本 - 收益分析方法，测算出投入与产出之间的比值是否在政策成本可控范围内。

（5）公众支持度

主要是指社会公众在对政府工作充分认识了解的基础上对政府工作的满意和支持程度。在学术界大部分学者认为公众支持度对公共政策的影响主要体现在政策构建、政策效果、政策可持续性三个环节[49]。肖亮[50]通过对湖北省三个地区实地调查，运用因子分析法得出社会保障、交通状况、住房状况、教育投入、医疗投入是影响农民对农村公共品供给支持度的主要因素，其中教育投入不足成为制约农民支持度的首要因素。

公众支持度作为影响政策执行和政策效力发挥最重要的变量之一，是衡量一项政策能否达到预期效果和实现政策目标的重要指标。在考察政府行为和政策供给时，可以通过实地调研的方式，运用相关的统计方法对公共支持度进行评定和分析，找出影响公共支持度的因子，进而促进政策效力的发挥。

（6）次生影响

主要是指一项政策在具体实施和执行过程中所产生的意想不到的效果，通常是负面效果。汤敏轩[51]从公共政策的视角将次生影响的内涵界定为一项政策举措在执行过程中存在政策失灵的现象并给社会经济发展造成了显著的负面影响。在政策实践过程中，政策效果不仅会产生即时效应，而且还会产生时滞效应，除了产生直接效果外还会出现意想不到的副作用[52]。

4.3 产地污染治理举措及组织实施机制

4.3.1　治理举措

（1）基础设施改造

基础设施改造方案的实施路径：政府通过补贴的形式，选择大户或合作社或企业等治理主体进行耕地整理和农田改造，采取“政府 + 市场”的治理方式。

对治理方案进行风险评估主要从如下几个方面进行考虑：

① 费用：主要由购买生产资料和实施劳动成本两部分组成。由于该治理举措不涉及生产资料成本，在试点区政府通过补贴的方式，负担不同治理主体对田间基础设施改造的成本即可。

② 效果：可以阻控污染物从土壤等介质向农产品传输，有效降低土壤污染物含量。

③ 可执行性：在该项治理方案中技术复杂程度和人力资源是方案可执行性的重要影响因素。

④ 落实率：治理方案在实际执行过程中的完成情况。

⑤ 公平性：在实施该治理方案过程中农户之间以及其他治理主体之间不显示公平性问题。

⑥ 公众支持度：公众对技术举措和治理方案的态度，可通过问卷调研获得。

（2）作物品种调整

作物品种调整方案的实施路径：政府通过补贴的形式，选择合作社或企业实施，采取“政府 + 市场”的治理方式。

对治理方案进行风险评估主要从如下几个方面进行考虑。

① 费用：主要由购买生产资料和实施劳动成本两部分组成。在试点区品种间种植结构调整不涉及生产资料成本，政府只负担相应的补贴成本，来保证农户的利益。

② 效果：可以有效影响土壤中污染物含量或者农产品中污染物含量。

③ 可执行性：技术复杂程度和人力资源是影响方案可执行性的关键因素。

④ 落实率：治理方案在实际执行过程中的完成情况。

⑤ 公平性：在实施该治理方案过程中农户之间以及其他治理主体之间不显示公平性问题。

⑥ 公众支持度：公众对技术举措和治理方案的态度，可通过问卷调研获得。

（3）引进第三方治理主体

引进第三方治理主体方案实施路径：引进第三方治理主体，对部分重度污染产地进行租赁流转或者休耕，采取“政府 + 市场”的治理方式。

对治理方案进行风险评估主要从如下几个方面进行考虑。

① 费用：主要由购买生产资料和实施劳动成本两部分组成。试点区的费用主要由两部分构成：政府通过引进第三方治理，负担相关治理主体的治理成本；对于重度耕地污染的土地进行流转或休耕，给予农户一定的补贴成本。

② 效果：可以有效影响土壤污染物含量或者农产品污染物含量。

③ 可执行性：技术复杂程度和人力资源是影响方案可执行性的关键因素。

④ 落实率：治理方案在实际执行过程中的完成情况。

⑤ 公平性：在实施该治理方案过程中农户之间以及其他治理主体之间不显示公平性问题。

⑥ 公众支持度：公众对技术举措和治理方案的态度，可通过问卷调研获得。

4.3.2 组织实施机制

（1）加强组织领导

成立产地污染修复治理与种植结构调整领导小组，分管副市长任组长，市农业农村局、财政局、生态环境局、水利局、粮食局等市直有关单位以及县（市、区）政府主要负责人为成员，领导小组在农业农村局下设办公室。各县（市、区）分别成立相应机构，各成员单位要明确职责，明确具体业务处室和责任单位，按照“政府主导、部门配合、统筹协调、合力推进”的原则，搞好沟通协调、整合各方力量，做好试点工作。

（2）明确部门分工

建议将产地污染治理涉及的部门分工写入五年规划，并由人民代表大会常务委员会审议通过，以增强法律地位。市政府负责产地污染治理工作的统筹协调，对所属县（市、区）进行监管、跟踪检查；县级政府负责土壤修复治理和种植结构调整的落实。市县两级政府层层签订责任状，年底进行严格的绩效考核，并提供相应的工作运行经费，确保试点任务工作落实到位。同时，依据《土壤污染防治行动计划》（简称“土十条”），试点要加强源头治理，防止“边污染，边治理”。相关部门应建立监测体系，如水利部门应加强灌溉水监测与净化，确保农田灌溉用水安全；环保部门要加强矿山污染和场地污染治理，遏制污染源头，确保产地污染修复成果不反弹。

（3）加强技术培训

以县级农业部门为主组织对试点区域农民进行技术培训，编发产地污染修复技术资料。培训对象包括基层技术人员、专业大户和一般农户，培训内容着重于污染产地修复治理技术、种植结构调整要求和改种作物相关技术。同时，做好相关政策的宣传，提高农民政策把握和耕地修复技术水平。

（4）加强监督检查

按照试点实施方案，加强检查指导，及时掌握任务落实、资金使用、工作进度、效果评价等情况。建立试点工作奖惩机制，对高度重视、项目管理规范、实施效果好的项目单位予以表彰奖励；对于重视不够、政策落实不力、任务落实效果不好的项目单位，要予以通报批评并限期整改，问题严重的，收回资金，依法依纪处理。

4.4 利益相关者视角下政策体系的完善

4.4.1 产地污染治理的利益相关者

依据 Freeman（1984）对利益相关者的定义，并结合对试点区的调研，分析识别出政策涉及的八类利益相关者，如图 4-5 所示。

① 农业主管部门，包括各级农业部门及其分支机构，是产地污染治理政策的制定与落实主体。

② 环境主管部门，其对于灌溉水质、矿山与有色金属企业等的监测和治理会影响周边耕地环境质量。

③ 粮食主管部门，负责粮食质量检测，是受污染农产品专储专收等政策的实施主体。

④ 科研单位，指为产地污染治理提供技术支撑与政策咨询的相关组织，如农业农村部环境保护科研监测所、中国农业大学、湖南省农科院等。

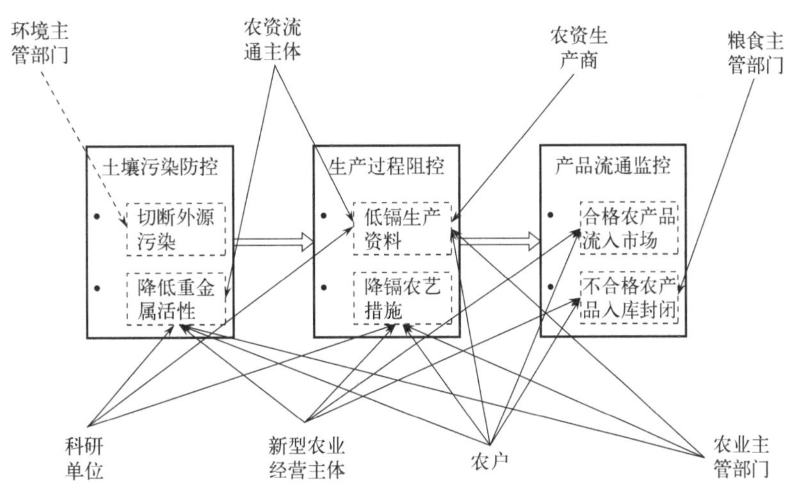

图 4-5 试点区的治理流程与利益相关者（以产地重金属镉污染为例）

⑤ 农资生产商，为试点区提供降低农产品污染风险的生产资料，试点期间其产品完全被政府采购。

⑥ 农资流通主体，既包括农技推广站等政府机构，也包括个体经营者。

⑦ 新型农业经营主体，如大户、合作社与企业，可凭借人员与设备优势，提高治理措施的落实率。

⑧ 农户，产地污染治理政策的直接影响者，是最重要的落实主体。

4.4.2 产地污染治理中相关者的利益诉求与行为特征

如表 4-7 所列，在产地污染治理试点推进中，相关者间的利益诉求与行为特征存在较大的异质性，多元化的利益主体、多样化的利益诉求、多途径的利益实现方式交织成一张错综复杂的利益网络。

表4-7　各相关者的利益诉求与行为特征

利益相关者	利益诉求	行为特征
农业主管部门	产地污染治理的牵头部门和政策制定者，政策实施效果的好坏将对政绩考核产生重要影响	有时为追求预期效果及部门利益，增加政策的实施成本
环境主管部门	对排污企业等耕地周边污染源有监测和治理职责，但不是产地污染治理的主要责任部门	依据任务的重要程度，履行监测和治理职责
粮食主管部门	履行入库粮食重金属检测职责，在增加工作量的同时获得相应薪酬	积极争取受污染农产品专储专收的试点经费
科研单位	解决产地污染治理中的科技与政策问题，提升学术影响力	为确保有成果产出，有时会降低技术的创新性与试验难度
农资生产商	通过生产降低农产品污染风险的农资，获得尽可能多的利润	利用生产信息的不对称性，获取更多利益
农资流通主体	农技推广站需要完成农业主管部门分配的任务；而个体经营者需要通过销售农资获得利润	农技推广站由于人员有限，通常借助个体经营者进行物资发放，而个体经营者则会出现两面性
新型农业经营主体	通过修复措施承包等政府采购服务的方式获得收益	积极推进耕地规模化，扩展污染治理参与的环节与深度
农户	产地污染治理不能增加其生产成本，确保耕地收益不减少	在政策和技术不确定时，极力规避种植结构调整风险

4.4.3 特征利益相关者与产地污染治理政策的互动过程

无论是西方研究者对中国政策过程的分析总结，如理性决策模型、权力斗争模型；还是我国学者提出的分析框架，如“摸着石头过河”模型、“上下来去”模型、分级制政策过程试验和共识分析框架，一般都可将政策过程划分为政策制定、政策执行和政策评估三个环节，如图 4-6 所示。

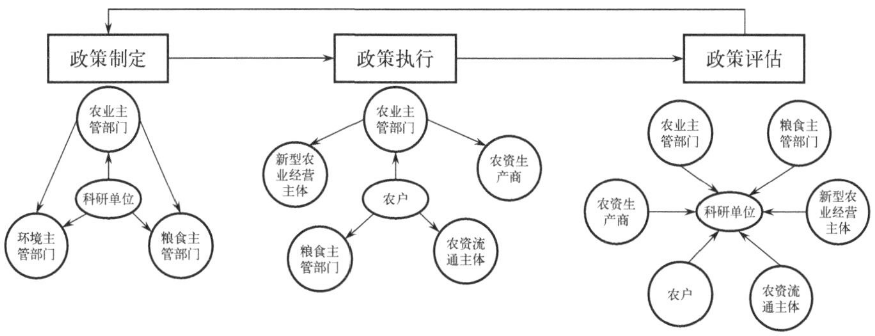

图 4-6　政策环节与利益相关者的相互关系

结合研究团队 2014 ～ 2018 年在湖南省开展的试点工作，从利益相关者对政策的影响与政策对利益相关者的影响两个维度分析耕地重金属污染治理政策。其中，利益相关者对政策的影响又可分为对政策制定的影响、对政策执行的影响以及对政策评估的影响。

4.4.3.1　利益相关者对政策的影响

（1）对政策制定的影响

调研发现，主导湖南省耕地重金属污染治理政策制定的主体为科研单位和农业主管部门。耕地重金属污染治理具有的知识专业性与技术复杂性等隐性知识特征决定了科研单位是解决方案的提供方，应由其设计具有科学和立法基础的政策方案。农业主管部门负责政策制定的具体内容，实现隐性知识的显性化。湖南试点依然为传统的柱状政策制定模式，原因在于：一方面，这与科层制的行政体系相适应；另一方面，本次试点的指导部门是农业农村部，试点责任主体为湖南省农业农村厅，部门主导避免了“九龙治水”带来的权责不清，但也强化了自上而下的政策制定模式。

根据科研单位提供的解决方案，耕地重金属污染治理需要环境与粮食主管部门的支持与配合。因此，实施方案在出台前曾向上述部门征求意见，并寻求其支持。但由于中央部委，特别是农业农村部与生态环境部对谁来主管耕地土壤重金属污染治理在当时缺乏共识，例如，对农用地土壤环境管理具有重要意义的《土壤环境质量　农用地土壤污染风险管控标准（试行）》由生态环境部制定，《农用地土壤环境管理办法（试行）》由环境保护部和农业部制定，行政资源的破碎化在一定程度上削弱了实施方案的可行性。此外，作为重要利益相关者的农户、新型农业经营主体、农资生产商与农资流通主体等并未主动向政策制定者表达意见，也缺乏对政策制定的直接参与，他们仅在政策制定的调研阶段有过被动的意见反馈。

（2）对政策执行的影响

耕地重金属污染治理政策涉及降镉农资的生产与销售、种植结构调整等经济行为，鉴于市场主体在资源配置中的效率更高，在政策执行中本应充分发挥农户、新型农业经营主体、农资生产商与农资流通主体的作用，但在实际中，政府却是政策执行的主体。以省级层面政策执行为例，省农业科学院负责耕地防治机理与关键技术模式研究，并配合科技教育处负责重金属低积累作物品种筛选与选育。土壤肥料工作站负责耕地重金属修复措施和新产品集中展示。农业资源与环境保护管理站负责耕地土壤与农产品检测以及产地 VIP+*n* 修复技术研究与示范。经作处负责替代种植区的种植结构调整。文献表明，政府由于受自身能力与部门利益的影响，难以破解政策执行的困境。

除政府部门对政策执行的直接影响外，其他利益相关者也会通过作用于农户间接地影响政策执行。具体来说，虽然试点区积极推广低积累作物品种，但由于重金属钝化剂、灌溉措施、土壤有机质含量以及 pH 值等相关要素在阻控重金属从土壤向作物与农产品中迁移的转化机理尚不明确，成熟的重金属阻控与种植结构调整技术依然缺乏。同时，部分科研人员在研发中存在保守心理，将大量科研资源分配在低镉水稻和其他作物筛选等常规研究方面，导致经济、有效的修复材料与技术没有取得突破。例如，筛选出的低镉水稻品种，如湘早籼 32、湘晚籼 13、株两优 819 等大多由于抗病、抗倒伏能力差与产量低等性状基本退出了流通市场，种植中一旦出现病虫害或恶劣天气，将损失巨大。因此农户的接受意愿普遍偏低，落实措施的积极性不高。

控镉农资的生产与流通是试点推进的关键。但控镉农资的鉴定与评价标准缺乏，农资生产商会利用生产信息的不对称性在采购中获得额外利润；加之部门垄断下出台的政策为寻租留下了空间，一些试点区仍然存在政府负责采购等现象，难免导致农资的质量不佳，间接地增加政策的执行成本。而个体经营者则在协助政府发放物资中表现出两面性：一方面，他们通常会配合发放；另一方面，政府免费发放的种子和肥料等对其经济收入产生负面影响，他们难免会采取消极态度，阻碍政策落实。例如，部分个体经营者以夸大政府发放的低镉品种可能带来的倒伏、病虫害以及产量下降等方式建议农民购买自营的品种以减少损失，加之大多数农民对于耕地重金属污染的危害缺乏足够认知，导致部分农户将免费领取的低镉种子用来喂鸡、喂鱼等。此外，受效率与成本等约束，2015 年起地方粮库将临田检测改为入库前检测，但却带来了偏远地区送粮成本提高、粮食收购商混合不同区域的粮食以提高达标率等问题，同时地方粮库缺乏专职的检测人员、试点区附近的中储粮地方库没有执行“四专一封闭”政策，这些都严重降低了试点区农户送粮的积极性，导致政策的落地效果不佳。

（3）对政策评估的影响

在 2016 年 9 月农业部与财政部委托第三方机构对试点进行政策评估之前，湖南省耕地重金属治理政策实施过程并无该环节，虽然科研单位在分析试点不足时，向政策制定者提出建议并得到采纳，如促进农业投融资机构发展、形成与耕地治理技术相配套的低镉农作物品种的遴选清单以及相应的技术标准和范式等，但无论从程序的规范性、调研地点的代表性、调研对象的广泛性，还是研究的深度，都远未达到政策评估的要求。

农业主管部门对由中国科学院地理科学与资源研究所作为独立第三方开展的湖南重金属污染耕地修复及农作物种植结构调整试点中期评估影响较大，原因在于，评估组若想深入了解试点情况、顺利开展评估工作，必须获得地方的配合与支持。农业主管部门主要通过两种途径影响政策评估：一是在座谈会上将实际工作中遇到的超出自身能力与权限的棘手矛盾暴露在评估组面前，以寻求上级部门的指导与支持；二是一些基层部门通过选择评估样本来展示优点与成绩、规避缺点与不足，虽然评估过程中采取了随机抽取样本等手段保证客观性，但依旧效果欠佳。至于其他利益相关方，虽然也会通过各种方式影响政策评估，但由于各自为战，对政策评估的影响较弱，难以实现改善政策的最终目标。

4.4.3.2　政策对利益相关者的影响

农户与经营类主体受政策的影响最为直接。虽然试点为改善农产品品质积累了宝贵的经验，但在提高相关主体积极性方面仍存在较大的改进空间，主要表现为补贴的标准与年限不明确，替代种植区的调整方案不合理。具体来说，多次调研中，经营类主体一再询问国家政策性补贴措施能否持续，政策的不明确显然会影响其行为选择。以“水改旱”为例，由于涉及一年生与多年生作物，因此，补贴政策略有差别：第一年两种作物改种补助均为 2550 元 / 亩，其中基础设施建设与生产资料购买补助 1650 元 / 亩、风险补助 900 元 / 亩；第二年，一年生作物补助 450 元 / 亩，多年生作物补助 1450 元 / 亩，1000 元 / 亩的差额为生产性补助；第三年，一年生作物不再享受补贴，多年生作物补助降为 1000 元 / 亩。该政策短期内虽能调动种植者的积极性，但考虑到改种经济作物投入大、受益时间迟、政策补贴年限不明确、产业链能否健康持续发展等原因，经营类主体担心经济损失，并不敢扩大规模与加大投入力度，甚至存在调回水稻种植的可能。

根据实施方案对替代种植区的要求，2014 年全省需完成种植结构调整的任务为 7.3 万亩，2015 年的任务为 9.2 万亩，2016 年的任务更是达到了 12.6 万亩。种植结构调整让农户拥有更多的选择权，这本应获得他们的积极响应，但在推行中却遭遇较大的阻力。原因在于种植结构调整采取自上而下的任务分解方式，而非农户依据市场行情与品种调整清单自主选择：一方面，方案制定者对基层实际缺乏深入了解，地方工作人员反映这种决策方式因信息不对称而严重脱离实际，工作很难开展；另一方面，农户对命令式的摊派反感很大，即便配合工作也主要因为政府的兜底政策，并没有内生的积极性。

调研发现，矿山降尘与污水灌溉是湖南省耕地重金属超标的主要原因，切断外源污染是保障治理成果的重要环节，因此防治政策应充分发挥环保部门的作用。然而，由于政策制定者并没有行政资源或资金调动环保部门，以致在实施方案中没有环保部门的分工；加之环保部门固有的重城市、轻乡村的政绩考核指标，使得试点没有形成部门合力。与环保部门不同，粮食部门虽然也与农业部门隶属不同系统，但在实施方案中却得到了用于购买粮食重金属监测设备与维护“四专一封闭”粮仓的资金支持，这在很大程度上调动了地方粮库的参与积极性。

随着《湖南省新型农业经营主体贷款保证保险风险补偿专项资金管理办法》（湘财农〔2016〕36号）等一系列政策的落实，新型农业经营主体数量逐年增加。调研数据显示，2016年长株潭试点区中农户、大户、合作社、企业等4类实施主体数量分别为282760个、11327个、1319个、143个，占比分别为95.67%、3.83%、0.45%、0.05%，同比2015年增长−20.81%、341.43%、171.40%、81.01%，较2014年增长−29.31%、463.25%、486.22%、186%。在政策的作用下，部分农户因种植收入占比低、年龄偏大、学习新技术能力弱等客观因素落实降镉措施的意愿不明显，因此有动力出租耕地，这是农户数量减少的主要原因。相比之下，以大户、合作社与企业为代表的新型农业经营主体具有人才与设备等方面的优势，凭借政策的东风，准备深耕农田重金属治理市场，因此数量增加较快。

4.4.4 激励补偿原则

（1）保障种粮农户收益稳定

从生产资料和最后粮食收入等方面对种粮农户进行补偿，保障农户收益的不减少。收益不受损原则是激励补偿风险管理的第一原则，这是调动农户积极性的根本。

（2）强化政府引导与监督职能

在重金属污染治理过程中，政府承担着多个角色，既是管理者也是某种程度的参与者。在实际的治理模式中，政府要积极转换自己的角色，减弱参与者的角色，发挥引导和监督角色功能，引导企业、农户积极参与重金属污染治理，委托第三方对治理的效果进行监督等。

（3）积极探索重金属污染治理的长效机制

重金属的污染治理是一个长期的过程，表现在2个方面：

① 重金属的污染区污染严重，目前的技术和方法很难短时间降低重金属含量，技术的研发是一个长期的过程。

② 重金属的污染治理需要大量的资金，需要财政投入的长期支持，因此需要拓展资金的来源渠道，保证资金的可持续性。

（4）健全农产品质量监管和产业链体系

重金属的污染治理需要整个产业链体系的配合，如种子的培育、粮食收购的检测、受污染作物秸秆的处理、受污染粮食的流向和处理的管理、受污染粮食的合理与合规使用等，需要完善整个农产品的质量监管。

参考文献

[1] 张继权，张会，冈田宪夫. 综合城市灾害风险管理：创新的途径和新世纪的挑战 [J]. 人文地理，2007(05):19-23.

[2] 何苗，程悦. 风险管理与公司治理之间的关系研究 [J]. 经济研究导刊，2014(36):15-16.
[3] 杨婷惠，张西平. 风险管理综述及前沿 [J]. 四川建筑，2015,35(03):293-294,297.
[4] 何春艳，刘伟. 风险管理研究综述 [J]. 经济师，2012(03):17-19.
[5] 王京京. 国外社会风险理论研究的进展及启示 [J]. 国外理论动态，2014(09):95-103.
[6] 程承坪，刘素春. 基于农户视角的农业风险管理策略研究 [J]. 当代经济管理，2008(11):25-30.
[7] Hardaker J B, Huirne R B M, Anderson J R. Coping with Risk in Agriculture[M]. London: CAB Int., 1997.
[8] Miller A, Wilson P. Cognitive differentiation and integration: A conceptual analysis[J]. Genetic Psychology Monographs, 1979,99(1):3-40.
[9] 王红，柯炳繁. 美国农业风险与风险管理 [J]. 农业经济问题，1999(10):61-63.
[10] 西爱琴，陆文聪. 中国农业风险决策研究：理论、模型与实证 [M]. 北京：经济科学出版社，2007.
[11] 李彩珍. 农业风险管理的制约因素及其对策 [J]. 安徽农业科学，2007(14):4343,4368.
[12] 栾敬东，程杰. 基于产业链的农业风险管理体系建设 [J]. 农业经济问题，2007(3):86-91,112.
[13] Mitchell R K, Agle B R, Wood D J. Toward a theory of stakeholder identification and salience: Defining the principle of who and what really counts[J]. Academy of Management Review, 1997,22 (4): 853-886.
[14] Freeman R E. Strategic Management: A stakeholder approach[M]. Cambridge: Cambridge University Press,1984.
[15] Clarkson M B E. A stakeholder framework for analyzing and evaluating corporate social performance[J]. Academy of Management Review, 1994,19 (4): 650-694.
[16] Charkham J. Keeping good company: A study of corporate governance in five countries[M]. Oxford: Oxford University Press,1992.
[17] 威勒，西兰琶. 利益相关者公司 [M]. 张丽华，译. 北京：经济管理出版社，2002.
[18] 王斌，李苹莉. 关于企业预算目标确定及其分解的理论分析 [J]. 会计研究，2001(8): 43-47.
[19] 付俊文，赵红. 商业银行在信用确认基础上对担保机构的风险分担机制 [J]. 系统管理学报，2006,15 (6): 565-570.
[20] 杨安华. 地方高校研究生教育的根本出路在于特色 [J]. 理工高教研究，2007,26 (2): 32-33.
[21] 马述忠，冯冠胜. 健全农业补贴制度：规则、模式与方案 [M]. 北京：人民出版社，2010.
[22] 梁世夫，姚惊波. 农业多功能性理论与我国农业补贴政策的改进 [J]. 调研世界，2008(4): 7-11,19.
[23] 穆月英. 中国农业补贴政策的理论及实证分析 [M]. 北京：中国农业出版社，2008.
[24] 马雁军，郝清民，张兆同. 中国农产品补贴的经济效应及政策调整 [J]. 农业现代化研究，2006(04): 277-280.
[25] 王亚芬，周诗星，高铁梅. 我国农业补贴政策的影响效应分析与实证检验 [J]. 吉林大学社会科学学报，2017,57(01):41-51,203.
[26] 张仲芳. 我国农业国内支持水平的测算 [J]. 财经科学，1997(03):98-102.
[27] 蒋婵 .WTO 框架下农产品出口补贴法律制度研究 [D]. 成都：四川大学，2007.

[28] 何忠伟，蒋和平．我国农业补贴政策的演变与走向 [J]．中国软科学，2003(10):8-13.

[29] 曾富生，朱启臻．改革开放以来中国农业补贴政策的历史考察与现状分析 [J]．中国石油大学学报 (社会科学版),2010,26(04):41-45.

[30] 曾富生，朱启臻．农业补贴的历史与理论探析 [J]．西北农林科技大学学报 (社会科学版),2010,10(03):18-22.

[31] 郑桂华．中国农业补贴政策的国际比较、存在问题及对策 [J]．世界农业，2005(08):4-7.

[32] 高志辉，崔计顺，郝娟娟．发达国家农业补贴政策及其启示 [J]．前沿，2005(01):92-94.

[33] 杨景元．欧盟、美国农业补贴政策改革发展历程及对我国农业补贴政策的启示 [J]．黑龙江粮食，2016(01):5-8.

[34] 江朦朦．农业补贴政策经济效应评估研究 [D]．武汉：华中师范大学，2018.

[35] 薛澜，彭志国．论合作主义视角下政策咨询机制构建与完善 [J]．科学学研究，2005(05):612-617.

[36] 华慧婷．中国财政农业直接补贴政策的经济效果分析 [J]．当代经济，2011(15):80-82.

[37] 宋文恩，陈世宝，唐杰伟．稻田生态系统中镉污染及环境风险管理 [J]．农业环境科学学报，2014,33(09):1669-1678.

[38] 邓恩．公共政策分析导论 [M]．谢明，杜子芳，伏燕，等译 . 4 版．北京：中国人民大学出版社，2011.

[39] 张永波．中国应对金融危机的货币政策效果分析——基于 IS-LM 模型 [J]．特区经济，2010(08):80-81.

[40] 李素利，张金隆，刘汕．多维多层视角下我国社会保障政策执行效果测度研究 [J]．管理评论，2015,27(03):24-38.

[41] 王玉珍．我国稀土产业政策效果实证研究 [J]．宏观经济研究，2015(02):39-49.

[42] 林振德，赵伟．公平性理论分析 [J]．当代经济，2015(08):10-12.

[43] 潘玉君，张谦舵，华红莲．试论可持续发展的地域公平性 [J]．中国人口 · 资源与环境，2007(01):41-43.

[44] 张仁田，童利忠．水资源配置中的公平性与效率的协调问题 [J]．江苏水利，2002(12):7-9.

[45] 陈丽君，傅衍．我国公共政策执行逻辑研究述评 [J]．北京行政学院学报，2016(05):37-46.

[46] 刘瑛华．影响公共政策有效执行的主要障碍性因素分析 [J]．福建行政学院福建经济管理干部学院学报，2003(03):45-48.

[47] 毛劲歌，周莹．信息失真对公共政策执行的影响及其对策分析 [J]．中国行政管理，2011(06):68-71.

[48] 冯英，杨佳玮．贫困地区扶贫政策执行影响因素研究——以河北省 L 村为例 [J]．北京科技大学学报 (社会科学版),2017,33(02):88-95.

[49] 彭勃．从行政逻辑到治理逻辑：城市社会治理的“逆行政化”改革 [J]．社会科学，2015(05):18-26.

[50] 肖亮．我国农村公共产品供给的投融资问题研究 [D]．武汉：华中农业大学，2012.

[51] 汤敏轩．公共政策失灵：政策分析的一个新领域 [J]．中国行政管理，2004(12):79-83.

[52] 王慧军．政府公共政策的时滞效应分析 [J]．黑龙江社会科学，2012(05):28-31.

第5章

特定农产品严格管控区的划分

≫ 国内外农产品质量安全保障体系

≫ 特定农产品严格管控区划分流程

≫ 特定农产品严格管控区划分必备资料

特定农产品严格管控区是指农产品产地土壤污染严重，可食用农产品超标风险大，需要管控特定（易超标）农产品种类或者品种种植的产地区域。在土壤污染严重的产地区域，划分出某些食用农产品种类或者品种污染物超标风险大的区域，通过科学合理的管控措施，保障其产出的可食用农产品达标，对于有限农产品产地资源的科学合理利用具有重要意义。特定农产品严格管控区划定区域较大，会造成农产品产地资源浪费，划定范围较小或者错误划分，会导致污染农产品流向市场，威胁食品安全，科学的划分方法对于指导生产和管理实践具有重要意义。

本章将在梳理特定农产品严格管控区划分相关法律法规及标准的基础上，详细介绍特定农产品严格管控区划分的技术流程。

5.1 国内外农产品质量安全保障体系

5.1.1 国外农产品质量安全治理体系

国外主要发达国家均建立了精简、高效的农产品质量安全治理体系。政府非常重视理顺农产品质量安全治理体系间的相互关系，由农业行政管理部门全权担当农产品质量安全治理的责任。同时还非常重视构建农产品质量安全保障体系，将该体系的建立看作是保障农产品质量安全的基础性工作。此外，为了进一步完善农产品质量安全治理体系，各国政府不惜投入大量的财力，并在政策上给予倾斜和优先扶持，不断促进农产品质量安全水平连年提升，取得较为明显的治理效果。

5.1.1.1 国外农产品质量安全治理的特点

（1）农产品质量安全治理体系完备

与我国“分段监管为主，品种监管为辅”相比，西方发达国家自 1930 年就设立了农产品质量安全管理组织体系，且随着形势的变化和发展对体系进行了多次调整，直至形成部门相互合作的高效治理体系，避免了政出多门、部门间互相推诿的现象。配合农产品质量安全监测体系、可追溯体系以及信息发布和预警体系，在农产品质量安全治理方面取得了较为显著的成效。

综合来看，该体系具备以下特点：

① 农产品质量安全治理体系健全、结构完善。在发达国家，健全的治理结构能够明确农产品供应链的主体责任，且各主体在合作时，严格遵循职责、权利和义务对

等原则，基于相应的合作规则，共同致力于本国农产品质量安全治理，极大地提升了农产品质量安全管理水平和治理效率。例如在美国，由环境保护署和农业部动植物检疫局专门负责农产品（食品）源头监管[1]。在丹麦，农产品（食品）质量安全监管组织主要包括食品部、农业部和渔业部，并纳入兽医食品局，形成“从农田到餐桌”的无缝监管链条，共同保障农产品全过程质量安全[2]。英国除了建立农产品质量安全治理机构外，还设立了专门的食品安全监管组织——食品标准局，该局是独立于政府部门之外的政府监督机构，负责对执法过程实施监督[3]。

② 建立了完善的农产品质量安全检测体系和监测系统。严格完善的检测体系是监控和保障农产品质量安全的有效手段。在美国，政府及各州都建立了农产品质量安全监测机构，主要负责检测产地及生产加工中的农产品质量安全，并协管农产品市场准入、风险评估与监测等。在欧盟，各国立足于欧盟及本国农产品质量安全标准和法律法规，建立了各具特色的农产品质量安全监测体系，严把农产品市场准入与质量安全治理关；同时，欧盟各国的第三方农产品质量安全监测机构也较健全，主要包括欧盟政府指定机构和私人志愿机构两种，上述机构在国家支持下系统监测农产品供应链的全部环节。在英国，权威的检测机构与实验室已经遍布全国，且各机构均配备了先进的设备和专门的工作人员，专门服务于农产品及食品质量安全检测。

③ 农产品质量安全可追溯系统建设成效显著。英国的农产品质量安全可追溯系统始于 2000 年，从最初的农产品信息记录，到农产品识别代码数据库，再到详细记录农产品供应链各环节全部信息，系统日趋完善，可以溯源农产品的全部移动轨迹；此外，英国还注重调动农产品行业协会等民间组织的积极性，鼓励这些组织与超市合作，帮助超市建立农产品质量安全可追溯系统，为流入超市的农产品质量安全提供保障。在美国，农产品质量安全可追溯系统的建立主要由政府引领和倡导，具体建立工作由企业或行业协会自愿自主负责；同时，美国专门成立了包括行业协会、组织和农产品质量安全专业人员在内的牲畜开发标识团队，制订翔实的可追溯计划预防外来疫病，且能够在 2d 内明确与某批次农产品有直接接触的全部企业。日本的农产品质量安全可追溯系统较为先进，在多数超市都配备了查询终端，专供消费者和供应商等随时随地对各种农产品（食品）追踪溯源；特别是 2001 年，日本政府在肉牛产业全面强制建立牛肉零售阶段到农场的可追溯体系，为每盒牛肉提供一个“身份证号”，消费者根据该号码可在互联网查询牛肉采购和生产加工的全部信息。

④ 农产品质量安全信息发布与预警体系建立进展迅速。在欧盟，农产品质量安全预警体系由欧洲食品安全局等 9 个机构或部门通力合作，共同负责农产品质量安全风险评估与预警工作。当前，农产品（食品）与饲料快速预警系统和医药信息管理系统是欧盟最著名的预警系统。另外，发达国家还将国际食品安全当局网络、全球环境检测系统等列入重要的农产品质量安全预警系统[4]。

（2）农产品质量安全技术标准健全

针对农产品质量安全，发达国家专门制定了一套兼具统一性和权威性的技术法规和系列强制性的质量安全标准。为了确保农产品（食品）质量安全，相关技术标准越来越严格、完善。归纳起来，国外农产品质量安全技术标准呈现以下特点：

① 农产品质量安全技术标准种类多且要求具体。国外农产品质量安全技术标准涉及农产品供应链各个环节，对食品添加剂、农（兽）药残留等都有具体规定，且农产品技术标准水平高，法规严格，尤其是对农产品的环境要求很高，欧盟及其各国农产品质量安全技术标准便是如此，标准对工作间温度、肉制品配方，甚至对包装与容器都做出了具体而严格的规定。在美国，为了保障农产品质量安全，除了检查农药残留量外，还要检查出口商及制造商的健康状况及卫生条件。同时，国外还对农产品质量安全标准进行了详细的分类，具体分为农产品质量安全技术法规与自愿性标准，二者互不抵触，独立运行，共同保障农产品质量安全。通常做法是，农产品质量安全强制性标准被纳入技术法规，在法律法规保障下执行或直接以法规形式强制执行。非强制性标准则被纳入自愿性标准，一般由政府委托农产品行业协会或第三方制定与管理，供农产品提供者自愿采用。二者各成体系，且后者不能与前者出现矛盾或抵触。例如，美国的农药在农业或农产品中的使用标准被列入技术法规，并由州以上政府统一制定、管理，而对部分农产品生产技术等自愿性或行业自律标准实行简政放权，通常交由农产品行业协会或其他民间组织制定完成。

② 农产品质量安全技术标准的推行以政府为主导，以法律为保障。在美国，凡是农产品质量安全标准，特别是有关安全、环境保护、动（植）物卫生、国际贸易与流通等方面的标准，均由美国（州）政府负责具体的修订工作，其发布采用以技术标准或法规为中心的推行策略，收效良好。同时，在欧美发达国家，各级农产品质量安全政府治理部门在技术标准制定方面分工明确，职责清晰，多部门协调合作。欧盟的相关标准更是以“指令”形式发布，然后由各成员国农产品质量安全治理机构承担组织实施责任。加拿大农业部及其下属机构负责推行农业标准化管理。在日本，农业及农产品标准制修订工作，主要由厚生劳动省和农林水产省及其所辖部门专门主导。此外，包括美国在内的发达国家，借助较为完善的法律法规，保障农产品质量安全标准的制修订及管理工作。

③ 农产品质量技术标准制定与农产品市场准入和质量安全有机结合。发达国家综合考虑并紧密结合农产品质量安全属性，据此制定农产品质量安全技术标准。例如，美国的农产品（食品）质量安全体系已然形成，联邦和州的相关法律为其奠定了强有力的基础，美国农产品安全体系以预防为主，防治结合，且农产品行业被授予必要的农产品质量安全控制权，各部门（或行业协会）间充分配合，高效协作。同时，国外多实现了农药、兽药的市场准入与标准修订的有机统一，形成了谁登记谁负责的管理体制。例如，美国农药登记由国家环保署负责，兽药登记由药管局负责；加拿大农业部下属的食品和药品管理局负责登记农药、兽药的使用；日本则由厚生劳动省负责登记农药、兽药，相关限量标准也由该省管辖。

此外，国外农产品质量安全技术标准国际化程度高。例如，美国和欧盟各成员国在制定农产品质量安全标准时，既结合本土实际，又充分考虑国际化需求，纷纷将其相关标准接轨国际[5-6]。

（3）农产品质量安全法律法规完善

农产品质量安全法律法规是实施农产品质量安全风险治理的有效依据，完善的法律法规是有效推行农产品质量安全治理的基石。发达国家农产品（食品）质量安全法律法规主要呈现以下特点：

① 农产品质量安全法律法规启动较早，历史悠久。国外农产品质量安全立法可以追溯到 1890 年。美国早在 1890 年即签署了首部针对出口咸猪肉与培根的肉类检验法案，1891 年又扩展至检验活牛及牛肉；1906 年 6 月 30 日，国会通过了《纯食品与药品法》以及《联邦肉类检验法》，1938 年通过了《联邦食品、药品和化妆品法》。在欧洲，1990 年 11 月通过了涵盖水果、蔬菜等植物源产品的指令 90/642/EEC，设定农药残留最大限量。日本于 1950 年 5 月 11 日通过了《农林产品标准和正确标识法》，建立了农林产品的标准化、认证与标签制度。

② 农产品质量安全法律法规体系齐全，逻辑清晰。这种系统性主要体现在国外农产品质量安全法层次清晰、类型多样等方面。在德国，主要包括食品安全的核心法律（如《畜肉卫生法》《禽肉卫生法》《鱼卫生条例》等）、食品添加剂的法律规定（如《纯净度标准》《关于限制食品添加剂许可的临时法案》《欧洲国会和议会指导性法案》等）、食品中残留物的法律规定（如《药品法》《饮水条例》《欧盟指导性政策》等）、新型食品的法律规定（如《欧洲议会法案》《欧洲委员会法案》等）、全国食品调查的法律规定（如《食品和日用品管理法》等）和日常生活用品的法律规定（如《日用品管理条例》等）。英国的法律法规系统完整，主要包括基本法和专门法两个层次。前者用来确定基本原则，例如《食品安全法（1990）》就属于基本法的范畴；后者就专门领域、具体产品做出明确规定，例如《英格兰肉制品条例（2003）》就属于专门法的范畴。

③ 农产品质量安全法律法规覆盖面广，注重防控。国外农产品质量安全法律法规覆盖了农产品供应链的诸多环节，如农产品产地环境监测法律、农业养殖业防护法律和农产品质量安全风险评估、预警和控制法律等。

国外部分农产品质量安全法律法规一览见表 5-1。

表5-1　国外部分农产品质量安全法律法规一览

类别	国家或地区	法律法规名称
农产品（种植业）产地环境保护法律法规	美国	《食品质量保护法》《联邦食品、药品和化妆品法》《联邦杀虫剂、杀菌剂和杀鼠剂法》《植物保护法》
	欧盟	以《食品白皮书计划》为核心的系列法律法规和指令
	德国	《有机标志法》《有机标志条例》《有机农业法》
	法国	《农村指导法》《消费法》《农村法》
	丹麦	《环境保护法》《农业法》

续表

类别	国家或地区	法律法规名称
农产品（种植业）产地环境保护法律法规	澳大利亚	《国家残留监控管理法》《国家残留物调查管理法》《农药兽药管理法》《最大残留限量》
	日本	《食品安全基本法》《农药管理法》《植物防疫法》《食品卫生法》
农业养殖业卫生、防疫环境法律法规	美国	《联邦肉类检验法》《禽类产品检验法》《蛋类产品检验法》
	欧盟	4个“食品卫生系列措施”
	德国	《食品卫生管理条例》《畜肉卫生法》《禽肉卫生法》《鱼卫生条例》《蛋卫生条例》《奶卫生条例》
	丹麦	《动物保护法》《屠宰法》
	日本	《家禽传染病预防法》《屠宰法》《家禽屠宰商业控制和家禽检查法》
农产品质量安全风险、评估与预警法律法规	美国	《食品质量保护法》《风险分析内部指南》
	欧盟	EC178/2002号法规
	法国	《公共健康监督与产品安全性控制》

（4）农产品质量安全认证体系日趋规范

发达国家农产品质量安全认证体系起步较早，该体系认证主要源于农产品生产者与消费者的需求、农产品贸易和市场的需求两方面。先后经历了三个发展阶段：

第一阶段是种子认证试点示范阶段（第二次世界大战以前），例如美国种植的农作物品种来自世界各地，种子由农民自留，从20世纪30年代开始，美国开始关注种子质量，相应的认证机构慢慢成立，20世纪50年代以后，种子认证由单一的国内认证转向国际认证。此后，英国、加拿大、澳大利亚和新西兰也着手建立本土化的种子认证体系。

第二阶段是产品认证快速推进阶段（第二次世界大战至20世纪90年代），这一阶段先后经历了有机食品认证探索（第二次世界大战至20世纪70年代）、质量认证（20世纪70～80年代中后期）、官方标识标志认证（20世纪80～90年代）三个时期，该阶段主要成效包括德国等推行的有机化认证、日本等国的农林水产品包装与品质认证、美国等国的认证机构建立与认证立法以及标识标志认证推行等。

第三阶段是农产品质量安全体系认证全面推行阶段（21世纪以来）。至此，农产品种植、采购和生产加工过程中的相关认证逐渐被建立，主要包括食品质量安全体系（SQF）、良好的农业规范（GAP）、危害分析与关键点控制体系（HACCP）、田间食品安全体系等。

发达国家的农产品质量安全认证体系，主要分为市场驱动型、政府主导型和双方共同推动型（也称为交叉型）三种类型，部分发达国家的农产品质量安全认证体系及类型见表 5-2。

表5-2　部分发达国家的农产品质量安全认证体系及类型

国家	认证体系内容	特点	所属类型
美国	自愿性认证（有机食品认证、安格斯牛肉认证）、强制性认证（转基因食品认证、HACCP 认证）	（1）农场认证发展较早，农业现代化程度较高； （2）认证分类突出、特色明显； （3）认证形式、种类、地域等区分度高、针对性强	市场驱动型
澳大利亚	新鲜农产品放心认证、质量保证和澳大利亚肉类认证	（1）覆盖每个生产环节； （2）标准严格	市场驱动型
日本	常规农产品认证（如日本农业标志认证等）、特殊农产品认证（如有机认证等）	（1）标准严格、尺度规范； （2）保护本国农产品质量安全，促进国际贸易发展	政府主导型
美国	环境认证、水产品认证等	（1）系统发展，共同促进； （2）针对认证的类型、标准、环境要求设计合理的规定	交叉型

5.1.1.2　国外农产品质量安全治理的启示

（1）着力构建统一的农产品质量安全治理结构体系

发达国家的治理经验表明，尽管由多个部门负责农产品质量安全治理，但必须有一个专门机构、部门或委员会对治理过程进行协调，便于形成统一的农产品质量安全治理结构体系。而我国以“分段监管为主、品种监管为辅”，是一种典型的“交叉式”或“断链式”治理模式，容易导致部门（或机构）间存在推诿或扯皮现象，恰逢农产品供应链环节多且逐步细化的情形下，很多农产品质量安全问题很难得到妥善解决。国务院在 2013 年实施了大部门改革，建立了国家食品药品监督管理的农产品质量安全治理机构，完善农产品质量安全治理体系，全权行使农产品质量安全治理与监管职能。从国家层面来看，要加强治理与监管权力向中央集中，逐步改革为由统一的部门或机构全权治理与监管农产品质量安全，可以考虑基于国务院食品安全委员会设置独立的质量安全治理机构，将该机构从国家食品药品监督管理总局独立出来，成立类似于加拿大食品安全检验署（CFIA）和日本的食品安全委员会（FSC）等机构，主要承担农产品质量安全治理原则制订、检验监测及风险评估与预警、分析与防范等工作，必要时还需负责其他部门或机构间的联络与协调工作。从地方层面来看，基层农产品质量安全管理机构或部门专门制订农产品质量安全生产计划，并对该地区农产品质量安全进行专项治理和监督检查。除此之外，下级农产品质量安全治理部门或机构必须接受上级部门或机构的定期督查，促进基层治理效率提高和治理效果提升。从长远发展趋势来看，我国在农产品质量安全治理与监管方面需要建立一个自上而下、统一的农产品质量安全治理结构体系，全权负责农产品质量安全事务。

（2）全面完善农产品质量安全法律法规体系

健全农产品质量安全治理法律法规，有助于推进农产品质量安全标准制定及认证制度实施等方面的工作，且能够全力支撑农产品质量安全治理工作，为明确农产品提供者责任提供支持。在立法模式方面，要强化综合立法，避免交叉矛盾或政出多门；在立法定位方面，要突出《中华人民共和国农产品质量安全法》的主导地位；在立法理念方面，要体现以人为本；在立法原则方面，要强调预防为主；在立法内容方面，要注重衔接、配合与弥补。从宏观层面来看：一是要进一步完善农产品质量安全基本法律法规指导框架，重视地方农产品质量安全立法及法律法规制修订工作，保障消费者在农产品质量安全方面的基本权利；二是逐渐加大农产品质量安全治理的执法与监管力度，一方面要明确违法主体的刑事（民事）责任，另一方面还应重点治乱，增加违反农产品质量安全法律法规的“犯罪成本”。具体而言，我国应立足《中华人民共和国食品安全法》和《中华人民共和国农产品质量安全法》，由国务院负责制定农产品质量安全治理方面的原则性法律法规，省市及其他基层部门负责上述法律条文和原则性意见的细化工作，且做到各个层面和各个环节的农产品质量安全治理法律法规既能相互弥补与配合，又各有重点，最终形成法理严密、多层次、立体化的农产品质量安全法律法规体系，覆盖农产品供应链全部环节，打造透明且无缝衔接的农产品质量安全治理链条。同时，我国农产品质量安全治理部门或机构应做好良好农产品操作规范的宣传工作，保证相关法律法规的促进和规制作用，引导农产品提供者自律、自控，把实现农产品提供者自觉遵守该规范作为农产品质量安全立法的最高目标。从微观层面上，根据修订的《中华人民共和国食品安全法》和《中华人民共和国农产品质量安全法》，立足农产品质量安全需要，借鉴国外经验，配套制定和出台有关农产品产地环境管理，肉禽蛋类管理，农产品质量安全风险分析、评估与预警等各领域的专门法律法规。

（3）逐步健全农产品质量安全现代治理制度

发达国家的经验表明，农产品质量安全与经济社会发展水平密切相关，其治理问题不仅仅是简单的技术问题或安全监管问题，而是一个兼具综合性与复杂性的经济社会问题，因此逐步健全农产品质量安全现代治理制度是农产品质量安全治理体制机制改革的主要方向和重要目标。农产品质量安全现代治理制度的建立健全主要包括以下内容：

一是制定严格的农产品质量安全技术标准。发达国家的经验还表明，农产品质量安全技术标准在农产品质量安全治理过程中必不可少，该技术标准宜高不宜低，且能互相配合与弥补。在农业标准体系建设方面，要做到合理规划，接轨国际，实施农产品质量安全技术标准动态管理，像发达国家一样，必要时将一些强制性技术标准以技术法律法规的形式颁布实施。在农产品标准化生产体系方面，以差异化战略为指导，加快布局特色农产品的推进工作，并实施农产品产业化经营，严格把关农产品投入行为，推进农业标准化示范区建设，打造具有核心竞争力的现代农业产业体系。

二是建立覆盖整个农产品供应链的科学治理制度。国外经验表明，构建覆盖“从农田到餐桌”的科学治理制度是保障农产品质量安全的关键。从农产品种植来看，积极开展农产品产地环境监测，确保农产品产地环境安全，有效推动农产品产地污染治理和质量等级划分，优化农产品产地布局规划。同时辅以农资（农药、种子等）打假等重点活动，确保农产品采购与供应质量安全。从生产加工过程来看，要严把原材料进入生产环节这一关键点，强化生产源头监管与治理，通过农产品生产加工主体备案制度规范来约束其生产经营活动。同时，通过农产品生产加工事前预防、事中控制与指导、事后反馈等手段，以农产品生产档案信息管理和农产品技术标准化为基础，全面规范农产品生产者行为，保障农产品生产加工环节质量安全。从农产品流通来看，根据既有的相关农产品质量安全法律法规，严格执行农产品市场准入制度，并建立详细的农产品交（收）货、运输、储存、配送等全部环节的信息，实现信息共享，据此强化农产品流通环节的治理力度，确保农产品流通质量安全。

三是建立违法代价高的农产品质量安全事件惩处制度。探索建立农产品质量安全惩罚性赔偿制度在国内学界已经基本达成共识，且国外实践也对此进行了证明和示范。从国内来看，违法成本小、代价低是农产品质量安全事件发生的一个主要原因。当前的任务主要有 2 个：

① 要根据农产品质量安全事件的影响对其进行评估与分级，具体可以分为“红黑榜”到“终身禁入”若干等级，按照轻重缓急和危害大小给予自律、警告直至刑事处罚等惩罚措施；

② 在农产品质量安全法律法规中要有明确的处罚内容和条款，做到农产品责任主体违法与执法者违法同等对待，实行严厉惩处、追查到底甚至终身禁入的农产品质量安全监管与治理的长效机制。

（4）抓紧建立农产品质量安全可追溯机制

农产品（食品）质量安全可追溯机制的建立始于欧盟的牛海绵状脑病。德国的农产品质量安全可追溯机制被誉为“检查之上的再检查”，并在可追溯方面取得了很好的成效。例如，消费者可以通过鸡蛋或猪肉等农产品包装上的追溯码迅速了解该产品的全部“运动过程”，若发生农产品质量安全事件，便能迅速溯责相应农产品责任主体。我国农产品质量安全可追溯机制建设推进较快，但仍不成熟，基于既有农产品质量安全法律法规，应做好以下三个方面的工作：

一是建立并规范农产品质量安全信息档案。从国外实践经验来看，农产品供应链上农产品“运动过程”的全部信息是实施有效可追溯的基础和现实依据。为此，构建农产品质量安全大数据信息平台，完成农产品“运动过程”的所有信息记录，并保证信息的完整性、真实性（客观性）、动态性，方便需求者从电脑、手机等终端有效查询，能够追本溯源，做到事前有预防、事中有管控、事后有反馈，据此保障农产品在“运动过程”中真正的质量安全。

二是建立以政府为主导、第三方参与的可追溯系统。农产品质量安全责任主体主要包括政府、农产品提供者（农产品供应链参与主体）和其他第三方，且追溯系统的建立需要齐心协力，通力合作。一方面，在借鉴国外经验的同时也要立足我国国情，发挥各级政府部门的主导作用，要搞好农产品质量安全可追溯相关法律法规的制定工作，为可追溯工作提供有效依据。另一方面，依托各级食品安全风险评估中心，抓紧设立由政府主导的农产品质量安全可追溯组织或机构，必要时可以组织开展农产品质量安全可追溯机构认证，指定第三方可追溯机构参与风险评估和追溯，壮大农产品质量安全治理实力，提高可追溯效率。

三是建立健全统一的农产品可追溯信息编码体系。统一的编码体系是建立农产品质量安全档案的关键。当前亟须由我国国务院食品安全委员会牵头，制订一套统一的农产品可追溯信息编码，实现农产品供应链主体信息存储与交换标准化，并进行信息共享，在互联网和零售店等农产品经营主体建立查询平台或客户端，逐渐由区域性农产品质量安全可追溯扩展到全国农产品质量安全可追溯，保障农产品全程安全。

（5）充分发挥社会力量参与农产品质量安全治理的作用

美国和英国的农产品（食品）质量安全治理实践表明，充分调动社会力量的积极性，实行社会化的细致分工，形成良好的农产品（食品）质量和安全管理的社会状况，对确保农产品质量安全具有重要的促进作用。

一是要建立机制以提高社会力量的参与度。通过建立农产品质量安全信息平台，确保公众知晓农产品质量安全法律法规的制定过程与治理过程，做到公开执法、透明治理，并适时吸纳他们的建议和意见。同时，设立灵活的举报形式与渠道，支持农产品质量安全匿名举报，对实名举报加强保护，加大对举报者的奖励力度和强度。

二是发挥媒体的舆论监督作用。在美国，媒体曝光对促进农产品质量安全治理体制、机制的创立与发展具有较强的推动作用，在曝光农产品质量安全“黑幕”方面立下了“赫赫战功”。我国一方面要引导媒体客观真实曝光农产品质量安全事件，发挥他们的正面监督作用，并对报道的客观情况进行有效治理，及时回应，重视公众对农产品质量安全事件（活案例）的知情权；另一方面，若媒体报道失真，如夸大或缩小事实，要进行规范与究责，切实发挥媒体在农产品质量安全治理方面的正向引导作用。

三是鼓励第三方组织或机构参与农产品质量安全治理。国外常见的第三方组织包括农产品（或农业）公益组织、农产品行业协会、政府指定的第三方农产品质量安全治理机构等。我国可以考虑建立一个类似于“公共利益科学中心”或“美国农产品安全联盟”的农产品质量安全公益机构，联合进行农产品质量安全风险评估，保证质量和安全。发挥农业行业协会的监督与引导职能，保证农产品行业自律，规范农产品供应链责任主体各种行为，促进农产品质量提升。倡导组建并认证一批第三方农产品质量安全治理机构，赋予他们一定范围内的行政治理权力，鼓励他们根据自身能力适时开展农产品质量安全风险评估、分析和预警工作，并负责所在辖区的农产品质量安全。

此外，国外农产品质量安全治理经验还表明，市场这只“无形的手”是促使农产品供应链责任主体自觉维护农产品质量安全的“强大武器”。鉴于此，我国应重视市场在资源配置中的决定性作用，即引入市场机制，重视市场在农产品质量安全生产中的地位，充分发挥其在农产品质量安全管理中的作用，发挥它灵活和强大的调节作用。一方面要建立就重不就轻的违法惩罚机制，必要时让违法主体“终身监禁”，永远不得涉足农产品领域；另一方面要建立就高不就低的奖励激励机制，确保农产品供应链主体因讲诚信而获得的利益（包括盈利及品牌价值等）远远高于他们因不讲诚信而获得的非法报酬，促进他们树立正确的农产品安全质量观，确保农产品质量安全。

5.1.2 我国农产品产地污染治理情况

5.1.2.1 农产品产地污染治理存在的问题

随着近几十年来社会经济发展，农产品产地污染及农产品质量安全问题日益突出，国家越来越重视农产品产地污染治理和农产品质量安全保障。通过生态环境部门、农业农村部门等的大规模监测调查，基本摸清了污染状况，在此基础上不断强化专项产地污染治理和科学管理，以保障农产品质量安全。产地污染治理和风险防控工作取得了一定的成绩，但是在实际实施的过程中，仍然存在一些问题，需要在未来予以重点关注。

以下基于湖南稻米重金属污染治理国家试点项目情况，分析产地污染治理和农产品质量安全保障实践工作存在的问题，具体如下。

（1）农民的认知不足、参与度不高

稻米重金属污染治理对于农民来说是新事物，农民对耕地污染治理的认知不足。首先，由于受传统观念的影响，农民对重金属污染的危害性认识不够。农民认为以前所吃的稻米对身体并没有产生危害，所以不认为重金属污染是一件严重的事情。对重金属污染的危害性认识不够的最主要的原因是对危害性的宣传不够。其次，市场机制对重金属污染稻米的反应不够。2014 ～ 2016 年湖南省采取“四专一封闭”的措施，对镉含量超标的稻米进行统一收购，收购价格与未超标粮食的价格相同。2017 年虽然湖南省取消“四专一封闭”的措施，但镉含量超标的稻米依旧按照未超标稻米的价格流入市场。站在农民的角度来看，其未通过粮食市场意识到镉含量超标的稻米存在问题，这给农民造成了一种镉污染的稻米是没有问题的假象。

除了对耕地污染修复治理认知不足外，农民在整个治理过程中也存在参与度不高的问题。首先，部分修复措施如水分管理，与农民习惯栽培管理方法存在矛盾。即使在水稻分蘖期灌水到田，农户也会及时排水，影响农艺措施防控污染的效果。其次，2017 年全面推行第三方治理和第三方监理的修复模式，在修复治理的模式中并未将农民纳入修复治理的主体，部分农民只通过被雇佣的方式参与到修复过程中，农民在修复治理过程中的参与度不高。

（2）政府的角色定位混乱

在重金属污染治理的过程中，政府是一个十分重要的角色，从污染治理的过程以及政府的作用来看，政府应该是污染治理的管理者、监督者、引导者。但是在试点的区域，政府的角色定位不断变化，存在着一定程度的角色定位混乱。

1）管理者角色

政府在污染治理的过程中，是一个重要的管理者，主要体现在设定重金属污染治理的目标，包括设立土壤污染治理的目标，种植作物是否达标的标准设立，以及治理效果的监督等。

2）监督者角色

政府在重金属污染的治理中，作为监督者的角色，主要体现在对污染治理措施落实的监督，这种监督包括政府对污染措施落实的直接监督，以及通过委托监理公司实行的间接监督。如何在两种方式之间选择，需要考虑监督的人员、实施效果等。

3）引导者角色

作为引导者的角色，主要体现在政府通过宣传，使农户、种植大户提高对重金属污染危害的认识，引导他们积极地参与污染治理。对第三方治理公司的引导，主要是通过经济手段实施。

2014 ～ 2016 年的试点中，政府主要承担着制定政策的管理者和引导农户实施各项技术措施的引导者角色，2017 年大规模引进第三方企业，政府角色发生了一定的变化。从 2017 年政府与第三方企业签订的合同条款中可以看出，政府主要负责“提供明确的修复治理区域范围”“为项目提供支持配合”“组织评审验收项目”责任。在第三方监理中主要承担“提出监理方法和要求”“对监理工作进行监督和管理”“负责监理公司工作的考核验收”。政府更多地是起到管理者和监督者的作用，但与前几年不同的是，2017 年政府管理和监督的对象变为第三方企业。

政府管理对象和监督对象的变化，弱化了政府在耕地修复治理中的参与度，第三方企业没有政府强有力的权力，与农户直接接触会发生农户抵触的问题，政府在中间又承担起协调者的角色，导致各项措施实施的低效率。政府与第三方企业的关系如图 5-1 所示。

（3）环境、经济目标存在冲突

重金属污染的治理，从短期来看，主要是基于环境目标考虑，但是从长期来看，污染的危害，不仅是环境，还有经济和社会的方方面面。环境和经济的目标，在长期应该是一致的，但是从当前参与治理的主体及相关的技术来看，环境和经济目标存在着一定的冲突和不一致性，这种冲突和不一致性，也在一定程度上影响了治理的有效开展。这主要表现在如下几个方面：

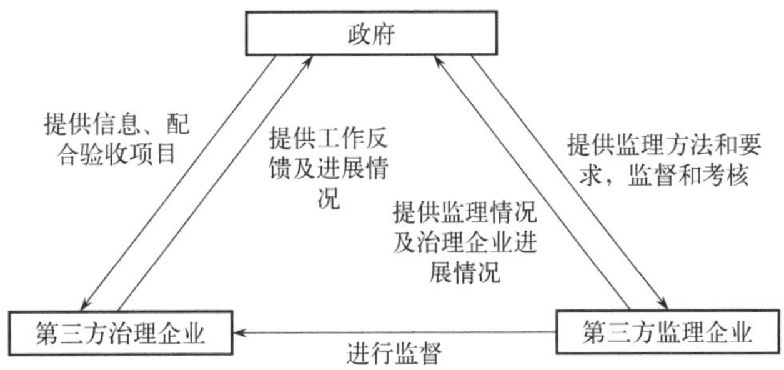

图 5-1　政府与第三方企业的关系

① 从政府来看，其关注的主要是环境目标，当然这种目标是由经济和社会影响导致的。湖南稻米的重金属污染，影响了湖南作为全国稻米基地的声誉，损害了包括湖南省在内的广大消费者的利益，对稻米的消费者产生了包括身体健康在内的多种损害，并导致了其他一系列的社会问题，从长期来看，也不利于湖南农业和经济社会的发展。因此政府下大力气，拿出巨额资金来整治重金属污染问题。

② 从散户和种植大户来看，其关注的主要是经济目标。虽然从长期来看，重金属污染会对其经济收益产生影响，但是从短期来看，由于缺乏有效的监督和检测机制，重金属污染对其经济收益产生的影响并不明显。因此，散户和种植大户仍然单纯地以经济目标作为第一目标，当然，这从经济主体追求利润最大化的目标来看是正常的。现在的关键问题是如何设定有效的监督和市场反馈机制，促使他们将经济目标和环境目标有机地结合起来。

③ 从治理的主体来看，参与治理的第三方治理企业关注的是纯粹的经济目标，和政府签订合同，根据治理效果取得收益。但是在治理的过程中，治理措施与农民的习惯不一致，或者说，在某种程度上与农民的经济目标不一致，导致农民对第三方治理的不配合，甚至抵触。

④ 从治理技术措施和手段来看，政府委托科研院所和专业的种子公司，开发对重金属低累积的新种子。虽然这种新种子可以有效地满足政府的环境经济目标，但是没有考虑其经济收益。在这种情况下，技术设施的环境目标和农户的经济目标——产量产生了一定的冲突，导致农户对于新种子的种植意愿不高，降低了治理的效果。

⑤ 从收割技术来看，传统的收割机主要是基于经济目标进行设计，即节约劳动力和时间。但是这种收割技术导致剩余秸秆的长度较短，经济利用价值低，农户缺乏将其外移的积极性，简单将其焚烧在田地中，导致已经累积在秸秆中的重金属重新污染土地。如何在收割技术上加以改进，或者在秸秆的后续加工利用上创新，是弥补此

种环境、经济目标冲突的关键所在。

⑥ 从市场来看，虽然市场是以经济目标为首要目标的，但是如果重金属污染的环境问题解决不好，将导致稻米的经济目标受损。从长期来看，将形成倒逼机制，促使农户重视环境目标，实现经济目标和环境目标的统一。

（4）治理污染的技术手段的适应性、针对性不强

由于政府和农户的目标存在冲突，政府采取的治理污染的措施与农户的经济利益存在矛盾，治理污染技术手段的适应性不强。主要体现在以下 2 个方面：

① 灌水技术与农户传统种植习惯不一致，农民不配合。为提高水稻产量，农民一般在苗期浅水灌溉，中期干湿，分蘖盛期晒田，后期淹水灌溉，收割前 10d 左右排水晒田准备收割。而优化水分管理的要求是从禾苗移栽后收割前 7d 一直淹水灌溉，水稻有减产的风险，即使第三方企业派人灌水稻田农户也会及时排水，优化水分管理的措施难以按要求全程落实到位。

② 低镉种子产量相对较低。低镉种子会降低粮食产量，农民会选择产量更高的种子来代替低镉种子种植，低镉种子的部分成本被浪费。

治理污染技术的持续性和针对性也存在一定的问题：

① 休耕的土地上施用绿肥，只能改变土壤的肥力，而不能改变土地的含镉量。

② VIP+*n* 的各项措施是通过降低土地中镉离子活性，减少农作物的吸收。农作物重金属含量达标后，若不再实施 VIP+*n* 措施，农作物仍有可能出现重金属含量超标的问题。

治理技术的效果评估同样存在问题。目前政府仅仅通过稻米的合格率或者对含镉量进行检测从而对治理技术进行评估，并未对技术的持续性进行评估。能否降低土壤中镉含量才是土地耕种可持续性能否得到保证的关键性问题。

因此，需要对各技术实行科学的综合评估，对各技术的特点和适应性进行科学的比较，提高治理措施的针对性、适应性和可推广性，从而提高治理效果，使农户真正切实有效地参与到治理中，并能够积极主动地落实治理措施。

（5）配套政策衔接性不够

重金属的污染治理是一个长期的过程，先在试点开展实验，再进行推广。但是各种治理措施在试点区域的延续性不强，使得农户对污染的认知、治理出现混乱。

在 4 年的治理过程中，政府也在不断地调整相应的治理措施以期更加适应湖南省重金属污染的现实情况，随之而来的也有一些配套政策衔接性不够的问题。

“四专一封闭”措施停止，但是没有相应的检测措施，导致污染的米的流向控制方面出现问题。粮食经纪人按照统一价格对所有粮食进行收购，并没有按照粮食的重金属含量来区别价格收购，达标粮食和未达标粮食混合起来进入市场，难以区分和控制。

试点面积发生变化，非试点污染区无治理修复措施的相关政策。与 2016 年以前大铺开的试点面积不同，2017 年湖南省政府采取聚焦政策，每个地区只选择一个县作为试点进行重点推进，而非试点污染区相关治理措施未出台，导致农民无所适从。

（6）制度环境的支撑欠缺

粮食收购配套制度不完善，问题粮食在市场流通。2014 ～ 2016 年实施“四专一封闭”政策，曾致使日益增多的超标稻米不能妥善解决，给财政和库存带来了巨大压力。2017 年取消“四专一封闭”政策，但重金属污染相应检测措施不完善，粮食收购过程中未对粮食质量进行合理检测，超标稻米进入粮食市场正常流通。

种植结构调整后，新推产品无产业链，制约新产品的可持续发展。基础设施不能支持新的种植结构，水改旱、灌溉基础设施、农用机器的更换、种植习惯的改变与种植技术的不掌握等都制约着结构调整前期工作的顺利开展。同时，现阶段部分替代作物市场的不景气，企业扩大生产规模的积极性不高，也制约着后期替代区面积的扩大。2017 年政府决定不再扩大种植结构调整区的面积。

5.1.2.2 农产品产地污染治理对策思考

结合国外农产品质量安全保障体系的经验和我国农产品产地污染治理存在的问题，依旧以湖南省稻米重金属污染治理国家试点工作情况为依托，从完善补偿机制、理顺三方治理机制、发挥市场调节机制、优化技术机制、推动农业财政资金的整合几个方面提出了我国农产品产地污染治理的对策。

（1）完善补偿机制

在耕地重金属污染的治理过程中，涉及的补偿主要有对普通农户以及种植大户的补偿。

从治理和修复的预算来看，2015 年，达标生产区修复治理、管控专产区修复治理、作物替代种植区结构调整、镉低积累水稻品种种子生产是四项支出最高的项目，占全部预算支出的 70% 左右。2016 年修复治理技术模式、作物替代种植区结构调整、VIP+*n* 修复技术模式标准化试验与示范、污染耕地检测与修复治理效果评价是其中成本最高的四项支出，占总预算支出的 80% 以上。

从中可以看出，修复治理以及替代种植的结构调整的支出占的比例较大。而从修复治理的费用来看，根据污染的程度不同，管控专产区修复治理需要的费用接近 50%。

从其补偿资金的来源来看，以中央补贴为主。2014 年，实施该方案共需资金 122937 万元，其中中央财政专项资金列支 115600 万元，省级资金负担 7337 万元。2015 年实施该方案共需资金 122800 万元，其中中央财政专项资金列支 115600 万元，省级财政负担 7200 万元。2016 年试点区域修复治理共需经费 194142.9 万元，其中当年中央财政专项安排 15 亿元，2014 年、2015 年结转结余资金 44142.9 万元。2017 年实施本方案共需 99382.14 万元，由中央财政专项资金支持。资金的可持续支持是需要关注的问题。

下一步的工作，完善补偿机制是关键。包括完善补贴的利用效率，创新补偿的模式。管控区的治理修复，以及产业结构调整的补偿，在补偿资金中占有相对较高的比重。可以考虑通过对大户企业补偿的方式，提高补偿资金的利用效率，而普通的散户，可以将土地租给大户企业，并在大户企业中工作的模式。这样既获得了土地出租的收入，又可以获取在企业工作的收入，同时实现治理污染和提高农户收入。

关于种植结构调整的补偿，可以采纳多种补偿方式，例如为后续的产业链提供优惠政策、技术支持、协助网络平台建设等，促进结构的完善和升级，提高其收益，逐步由供血向造血转换，实现持续发展。

（2）理顺三方治理机制

2017 年湖南省长株潭重金属污染试点区全面推行第三方治理模式，这是针对重金属污染治理的一种模式创新，在这种治理模式下，主要涉及政府、企业（实施企业和监督企业）、农户、专业技术团队等相关主体。第三方治理模式的运行取得了一定的成效，其优势主要体现在能够促进政府职能与角色的转变、增强企业作为治理主体的责任意识与积极性、保障修复技术举措得到全面落实（主要通过引进监理公司来实现）、可以带动当地一部分农民就业、增加相关群体收入。

但是，第三方治理也存在一定的问题：

第一，监理公司的资质和专业性有待加强。在第三方治理过程中引入监理公司，可以弥补政府监督中的人员缺乏问题，提高监理的效果。但是由于此种模式的运行刚刚开始，缺乏相对专业的监理公司，政府可以依靠能够参与第三方治理的监理公司，其前身大部分为工程监理公司，另外一些小监理公司成立时间短，专业人才相对缺乏，监理的最终实施效果有待进一步考察。

第二，治理的链条过长，层级过多，导致此种模式的治理成本偏高，政府不仅需要支付土地治理的费用，还要支付监理公司的费用。层级过多也会导致治理实施的过程中沟通和协调成本上升。

第三，对第三方治理企业的权威性难以认可，农民的参与性不高。由于中国的国情和传统，农民对政府的认可度高，对于政府的行政指令执行起来相对容易。在第三方治理模式中，治理企业对受污染土地实施治理，和农民基本无联系，且部分治理措施得不到农民的认可，导致农民不配合，甚至抵触，影响了治理效果。

重金属污染土地的治理，最直接的主体应该是农户，只有农户愿意并积极地参与到治理中，才能取得切实有效的治理成果。因此在第三方治理模式中需要从如下几个方面理顺机制：

① 政府要加强对农户的宣传力度，使其充分认识到污染会损害农户的切身利益，提高农户认知，提高农户的参与性。

② 政府和治理企业应相互配合。一方面，政府需加强宣传，并通过部分授权，提高农户对污染治理企业专业性、权威性和治理作用的认可；另一方面，治理企业需要优化自己的治理措施，同时加大宣传力度，提高农户对治理措施的认同。

③ 提高监理企业的专业性，丰富监督的手段，将过程监督和效果监督有机结合，设计激励相容的监督措施，使得农户和治理企业发挥自身积极性，有效降低监理过程中的成本。

（3）发挥市场调节机制

发挥市场调节机制，通过市场的调节提高农民的认知，真正使农民成为治理主体。可以在试点区探索取消国家最低收购价格，稻米收购采用质量定价机制。实施市场与补贴分开的政策，探索出激励补偿与约束监督相结合的机制。

全面放开稻米收购价格，政府不再实施最低收购价格。稻米价格未完全由市场决定，市场通过价格不能很好识别出稻米的不同质量。生产低镉稻米的成本相对较高而产量却相对较低，在最低收购价格存在的情况下，以经济目标为主的种植户不能自主对污染进行治理和修复。全面放开稻米收购价格，充分发挥市场倒逼机制，形成自下而上的治理方式。

加强粮食质量的监管力量，技术创新保证水稻质量的检测和定级是稻米市场价格放开的前提条件。由于缺少水稻质量检测的便携设备，粮食经纪人并未对稻米质量进行检测，按同样质量收购了质量不同的稻米。

在市场价格放开后，稻米重金属含量超标地区的农民的收益会相应降低，为保证粮食安全，政府应采取补贴激励措施。首先，生产环节上，对农户因采用控制土壤污染的技术带来的成本增加给予一定的补贴，包括降镉生产资料以及田间管理的额外成本。同时为鼓励新技术的推进给予一定的激励。其次，销售环节，采用新技术的农民如果其稻米不达标，政府按照市场平均价格或达标稻米平均价格给予收入损失补贴；没有采用新技术的农民如果其稻米不达标，其稻米只能按照市场价格进行售卖。

（4）优化技术机制

重金属污染土地的治理措施多种多样，从不同的途径来看主要有如下几种修复模式。

1）工程措施

包括客土法、换土法、深耕翻土法、固化法、稳定化法、电动力学修复法等，工程措施具有稳定、见效快的优点，但存在工程量大、投资费用高、存在二次污染隐患等缺点，不适宜大面积污染土壤的治理。

2）化学治理措施

包括淋溶、施用改良剂等方法，能够在短期内降低土壤中重金属的毒性和生物有效性，由于人为向土壤中施加化学药剂，易造成二次污染，且该方法是一种原位修复方法，重金属 Cd 仍存留在土壤中，容易再度活化危害植物，其潜在威胁并未消除。

3）农业生态修复措施

通过调节诸如土壤水分、土壤 pH 值、土壤阳离子交换量 (CEC)、$CaCO_3$ 含量和土壤氧化还原状况及气温、湿度等因素，降低 Cd 生物有效性，以减弱重金属对植物的毒害作用。这种措施只是使Cd形态发生了改变，但仍存在土壤中，容易再度活化，对作物产生危害。

4）微生物修复

微生物抗重金属机制包括生物吸附、胞外沉淀、生物转化、生物累积和外排作用。微生物一方面可以降低土壤中重金属的毒性，且可以吸附积累重金属；另一方面可以改变根际微环境，从而提高植物对重金属的吸收、挥发或固定效率。目前，大部分微生物修复技术还局限于科研和实验室水平，实例研究还不多，无法大面积推广。

5）动物修复

利用土壤中的某些低等动物如蚯蚓进行重金属 Cd 污染修复的研究仍局限在实验室阶段，且因受低等动物生长环境等因素制约，其修复效率一般，并不是一种理想的修复技术。

6）植物修复

将某种特定的植物种植在重金属污染的土壤上，对土壤中的污染元素具有特殊的吸收富集能力，将植物收获并进行妥善处理（如灰化回收）后将重金属移出土体，可达到污染治理与生态修复的目的。

1980 年 Davis 提出技术接受模型，并指出用户的感知有用性和感知易用性对使用信息技术行为的意愿有一定影响。感知有用性是个体用户在使用信息技术时预期可以提高工作业绩的程度，感知易用性是指个体用户使用信息系统的难易程度。在耕地修复治理过程中，农户对各种技术手段的接受性应该考虑农户可以感觉到新技术对于提高业绩的程度和农户感觉新技术的难易程度，即新技术能否提高稻米产量和质量给农户增加收益以及新技术的难易程度能否让农户接受是新技术的优化方向。

在感知有用性方面，政府需要让农民对新技术更加了解，同时通过市场机制的优化，让农户产生获利感知，在一定时期内可以对质量高的稻米产生能够增加收益的感知，增强农户对新技术的使用意愿。在试点区，轻度污染区域推行“修复措施服务总承包”，推广 VIP 修复技术模式；在中度污染区域推行“修复效果总承包”，推广 VIP+*n* 修复技术模式。即 VIP+*n* 的修复模式是主要的技术关键，但是这是一种组合技术，针对不同的土地类型和特征，需要选择不同的“*n*”，由于农户技术和知识的局限性，这项技术难以准确地选择和实施，若想达到理想的效果，必须针对不同的土地类型和污染程度，进行针对性的对比和选择，为农户提供清晰可靠的技术支撑。对于重金属在土壤中的提取年限做出准确的评估和判断，为农户选择实施技术提供可预知的前景。此外，从途径来看，VIP+*n* 主要属于农业生态修复措施，为了更有效地开展治理工作，同时让农户更易感觉到新技术的有用性，需要对另外的方法，如植物修复法、工程措施法等进行进一步的对比试验，多种方法组合，在保证粮食产量的前提下，更加有效地治理重金属污染。

在感知易用性方面，提高技术的可操作性和适应性，让农户感觉到新技术的容易性。在耕地修复治理的措施中，施用石灰、淹水灌溉等措施都需要大量的人力，而且施用石灰还存在危险性，在农业日趋现代化的过程中，这种需要大量劳动力参与的农业生产不具备竞争优势。2017 年施用石灰以及淹水灌溉等措施需要的人员都是经过第三方企业招聘而来，但考虑到技术的可延续性以及推广性，农户自觉成为使用技术的主体更为合理。考虑技术的感知易用性方面，新的技术需要更人性化，而非更复杂。

（5）推动农业财政资金的整合

重金属污染治理需要大量的资金，如果单纯靠政府的专项投入，对于中央政府和地方来讲都是一项沉重的负担，也难以长期持续。实际上，当前的涉农资金有很多个渠道，通过多渠道资金的融合可以将不同渠道的资金汇集到重金属污染治理上来。这样既拓宽了污染治理资金的来源渠道，降低了政府的负担，也使得资金具有一定的可持续性，保证污染治理得以长效运转下去。

当前涉及的农业财政资金主要有如下几个方面：

1）科普惠农兴村计划专项基金

科普惠农计划的主要内容是通过“以点带面、榜样示范”的方式，在全国评比、筛选、表彰并奖励一批有突出贡献的、有较强区域示范作用的、辐射性强的农村专业技术协会、科普示范基地、农村科普带头人、少数民族科普工作队等先进集体和个人，带动更多的农民提高科学文化素养、掌握生产劳动技能，加快社会主义新农村建设。

基金开支范围包括：

① 科普专用资料和设备费，包括图书资料费、专用设备费和展品展具费。

② 科普活动费，包括培训讲座费、展览费和新技术新品种推广费。

③ 其他费用，除上述各项费用开支外的，开展农村科普活动过程中所产生的支出。

2）农村技术推广经费

县乡两级农业技术推广部门的经费主要来源于 3 个方面：

① 同级政府（主要是县级）财政的固定经费；

② 少量不确定的来源于上级部门的项目经费；

③ 各种方式的自我创收。

政府农业技术推广经费主要是配置到县级以上的农业技术推广部门。

3）农村劳动力转移培训经费

国家设立的对农村劳动力转移就业开展短期非农职业技能培训和引导性培训的专项资金。在开展职业技能培训的同时，辅助开展基本权益保护、法律知识、城市生活基本常识、寻找就业岗位等引导性培训和宣传。

培训补助资金由地方财政和中央财政共同承担，以地方财政为主。中央财政根据全国农村劳动力转移培训阳光工程办公室确定的各省份示范性培训任务，平均每期每人按不低于 100 元的标准给予补助，重点用于农村劳动力输出大省、产粮大省、革命老区、贫困地区。各省份具体的补助标准由各省份根据不同的培训内容、培训时间、工种等自行确定。

培训补助资金以农民直接受益为原则，以培训券或现金等形式直接补贴给受培训农民，也可以通过降低收费标准的方式补贴给培训机构。各省份可按有关程序和要求向中央申报农村劳动力转移示范性培训任务和培训资金，中央根据各省份的申报情况，并结合各省份农村劳动力富余情况、培训工作开展情况、资金安排情况等，下达各省份农村劳动力转移示范性培训任务和培训补助资金。各省份将中央确定下达的示范性培训任务分解到各市县，并将任务分解情况报财政部和全国阳光工程办公室备案。各省份要保证完成中央下达的示范性培训任务。

4）农民专业合作组织补助资金

农业部出台了《农民专业合作组织示范项目资金管理暂行办法》，支持农业合作组织的发展，促进农民增收。

示范项目资金重点用于支持以下内容：

① 对农民专业合作组织成员和经营管理人员进行互助合作知识培训。

② 开展科学技术和市场营销知识培训，引进优良品种，推广实用技术。

③ 购置农产品加工、整理、储存、保鲜、运销和检测的仪器、设备。

④ 申报农产品质量标准认证，培育农产品品牌，制定生产技术规程，建设标准化生产基地。

⑤ 开展市场信息服务，建设营销网络，举办产品推介活动。

5）小型农田水利设施建设补助资金

该补助资金可以用于如下几个方面的支出：

① 农田水利工程设施建设：农田及牧区饲草料地灌排工程设施建设，农村河塘清淤整治，节水灌溉设备及量测水设施购置，必要的灌溉信息化管理及灌溉试验仪器设备购置，与农田水利工程设施配套的田间机耕道、生产桥及10kV以下（含10kV）农业灌排电力配套建设，地下水超采综合治理工程建设。

② 水土保持工程建设：水土保持工程措施、植物措施和保护性耕作措施。

③ 水利工程维修养护：农田水利工程和县级以下国有公益性水利工程的维修养护支出，农业水价综合改革相关支出，基层水利服务单位开展农田水利工程维修养护所必需的仪器设备购置补助。

补助资金可以采取先建后补、以奖代补以及村民自建等方式，加大对农户、村组集体、农民专业合作组织等新型农业经营主体实施项目的支持力度，也可以按规定采用政府和社会资本合作（PPP）模式开展项目建设，创新项目投入运营机制。

6）测土配方施肥补助资金

根据《2012年测土配方施肥补贴项目实施指导意见》，按照转变农业发展方式和加快推进农业科技创新的总体要求，坚持“增产、经济、环保”施肥的理念，以普及行动和示范县（场）创建为“抓手”，以服务生产、服务农民、深入推进科学施肥为中心任务，以技术“整建制”推广为重点，加快配方肥推广应用。进一步巩固和深化测土配方施肥成果，拓展技术内涵，扩大实施范围，完善指标体系，创新工作机制，增加测土密度，提高测土频率，突出供肥、施肥关键环节，大力推进技术入户、配方肥到田，着力改进施肥方式，全面提升科学施肥水平，提高肥料利用率，促进粮食增产、农业增效、农民增收和节能减排。

项目县补贴资金主要用于取土化验、田间试验、科学制定配方、应用县域测土配方施肥专家咨询系统、示范展示、施肥信息上墙、施肥技术指导服务、项目管理等经费补助，项目管理经费不能超过总项目补贴资金的4%。申请流程如图5-2所示。

7）粮食直补

为进一步促进粮食生产、保障粮食综合生产能力、调动农民种粮积极性和增加农民收入，国家财政按一定的补贴标准和粮食实际种植面积，对农户直接给予补贴。粮食主产省、自治区（指河北、内蒙古、辽宁、吉林、黑龙江、江苏、安徽、江西、山东、河南、湖北、湖南、四川，下同）原则上按种粮农户的实际种植面积补贴，如采取其他补贴方式，也要剔除不种粮因素，尽可能做到与种植面积接近。其他省、自治区、直辖市要结合当地实际选择切实可行的补贴方式。具体补贴方式由省级人民政府根据当地实际情况确定。补贴标准由地方根据补贴资金总量和确定的补贴依据综合测算确定。用于耕地地力保护的补贴资金，其补贴对象原则上为拥有耕地承包权的种地农民。

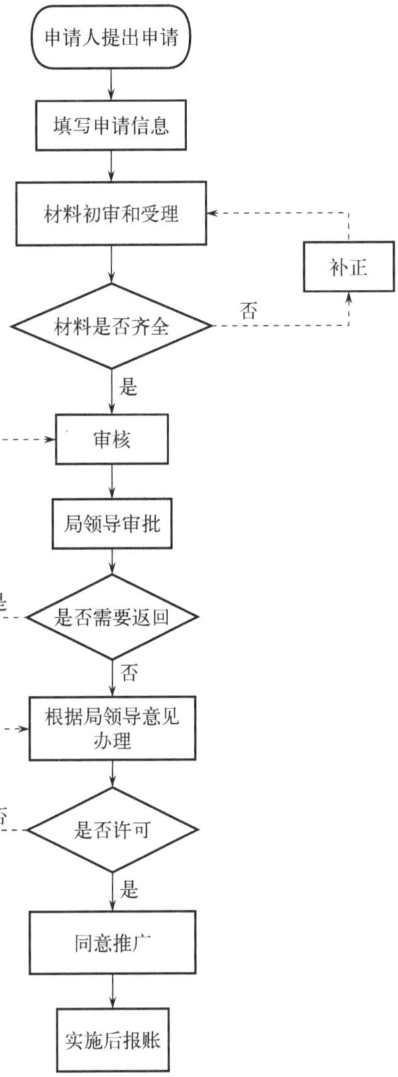

图 5-2 项目补贴申请流程

8）农资综合补贴

农资综合补贴是指政府对农民购买农业生产资料（包括化肥、柴油、种子、农机）实行的一种直接补贴制度。综合考虑影响农民种粮成本、收益等的因素，通过农资综合直补及各种补贴来保证农民种粮收益的相对稳定，保障国家粮食安全。其资金来源于粮食风险基金，通过粮食风险基金专户下拨。2015 年，自治区春小麦和冬小麦按照 93 元 / 亩标准补贴。将粮食直补、农资综合补贴和农作物良种补贴合并为农业支持保护补贴，补贴资金实行“一折通”或“一卡通”兑现到户的结算方式。

9）农机购置补贴

农业机械购置补贴资金是指中央财政和地方财政为农民和农业生产经营组织购买国家支持推广的先进适用的农业机械给予的补贴，农机购置补贴对象自愿向乡级农机管理机构或直接向县级农机管理部门提出申请，实行“自主购机、定额补贴、县级结算、直补到卡(户)”的补贴方式。

10)农作物良种补贴

良种补贴是指国家对农民选用优质农作物品种而给予的补贴。目的是支持农民积极使用优良作物种子，提高良种覆盖率。2015年，小麦、水稻、棉花按15元/亩，玉米按10元/亩标准发放。根据自治区下达的小麦种植计划，以各乡镇上年实际种植情况为参照，将种植计划分配到各乡镇，指导农民按种植面积进行种植。

11)农业综合开发资金

国家农业综合开发资金是国家为保护和支持农业持续健康、稳定发展，对农业实施宏观调控，增强农业综合生产能力，而纳入国家批准农业综合开发项目总投资计划内的各种资金。

资金来源包括中央财政投入的资金、地方财政投入的资金、农业银行专项贷款、农村集体和农民群众自筹资金、引进外资以及经过法定手续筹集的其他资金。不同地区中央财政与地方财政投入的分担比例按照有关规定执行。

农业综合开发资金主要用于扶持农业主产区，重点扶持粮食主产区。非农业主产区的省份应当确定本地区重点扶持的农业主产县(包括自治县、县级市、市辖区、旗及农场)。农业综合开发以农民为受益主体，扶持对象包括专业大户、家庭农场、农民合作组织、农村集体经济组织以及涉农企业与单位等。

① 支出范围：农田水利工程建设；土地平整、土壤改良、田间道路建设；防护林营造；牧区草场改良；优良品种、先进技术推广；种植、养殖基地建设；农业生产、农产品加工设备购置和厂房建设；农产品储运保鲜、批发市场等流通设施建设；农业社会化服务体系建设；国家农发办规定的其他内容。

② 项目管理费：项目建设所需的材料、设备购置及施工支出；项目可行性研究、初步设计与实施方案编制、环境影响评价、勘察设计、工程预决算审计等支出；工程监理费；科技推广费；项目管理费；土地治理项目工程管护费；贷款贴息；国家农发办规定的其他费用。项目管理费由县级农发机构按土地治理项目财政投入资金的一定比例提取使用，财政投入资金1500万元以下的按不高于3%提取；超过1500万元的，其超过部分按不高于1%提取。

农业综合开发项目的前期准备是指项目申报前的准备工作，包括制定开发规划、建立项目库、编制项目可行性研究报告等。土地治理项目应当符合相关规划，有明确的区域范围，水源有保证，灌排骨干工程建设条件基本具备；地块相对集中连片，治理后能有效改善生产条件或生态环境；当地政府和农民群众积极性高。

表5-3为农业补贴与相关资金情况，详细梳理了农业生产过程中涉及的成本构成、补偿方式及资金来源等关键信息。

5.1.3 特定农产品严格管控区划分与管理机制探索

在产地污染治理过程中，重度污染产地的治理与其他受污染产地的治理方式不同，由于污染比较严重，通过降低土壤中污染物有效性减少向作物迁移的方式不一定

表5-3　农业补贴与相关资金情况

补贴项目				标准	补偿方式	资金来源项目	参考文件	收益（R）	（毛）利润（P）
固定成本（FC）	基础设施投资		C1			农业综合开发资金（农田水利工程建设）、小型农田水利设施建设补助资金	《国家农业综合开发资金和项目管理办法》	$R=JQ$（其中，J 为农产品单价；Q 为农产品数量）	$P=R-TC$（TC 表示总成本）
	机械装备投资		C2	300 万元		农机购置补贴			
	农业辅助设施修建与维护费用		C3			农业综合开发资金	《国家农业综合开发资金和项目管理办法》		
	粮库建设与维护费用		C4			农业综合开发资金（粮食储运保险）	《国家农业综合开发资金和项目管理办法》		
	其他固定成本		C5						
可变成本（VC）	生产资料	（低镉）种子费	C6	150 元 /（亩·季）	“一折通”或“一卡通”兑现到户	农业支持保护补贴（良种补贴）	《财政部农业部关于全面推开农业“三项补贴”改革工作的通知》		
		肥料费	C7	140 元 / 亩	“一折通”或“一卡通”兑现到户	测土配方施肥补助资金、农资综合补贴	《2012 年测土配方施肥补贴项目实施指导意见》		
		石灰费	C8	120 元 / 亩		农业综合开发资金（土壤改良）	《国家农业综合开发资金和项目管理办法》		
		重金属钝化剂费	C9			农业综合开发资金（土壤改良）	《国家农业综合开发资金和项目管理办法》		
		微生物菌剂费	C10	26.57 元 / 亩	“一折通”或“一卡通”兑现到户	农业综合开发资金（土壤改良）	《国家农业综合开发资金和项目管理办法》		
	能源动力费		C11						
	流通费用		C12			农业综合开发资金（流通设施建设）	《国家农业综合开发资金和项目管理办法》		
	雇工费用		C13						
	其他可变成本		C14						

奏效，这时需要采用种植结构调整的措施进行治理，即改变农作物品种或者改种非食用农产品，以保障农产品质量安全和人们身体健康。《中华人民共和国农产品质量安全法》对于在重度污染产地上划定特定农产品禁止生产区专门做出了规定。

《中华人民共和国农产品质量安全法》第二十一条规定：县级以上地方人民政府农业农村主管部门应当会同同级生态环境、自然资源等部门按照保障农产品质量安全的要求，根据农产品品种特性和产地安全调查、监测、评价结果，依照土壤污染防治等法律、法规的规定提出划定特定农产品禁止生产区域的建议，报本级人民政府批准后实施。为了执法便利,《特定农产品禁止生产区划定技术导则》农业行业标准得以立项。2018 年在北京召开了农业行业标准《特定农产品禁止生产区划定技术导则》(征求意见稿)论证会，中国科学院南京土壤研究所、中国科学院地理科学与资源研究所、中国农业大学、中国环境科学院、中国农业科学院等单位专家对征求意见稿进行了论证，认为导则文本总体已比较成熟，建议向相关行业和单位进一步征求意见，按程序报批。同时，专家提出，考虑到“禁止生产区”的名称比较敏感，农民群众及地方农业农村部门较难接受，从有利于工作推动的角度出发，建议将“禁止生产区”改为“结构调整区”。根据专家意见并经农业农村部科技教育司同意，起草组对导则名称进行了修改。

2019 年 7 月，召开了《特定农产品结构调整区划定技术导则》第 1 次论证会，来自农业、环境、食品安全等领域的 7 位专家建议将导则名称进一步改为《特定农产品种植结构调整区划定技术导则(试行)》。2019 年 11 月，生态环境部与农业农村部联合印发《农用地土壤环境质量类别划分技术指南》(环办土壤〔2019〕53 号)，根据此文件，编写组对《特定农产品种植结构调整区划定技术导则(试行)》再次进行了修改完善，使其与《农用地土壤环境质量类别划分技术指南》更好衔接，同时，将“特定农产品种植结构调整区”名称改为“特定农产品严格管控区”(以下简称“严格管控区”)。2020 ～ 2021 年，结合实际工作，多次进行研讨，对标准文本进一步修改完善，形成了《特定农产品严格管控区划定技术导则》(征求意见稿)。

特定农产品严格管控区划分能否贯彻实施，主要依靠具体的管理制度和技术规范。目前，我国并没有一个系统的特定农产品严格管控区划分管理机制，通过对国内外涉及农产品产地安全和特定农产品严格管控区划分管理相关资料的收集、整理和分析，为全国特定农产品严格管控区的管理提供方向性的参考。

本书作者研究团队收集整理了全国各省、市出台的 50 余个地方性法规、规章或规范性法律文件，包括已出台涉及农产品及其产地安全管理的法律、法规、管理办法及政策措施，及拟定公布的相关文件；农产品质量安全及其产地安全管理体制及运行效果，监管部门职责及具体分工情况，运行效果及存在问题；对因污染引起农产品产地功能调整(特定农产品严格管控区划分)的体制改革建议。针对研究区域，调研当地经济构成、农业人口、农业平均收入、种植习惯、特色等社会、人文背景情况，以及已经开展的相关普查或监测等工作，如风险评估监测、产地土壤普查、农产品质量安全例行监测等。此外，系统梳理了部分国家和地区农产品产地土壤污染防治相关法律制度。对以上相关资料进行系统性分析整理，初步起草了特定农产品严格管控区的管理建议，具体内容如下。

（1）总则

第一条　管理依据

为了改善各省份农产品产地环境，保障农产品质量安全，推进农业可持续发展，依据《中华人民共和国农业法》《中华人民共和国农产品质量安全法》等法律以及《农产品产地安全管理办法》等法规规章，制定本建议。

第二条　定义

特定农产品严格管控区是指农产品产地有毒有害物质不符合产地安全标准，并导致特定农产品或农产品特定品种中有毒有害物质不符合农产品质量安全标准的农业生产区域。

依照各省份农产品的种植习惯，禁止生产食用农产品的区域可以生产非食用农产品。特定农产品严格管控区可以生产特定农产品或改为种植其他行业原料的生产基地，如种植麻类、观赏植物、芦苇或退耕还林等。

第三条　适用范围

本建议可用于各省级行政区域内特定农产品严格管控区的划分、监管、调整等相关管理工作。法律、法规另有规定的从其规定。

第四条　管理体制

县级以上人民政府对本行政区域内的农产品产地环境质量负责，决定本行政区域内特定农产品严格管控区的划定与调整工作，报省级人民政府备案。

依据划分与调整决定，县级以上人民政府、农业行政主管部门及其农业环境监测机构会同各省级农村经济委员会、农产品质量安全监管局等有关部门，具体实施特定农产品严格管控区的划分与管理工作。

第五条　宣传教育

县级以上人民政府、县级以上农业行政主管部门、省级农村经济委员会、省级农产品质量安全监管机构以及各级农产品质量安全监测机构，应当定期开展与特定农产品严格管控区管理相关的法律法规的宣传教育，向本行政区域内的农业生产者宣讲相关法律和政策。

第六条　与农业发展规划的衔接

县级以上人民政府在制定本行政区域的农业发展规划时，应当考虑各行政区域内的种植特点、农业产业结构、农业人口、平均收入以及农业文化背景等，考虑农产品产地污染情况，做好与禁止生产区划分的衔接工作，防止种植业结构调整对农业发展规划实施造成影响，避免将可能划定为特定农产品严格管控区的农业生产区域列为粮食主产区。

第七条　资金安排

县级人民政府应当将特定农产品严格管控区划分与管理工作纳入各行政区域内的经济与社会发展规划，并安排专项资金。

第八条　专家库

各省级农业行政主管部门应当建立特定农产品严格管控区划定与管理专家库，专家库应该吸纳环保、农业、法律、经济、管理等相关领域的专家。加强农业环境保护方面的科技创新，重点对农产品产地重金属污染防治、面源污染监测与调查等重大技术问题组织科研攻关，为农业环保工作提供技术支持。

专家库实行开放式动态管理，每三年调整一次，可以连聘连任，省级农业行政主管部门应当及时更新并公布专家名单。

第九条　集中种植

鼓励有条件的地区发展农业集中经营模式，注重发挥市场的主体作用。鼓励农业合作化组织和经营组织参与特定农产品严格管控区的农业生产活动。

（2）划分前的决定

第十条　监测制度

特定农产品严格管控区划分所属的县级以上人民政府以及农业行政主管部门，应当根据无公害农产品、绿色食品生产基地环境评价标准，建立农产品产地土壤长期监测与例行监测制度，全面评价本省份耕地、果园生产环境和地力质量现状，针对存在的主要产地环境和地力问题，提出切实可行的防治措施，为政府决策提供科学依据。

第十一条　监测点位布设

各省级农业主管部门应当在农产品主产区、大中城市郊区、工矿企业周边的农产品产地设置土壤环境质量监测点位，监控农产品产地安全变化动态，指导农产品产地安全管理和保护工作。监测点的设置、变更、撤销应当通过专家论证。

第十二条　县级农业行政主管部门应当对行政区域内的农产品、产地土壤污染及污染水源等面源污染进行同步监测，开展常规监测和评价，形成监测与评价报告。

县级农业环境监测机构或其他承担农产品产地监测职能的技术机构在开展监测与评价过程中，发现农产品产地不符合生产特定品种特定用途农产品所需的产地环境安全标准的，向县级农业行政主管部门提出划定特定农产品严格管控区的建议和理由。

第十三条　县级农业行政主管部门应当结合监测与评价报告，组织相关人员现场调查，及时掌握建议拟划定地区农民的种植习惯、种植模式、种植规模、现种农产品的主要用途和销路，了解产地土壤和农产品双超污染物背景资料，核实监测和检测结果等。

参与调查的人员既可以是县级农业行政主管部门的工作人员，也可以是相关专家，但提出划定特定农产品严格管控区建议的人员不能参与现场调查。

第十四条　县级农业行政主管部门应当从专家库中抽取专家，组织召开论证会，对农业环境监测机构的技术报告和建议的划定范围、县级农业行政主管部门的调查核实报告、当地的经济发展情况与农业发展规划等进行充分论证。

论证会应当对是否划定特定农产品严格管控区形成初步论证报告，其内容应包括划定严格管控区的技术依据、对农业生产目标或农业发展规划的影响、对农民经济利益的影响、对社会稳定和农业可持续发展的长远影响、是否有替代方案等。

第十五条　经初步论证形成特定农产品严格管控区划定建议后，县级以上农业行政主管部门、乡镇政府应当将建议划定地区的农户、农田、污染情况等方面的相关信息，通过政府网站、公报、新闻发布会、广播、电视、报刊，或者在严格管控区划分地区张贴公布告示等便于公众知晓的方式公开。

前款规定信息公开属于相关部门应当主动公开的事项。

县级以上农业行政主管部门、乡镇政府应当自该特定农产品严格管控区信息形成或者变更之日起20个工作日内予以公开。

第十六条　县级农业行政主管部门应当采取听证会、座谈会、走访等形式征求公众意见，并对公众意见的采纳或者不采纳作出书面说明。

第十七条　县级农业行政主管部门应当根据征求公众意见的结果，结合专家初步论证报告，提出是否划定的建议和具体划定方案，报县级人民政府和省级农业行政主管部门。

第十八条　各省级农业行政主管部门应当再次组织相关专家对划定建议及具体划定方案进行详细论证，必要时请县级农业行政主管部门相关人员和划定区农民代表参加，形成论证报告。

各省级农业行政主管部门应当就论证报告，书面征求划定区农民和其他相关职能部门的意见。

第十九条　各省级农业行政主管部门应当依据论证报告及县级农业行政主管部门递交的相关材料，综合考虑各省农业发展规划和种植业结构，决定是否划定特定农产品严格管控区，并附决策依据和下列资料，报请各省级人民政府批准。

① 产地安全监测结果和农产品检测结果；

② 产地安全监测评价报告，包括产地污染原因分析、产地与农产品污染的相关性分析、评价方法与结论等；

③ 专家论证报告；

④ 听证结果等公众意见；

⑤ 农业生产结构调整及相关处理措施的建议。

第二十条　各省级人民政府依据监测和检测结果、公众意见和书面答复理由、专家意见和理由，并结合其他有关因素，形成批准与否的意见。县级人民政府根据省级人民政府的批准意见和本行政区域农业发展情况，作出划分与否的决定并予以公布。

县级农业行政主管部门应当及时将本行政区域内特定农产品严格管控区划定结果逐级上报农业农村部备案。

严格管控区划定后，不得改变耕地、基本农田的性质，不得降低农用地征地补偿标准。

（3）听证

第二十一条　县级农业行政主管部门必须于举行听证会的10日前，在该特定农产品严格管控区划分可能影响范围内通过电视、报纸、网络、布告等公共媒体或者采用召集农民代表开会等其他公众可知悉的方式，公告听证会的时间、地点、听证事项和报名办法。

听证会应当公开举行。

第二十二条　听证会由县级农业行政主管部门组织，并由其指定听证主持人具体实施。听证主持人应当由县级农业行政主管部门的工作人员以外的人员担任。记录员由听证主持人指定。

第二十三条　参加听证会的公众应当包括拟划定特定农产品严格管控区地区的农民代表及受特定农产品严格管控区划分影响的其他主体，也可以邀请其他地区的农民代表、环保人士、相关政府部门代表、其他利益相关者如农业投入品生产企业等，公民、法人或者其他组织可以申请参加旁听。

第二十四条　听证会按下列程序进行：

① 听证会主持人宣布听证事项和听证会纪律，告知听证申请人、利害关系人的权利和义务，询问并核实听证参加人的身份，宣布听证开始。

② 县级农业行政主管部门对划定特定农产品严格管控区概况作介绍和说明。

③ 听证会公众代表对划定特定农产品严格管控区事项提出问题和意见。

④ 县级农业行政主管部门对公众代表提出的问题和意见进行解释和说明。

⑤ 听证会公众代表就该特定农产品严格管控区划分事项进行陈述和申辩，提出有关证据，对县级农业行政主管部门提出的证据进行质证；听证会公众代表与县级农业行政主管部门代表进行辩论。

⑥ 听证会公众代表作最后陈述。

⑦ 主持人宣布听证结束。

第二十五条　县级农业行政主管部门必须对听证会制作听证笔录，听证笔录应当载明下列事项：

① 听证所涉及的特定农产品严格管控区划分事项；

② 听证主持人和记录人员的姓名、职务；

③ 听证参加人的基本情况；

④ 听证时间、地点；

⑤ 检测结果、调研情况、专家初步论证报告；

⑥ 听证会公众代表对特定农产品严格管控区划分提出的问题和意见；

⑦ 县级农业行政主管部门对听证会公众代表提出问题和意见所作的解释和说明；

⑧ 听证主持人对听证活动中有关事项的处理情况；

⑨ 听证主持人认为应笔录的其他事项。

听证结束后，听证笔录应当交参加听证会的代表审核并签字。无正当理由拒绝签字的，应当记入听证笔录。

第二十六条　县级农业行政主管部门应当认真考虑公众意见，并对公众意见的采纳或者不采纳作出书面说明。

（4）特定农产品严格管控区的划定

第二十七条　县级农业行政主管部门应当根据划定决定，编制划定技术方案和工作方案。技术方案应包括建议改种的作物种类（2 ～ 5 种）、各改种作物的适应性、改种作物的种植技术指南或索引、改种作物经济效益测算等。工作方案应包括划定主体的人员组成和分工、划定时间、划定内容和范围、需要划定地区农民配合的事项等。

县级农业行政主管部门应当在划定之前 10 个工作日内把技术方案和工作方案向社会公开，并送达划定区农民。

第二十八条　县级农业行政主管部门应当与拟划定区域的农民代表或村委会协商改种的作物种类和经济补偿问题，补偿标准不得低于农用地征地补偿标准。

第二十九条　县级农业行政主管部门和农业环境机构负责实施划定，划定前和划定过程中应当邀请农民代表参加。

第三十条　县级农业行政主管部门应当在特定农产品严格管控区设置标示牌，载明特定农产品严格管控区地点、四至范围、面积、严格管控生产的农产品种类、主要污染物种类、批准单位、设立日期等内容，同时应标明改种的作物种类、区域、面积等。

任何单位和个人不得擅自移动和损毁标示牌。

（5）划定后的监管

第三十一条　县级农业行政主管部门及其农业环境保护机构负责特定农产品严格管控区划分后的监督管理工作，监督特定农产品严格管控区划分和种植结构调整执行情况，依法调查处理农业环境污染事故和毁损、移除特定农产品严格管控区标示牌行为。根据农产品产地受污染程度和污染物类型，确定监测项目和监测频率。

第三十二条　县级农业行政主管部门应当定期（如 1 月 1 次）巡视和检查，内容包括标示牌是否有损坏、改种农作物是否符合要求、是否采取适当的种植技术和产地环境保护措施等。

第三十三条　县级农业行政主管部门及其农业环境保护机构应当定期召开听证会或走访农户，了解划定区农民的意见和建议。

第三十四条　县级农业行政主管部门应当建立特定农产品严格管控区土壤风险评估和农作物风险评价制度，并根据实际情况，推广采取有利于产地恢复的措施。

（6）特定农产品严格管控区的调整

第三十五条　县级农业行政主管部门根据例行常规监测和长期监测结果，以及产地恢复情况，决定是否对特定农产品严格管控区进行调整，并及时将调整结果逐级上报农业农村部备案。

第三十六条　决定调整之前，应当征求划定区农民的意见，综合考虑当地的经济效益、种植习惯、种植方式等，可以给予种粮补贴，以提高种粮积极性。

第三十七条　特定农产品严格管控区安全状况改善并符合相关标准的，县级农业行政主管部门应当及时提出调整建议。

特定农产品严格管控区的调整过程按划定程序进行。

特定农产品严格管控区调整后，应当变更标示牌内容或者撤除标示牌。

第三十八条　特定农产品严格管控区调整后，县级农业行政主管部门应当对调整区域跟踪进行例行监测和长期监测，开展风险评估和农作物风险评价，及时掌握产地安全状况，分析产地环境变化趋势。组织特定农产品严格管控区域内的农民和农业生产经营组织，科学培育地力，增施绿肥、农家肥、土杂肥等有机肥料，合理使用化肥、微生物肥和土壤调理剂，改善产地环境，提升土壤肥力。

（7）法律责任

第三十九条　县级以上农业行政主管部门及其工作人员、环境监测机构及环境监测人员有下列行为之一的，由任免机关或者监察机关按照管理权限依照相关法律法规给予行政处分；涉嫌犯罪的，移送司法机关依法处理：

① 未按照国家相关规定对产地土壤污染进行长期监测和例行监测的；

② 拒不进行或拖延进行现场调查的；

③ 未对应主动公开的信息进行公开的；

④ 擅自篡改土壤污染信息和其他重要信息的；

⑤ 未进行公众参与的；

⑥ 未依法对农户进行经济补偿的；

⑦ 对于应当划定特定农产品严格管控区拒不划定的；

⑧ 应当调整为普通耕地拒不调整的；

⑨ 违反本办法规定的其他情形的。

第四十条　拒绝、阻挠监测人员和调查人员进行土壤取样监测、调查活动的，依照相关法律追究责任。

第四十一条　在特定农产品严格管控区擅自改种、不种，以及其他妨碍特定农产品严格管控区土壤环境恢复的，由县级以上地方人民政府农业行政主管部门责令限期改正，并处以两千元以下罚款。

第四十二条　擅自移动或损毁特定农产品严格管控区标示牌的，由县级以上地方人民政府农业行政主管部门责令限期改正，可处以一千元以下罚款。

具体来说，特定农产品严格管控区的划分与管理，主要工作在基层，要以县为单位开展。因此，应该以《中华人民共和国农产品质量安全法》和《农产品产地安全管理办法》的相关规定为依据，在此基础上细化管理机构和具体职责。原则上，应当建立以县级以上地方人民政府农业行政主管部门为主导，环保、土地、水利等职能部门分工负责、互相配合的特定农产品严格管控区管理体制。由县级以上农业行政主管部门负责该行政区域内农产品产地污染的防治工作，具体负责对农产品产地污染状况的调查、监测、预警、治理等，为特定农产品严格管控区的划分做好调查、监测等前期工作，为政府实施划分工作提供依据，并按照政府安排，具体实施划分工作。在特定农产品严格管控区划分中，要突出农业行政主管部门的主导地位，确立各级农业行政主管部门在特定农产品严格管控区划分中的主体地位。但划定的决定主体必须是县级以上人民政府。生态环境部门主要是做好外来污染源的预防与控制工作。自然资源部门主要做好农产品产地的登记、用途管制等工作。

在特定农产品严格管控区的管理制度上还需要不断地探索，积累经验，提出一套适合当地实际的特定农产品严格管控区管理制度，推动试点工作走向深入，为土壤污染防治立法，也为将来的产地土壤污染防治实施细则的制定和完善提供参考。

5.2 特定农产品严格管控区划分流程

在《中华人民共和国农产品质量安全法》和《农产品产地安全管理办法》中，仅仅是原则性地提及了特定农产品严格管控区的划分，而对划分的具体流程并没有一个系统全面的规定。根据对各国产地安全管理相关程序的梳理，严格管控区划分与管理流程大体上应当包括决策、划分、监管和调整四个阶段，并且这四个阶段要形成一个良性循环的闭合回路，如图 5-3 所示。

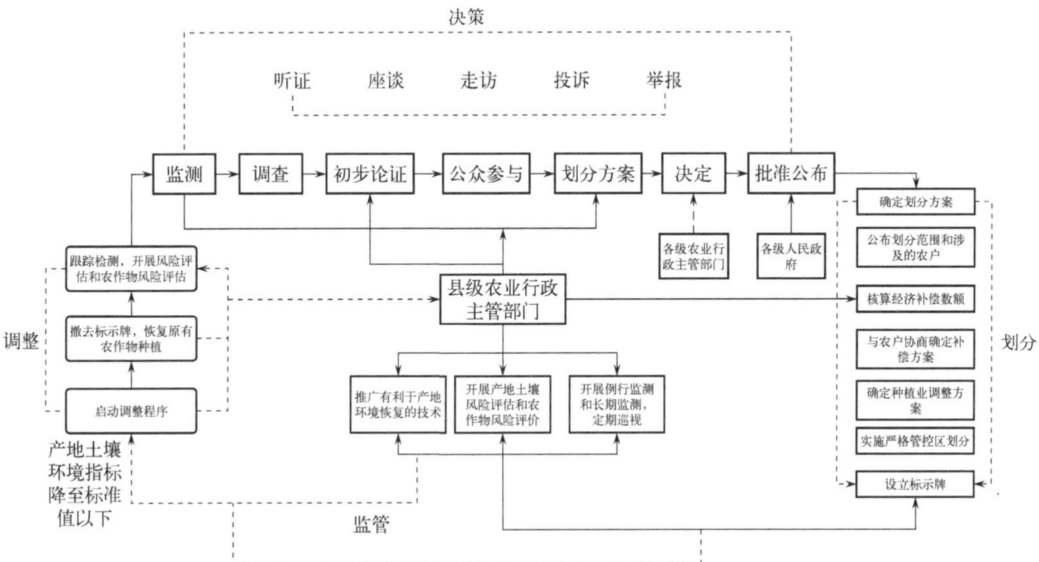

图 5-3　严格管控区划分与管理流程

5.2.1　决策

在具体程序上，决策阶段主要内容和步骤是：监测—调查—初步论证—举行听证会—二次论证—提出划分建议—确定划分方案—作出划分决定—批准公布。分别介绍如下：

（1）监测

县级以上人民政府以及农业行政主管部门，应当建立农产品产地长期监测与例行监测制度，开展农产品产地环境质量监测与评价工作。依据监测结果，在拟划分特定农产品严格管控区的区域实施加密监测，同步监测土壤和农产品样品，并完成产地协同监测安全评估。必要时，应同步采集灌溉水、农区大气等环境介质样品。

（2）调查

县级农业行政主管部门应结合监测与评价报告，在拟划分特定农产品严格管控区的区域，组织相关人员现场调查，及时掌握当地农民的种植习惯、种植模式、种植规模、农产品的主要用途和销路，了解当地产地环境和农产品双超污染物背景资料，核实监测与检测结果等。

（3）初步论证

县级农业行政主管部门应当建立专家库，并从中抽取专家，组织召开论证会，对产地环境监测和评价结果、建议的划分范围、县级农业行政主管部门的调查核实报告、当地的经济发展情况与农业发展规划等进行充分论证。论证会应当对是否划分严格管控区形成初步论证报告，其内容应包括划分严格管控区的技术依据、对农业生产目标或农业发展规划的影响、对农民经济利益的影响、对社会稳定和农业可持续发展的长远影响、是否有替代方案等。

（4）举行听证会

经初步论证形成严格管控区划分建议后，县级以上农业行政主管部门、乡镇政府应当将建议划分地区的农户、农田、污染情况等方面的相关信息公开，采取听证会、座谈会、走访等形式征求公众意见，并对公众意见的采纳或者不采纳作出书面说明。

（5）二次论证、提出划分建议、确定划分方案

县级农业行政主管部门应当根据征求公众意见的结果，结合专家初步论证报告，提出是否划分的建议，给出具体划分方案，报县级人民政府和省级农村工作委员会。

（6）作出划分决定

省级农村工作委员会依据监测和评估结果、公众意见和书面答复理由、专家意见和理由，并结合其他有关因素，作出是否划分特定农产品严格管控区的决定。

（7）批准公布

省级人民政府依据监测与检测结果、公众意见和书面答复理由、专家意见和理由，并结合其他有关因素，最终作出批准与否的决定并予以公布。

5.2.2 划分

划分阶段主要内容和步骤包括：编制划分方案—公布划分范围和涉及的农户—核算经济补偿数额—与农户协商确定补偿方案—确定种植业调整方案—实施特定农产品严格管控区划分—设立标示牌。

划分阶段主要内容及步骤具体介绍如下：

（1）编制划分方案

县级农业行政主管部门应当根据划分决定，编制划分技术方案和工作方案。技术

方案应包括建议改种的作物种类、各改种作物的适应性、改种作物的种植技术指南或索引、改种作物经济效益测算等。工作方案应包括划分主体的人员组成和分工、划分时间、划分内容和范围、需要划分地区农民配合的事项等。

（2）公布划分范围和涉及的农户

县级农业行政主管部门应当在省政府批准公布之后将技术方案和工作方案向社会公开，公布特定农产品严格管控区实施范围、限制作物和涉及的农户，并送达划分区农民。

（3）核算经济补偿数额

县级人民政府农业行政主管部门及相关职能部门应当依据相关法律法规和技术规范，核算经济补偿数额，形成《特定农产品严格管控区激励补偿方案》，并组织专家论证。

（4）与农户协商确定补偿方案

县级农业行政主管部门应当与拟划分区域的农户协商经济补偿问题，确定补偿方案。补偿标准不得低于农用地征地补偿标准。

（5）确定种植业调整方案

县级人民政府农业行政主管部门应依据当地种植业发展规划、产业布局、耕作习惯等，组织专家研究种植业调整方案，并与划分区当地农民协商，最终确定种植业调整方案。

（6）实施特定农产品严格管控区划分

完成以上工作流程后，由县级人民政府农业行政主管部门落实特定农产品严格管控区划分工作。

（7）设立标示牌

县级农业行政主管部门应当在特定农产品严格管控区设置标示牌，载明特定农产品严格管控区地点、四至范围、面积、禁止生产的农产品种类、主要污染物种类、批准单位、设立日期等内容，同时应标明改种的作物种类、区域、面积等。任何单位和个人不得擅自移动和损毁标示牌。

5.2.3 监管

监管阶段主要内容包括：开展例行监测和长期监测、定期巡视和检查，开展产地土壤风险评估和农作物风险评价，实施有利于产地土壤环境恢复的技术措施。具体介绍如下：

（1）开展例行监测和长期监测、定期巡视和检查

县级农业行政主管部门负责特定农产品严格管控区划分后的监督管理工作，开展例行监测和长期监测，监督特定农产品严格管控区划分和种植结构调整执行情况。县级农业行政主管部门应当定期巡视和检查，内容包括标示牌是否有损坏、改种作物是否符合要求、是否采取适当的种植技术和特定农产品产地环境保护措施等。

（2）开展产地土壤风险评估和农作物风险评价

县级农业行政主管部门应当建立特定农产品严格管控区产地环境风险评估和农作物风险评价制度，跟踪监测特定农产品严格管控区产地安全状况。

（3）实施有利于产地土壤环境恢复的技术措施

县级人民政府农业行政主管部门及相关职能部门应当组织特定农产品严格管控区域内的农民和农业生产经营组织实施有利于产地土壤环境恢复的技术措施，培育地力，增施绿肥、农家肥、土杂肥等有机肥料，合理使用化肥、微生物肥和土壤调理剂，改善产地环境，提升土壤肥力。

5.2.4 调整

调整阶段主要内容和步骤有：产地土壤环境指标降至标准值以下—启动调整程序—撤去标示牌并恢复原有农作物种植—跟踪监测并开展风险评估和农作物风险评价。具体介绍如下：

（1）启动调整程序

县级农业行政主管部门根据例行常规监测和长期监测结果，以及产地恢复情况进行评估，当产地土壤环境限量降至相应标准值以下，即可决定启动特定农产品严格管控区调整程序。调整程序与划分程序相同。

（2）撤去标示牌并恢复原有农作物种植

调整为非特定农产品严格管控区的，应当撤去标示牌，并恢复原有农作物种植。

（3）跟踪监测并开展风险评估和农作物风险评价

特定农产品严格管控区调整后，县级农业行政主管部门应当继续对调整区域进行例行监测和长期监测，开展风险评估和农作物风险评价，及时掌握产地安全状况，分析产地环境变化趋势。

这套程序可以使土壤污染防治工作做到有据可循，对特定农产品严格管控区划分工作的实施和农产品产地的管理具有重要指导作用。

5.3 特定农产品严格管控区划分必备资料

5.3.1 基础图件

必备基础图件包括具有行政村或自然村边界的县域行政区划图、土地利用现状图或能表明土地利用方式的遥感影像图（田块、水系、道路都是划分边界的参照物）以及表 2-1 中三级指标涉及的可获取的图件。

5.3.2 背景信息

土壤重金属含量不仅受光温水热等自然条件影响，与种植制度、农产品种类、耕作习惯、排放污染物工厂分布以及污染事故等人工条件也息息相关。因此，背景信息需要收集当地主要农产品种类、品种、种植制度、耕作习惯等农业生产情况及相关配套产业基本情况，当地污染源分布及污染事故发生情况等，可参考表 5-4 收集信息。

表5-4　收集信息参考

序号	类别	数据名称
1	自然条件	物候数据
2		土壤 pH 值
3		土壤容重
4		年积温
5		年均降水量
6		年蒸散量
7		年日照时间
8		坡度
9		坡向
10		数字高程
11		与地质灾害点距离
12	人工条件	种植制度
13		耕作习惯
14		排放污染物工厂分布
15		污染事故发生情况
16		地区生产总值
17		农药使用量
18		有机肥施用量
19		与居民点距离

参考文献

[1] 李小华. 国外农产品质量安全源头监管法律法规及借鉴 [J]. 知识经济，2017(20):65-66.

[2] 潘家荣，吴永宁，魏益民，等. 欧盟食品安全管理体系的特点 [J]. 中国食物与营养，2006(03):7-11.

[3] 明双喜，张秀真，张然，等. 对英国食品安全监管体系的探讨 [J]. 食品工业，2024,45(08):313-318.

[4] 王辉. 国外农产品质量安全立法概况 [J]. 教育现代化，2015(12):128,20.

[5] 李耘 .《国内外农产品质量安全风险评估制度分析与比对研究》[J]. 中国标准导报，2013(11):84.

[6] 杨辉. 国外农产品安全标准体系建设及发展趋势 [J]. 中国质量技术监督，2006(06):56.

第6章

跟踪监测与动态调整

》 特定农产品严格管控区种植结构监测

》 用途变化监测与调整

》 修复治理监测与调整

农产品产地环境会因利用、管控等措施的变化而发生变化，需要对已划定的特定农产品严格管控区进行跟踪监测，若其分布、质量等发生变化，必须及时进行动态调整，因此跟踪监测与动态调整在重度污染产地的种植结构调整与生态补偿中至关重要。特定农产品严格管控区的跟踪监测与动态调整是指在划定特定农产品严格管控区后，针对土壤污染状况、土地利用变化、土壤修复进展等因素，持续开展监测工作，并根据监测结果及时调整管控区的分布、面积等，以确保管控目标清晰、合理，为政府及相关管理部门提供管理依据，有助于适时调整相关政策和措施，从而更好地保护生态环境。

动态调整主要依据土地利用类别的改变情况（如某特定农产品严格管控区地块已由农产品产地调整为建设用地，则相应的特定农产品严格管控区撤销）、重度污染耕地调整情况（如通过农用地环境质量监测评估，新增的重度污染耕地，应根据特定农产品严格管控区划定流程方法划定特定农产品严格管控区）、受污染耕地治理修复情况（如某地块经过治理修复后，试种禁止种植的特定农产品清单内的农产品，连续多年监测后超标率均低于 20%，则应根据相关要求调出特定农产品严格管控区），以及其他影响农产品产地土壤环境质量与农产品质量安全变化的情况等，动态调整特定农产品严格管控区的分布、面积等。

特定农产品严格管控区的跟踪监测与动态调整的具体实施涉及制定监测计划、监测实施、数据分析、结果评估以及根据监测数据和评估结果进行特定农产品严格管控区的动态调整。具体步骤如下：

（1）制定监测计划

首先需要明确监测目标，包括种植结构调整结果，土地利用用途变更，土壤和农产品质量变化，大气、灌溉水质量，农业投入品质量，周边污染源变化情况，修复治理措施实施情况等。基于监测目标，确定监测频率、监测指标以及监测方法，合理布设监测点，进而制定科学、合理的监测计划，以便按计划实施监测。

（2）监测实施

按照计划定期监测种植结构调整情况和土地利用变化情况。制定详细的采样计划，明确采样点位、采样深度和频次，采集土壤、农产品、水源、农业投入品等样本，检测获得污染物含量等数据。通过调查获得周边污染源状况以及修复治理措施实施情况。

（3）数据分析

对采集的数据进行分析，评判特定农产品严格管控区是否按照要求进行了种植结构调整。基于国家和行业标准评估土壤和农产品质量变化情况，大气、灌溉水、农业投入品质量状况。了解周边污染源情况以及该区域修复治理措施实施情况。

（4）结果评估

根据分析结果，评估是否需要进行动态调整。

（5）动态调整

根据评估结果，若需调整，则启动调整流程，调整严格管控区的分布、面积等信息，若不需要调整则说明理由。

6.1 特定农产品严格管控区种植结构监测

在特定农产品严格管控区，利用遥感技术监测种植结构情况，有助于监督划定的严格管控区是否禁止了特定农产品种植，是否按照要求进行了种植结构调整。遥感技术能够高效、准确地获取大范围区域内的农作物种植信息，为农业管理和决策提供科学依据。可以采用遥感影像分析、时间序列分析、机器学习与深度学习等方法实现特定农产品严格管控区种植结构监测，将遥感识别结果与管控区管理规定进行对比，识别不符合管理要求的种植区域，以便进一步采取科学合理的管控措施，保障农产品质量安全。

6.1.1 遥感影像分析监测

遥感影像分析监测是通过获取遥感数据（如高分辨率卫星影像或航空影像），对农作物类别及其生长环境进行监测，提取相关信息，帮助实现农业生产、资源管理和环境监控等目标。

具体步骤包括获取高分辨率遥感影像、图像预处理、特征提取、分类识别、后处理与结果评估等，以下是详细步骤和方法介绍。

（1）获取高分辨率遥感影像

遥感影像的获取是进行分析的第一步。通常，遥感影像来自高分辨率卫星或无人机影像，具有较高的空间分辨率，能够清晰显示农田、植被等特征。高分辨率影像能为农作物的类型、健康状态、分布等提供精准数据支持。可选择如 Landsat 系列、Sentinel 系列、高分系列等卫星影像，或者通过航空及无人机采集的高分辨率影像。根据季节、作物生长周期和目标监测任务，选择合适的时间获取影像数据。尤其需要关注不同生长季节的影像变化，确保能捕捉到农作物生长、收获等关键时段的信息。

（2）图像预处理

遥感影像通常需要进行一系列的预处理，以保证数据的准确性和可用性。图像预处理主要包括以下几个步骤。

① 辐射校正：消除大气、太阳高度角等因素对影像的影响，确保影像的辐射量与实际地物相符。

② 几何校正：将影像坐标与地图坐标对齐，确保不同时间和不同来源的影像能

够进行准确对比。

③ 云雾去除：由于云层和雾霾等因素的影响，部分区域可能会受到遮挡，因此需要进行云雾去除处理，确保影像中无干扰。

（3）特征提取

在遥感影像中，农作物的生长和健康状态通常通过其光谱特征表现出来。通过对影像数据的分析，可以提取出有意义的特征来进行后续的分类和分析。

可以使用植被指数等光谱指数来提取植被信息。归一化植被指数（NDVI）是一种常用的植被监测指数，它通过计算红光波段和近红外波段的反射率差异来评估植被的生长情况。

NDVI 的计算公式为 $\mathrm{NDVI}=\dfrac{\mathrm{NIR}-\mathrm{Red}}{\mathrm{NIR}+\mathrm{Red}}$。其中，NIR 表示近红外波段反射率；Red 表示红光波段反射率。NDVI 的取值范围为 −1 ～ +1，值越高表明植被越茂盛，值越低则植被越稀疏，可能为非植被区域或裸土[1]。

除了 NDVI，还可以通过其他的光谱指数和波段组合提取不同类型的特征信息。例如，使用归一化水体指数（NDWI）来区分水体和其他地物，或者使用土壤调整植被指数（SAVI）来更准确地反映干旱地区的植被覆盖情况。

（4）分类识别

分类是遥感影像分析的核心步骤，通过将影像中的像素分配给不同的类别（如农作物、非农区域、草地、水体、建筑物等），实现对地表的详细识别。常用的分类方法有监督分类和非监督分类。

1）监督分类

需要事先提供一些训练样本，基于这些样本信息，利用分类算法（如最大似然法、支持向量机、决策树等）对影像进行分类。通过这些训练数据，模型可以学习不同类别的光谱特征，从而对全图进行像素级分类。例如，基于 NDVI 的值区分农作物和非植被区域，进一步细化为不同类型的农作物（如小麦、玉米、大豆等）。

2）非监督分类

无须预先提供训练样本，分类算法（如 *K* 均值、ISODATA 等）通过像素的光谱特征自动分组，并根据相似性将像素分配到不同的类别。尽管分类结果可能不如监督分类精确，但对于没有先验信息的情况非常实用。

（5）后处理与结果评估

分类完成后，通常还需要对结果进行后处理，如去除噪声、平滑边界等，以确保分类结果的准确性和可应用性。通过混淆矩阵、Kappa 系数等方法评估分类的精度。混淆矩阵能够展示分类结果与实际分类的对比，帮助判断分类的准确性和存在的误差。将分类结果可视化为地图或图表，并分析不同作物的空间分布、健康状况、受灾情况等。例如，通过显示农作物区域的 NDVI 变化趋势，能够分析某一时间段内农作物的生长状况。

6.1.2　时间序列分析监测

时间序列分析监测是一种基于遥感影像的长期动态监测方法，通过对多个时间点的遥感影像进行分析，帮助了解农作物的生长周期、物候特征及变化趋势。时间序列分析能够揭示作物的生长模式、健康状态以及季节性变化，从而辅助作物分类、产量预测、灌溉管理等农业决策。时间序列分析监测的具体步骤介绍如下。

（1）数据收集与准备

时间序列分析的核心是使用多个时间点的遥感影像数据，通常选择卫星数据或高分辨率遥感数据来捕捉作物的季节性变化。常用的数据源包括 Landsat、Sentinel、高分等遥感卫星影像。根据作物的生长周期，选择合适的时间范围进行影像数据采集。通常需要覆盖从播种到收获的整个生长周期。对于年际变化分析，可以选择较长的时间跨度（如 3 ～ 5 年）。对收集的遥感影像进行预处理，确保数据质量。一些常见的预处理步骤包括几何校正、大气校正、去云处理等，确保影像数据能够真实反映地物信息。

（2）光谱特征提取

在时间序列分析中，利用光谱指数如 NDVI、EVI 等来量化和监测农作物的生长状态。这些指数采用比值的方式消除了系统性辐射和反射差异，适用于作物生长周期的监测。其中，增强型植被指数（EVI）能在干旱或高植被密度地区提供更准确的生长评估。

（3）时间序列数据构建

将遥感影像数据按照时间顺序排列，构成时间序列数据。这些数据反映了作物在不同生长阶段的光谱特征（如 NDVI）的变化趋势。通过分析这些变化，可以识别作物的物候特征，了解其生长周期的不同阶段。对于每一个地点，通过提取每个像素在不同时间点的 NDVI 值，构建出时间序列数据。由于遥感数据可能受到天气、云雾或传感器误差的影响，时间序列分析通常需要去除异常值，使用滤波方法（如 Savitzky-Golay 滤波、滑动平均法）对数据进行平滑，以提高分析结果的精度。

（4）作物生长周期与物候特征分析

作物生长的不同阶段在时间序列数据中表现为不同的 NDVI 波动模式。通过对时间序列数据的分析，可以识别出作物的发芽期、分蘖期、抽穗期、灌浆期等关键物候阶段，还可以提取作物的起始生长时间、最盛生长期、衰退期等重要特征。这些节点对应的时间点是作物生命周期的关键指标。

（5）作物分类

基于时间序列数据，可以使用物候特征（如生长周期、NDVI 曲线形态）来进行作物分类。通过不同作物的生长模式和物候期的差异，能够区分出不同类型的作物。

基于NDVI曲线的分类：不同作物的NDVI曲线形态不同。例如，某些作物可能在春季和秋季生长周期较长，而其他作物则可能有较短的生长周期。基于这些特征，可以应用聚类分析或分类算法（如*K*均值聚类、支持向量机等）来对作物进行自动分类。

基于MODIS数据的分类：使用MODIS时间序列数据及物候特征分析，能够区分出不同类型的作物。例如，分析NDVI时间序列，可以识别出不同季节性作物（如冬小麦、夏玉米、大豆等），并根据其生长周期及生长状况进行分类。

（6）动态变化分析与趋势预测

时间序列分析不仅可以帮助识别作物类型和生长阶段，还可以揭示作物生长的动态变化趋势。通过分析多年或不同年份的时间序列数据，可以预测作物的生长趋势和产量变化。通过长期的时间序列数据，可以分析作物生长的变化趋势，如生长周期的提前或延迟、作物长势的改善或衰退等。通过分析时间序列数据的异常波动，还可以及时发现作物生长中的异常变化，判断是否存在气候灾害（如干旱、洪水等）或病虫害，并采取相应的预警措施。

分析结果通常需要进行可视化和报告呈现。通过绘制时间序列图，显示每个作物在不同时间点的NDVI值变化，可以直观地反映作物生长的各个阶段。将分类结果和物候期信息与遥感图像结合，生成空间分布图，可以展示不同区域内作物的种植情况和生长状态。

6.1.3 机器学习与深度学习监测

通过运用机器学习和深度学习算法，如支持向量机、随机森林、卷积神经网络等，可以对高分辨率遥感影像进行高精度的农作物分类。

以下是基于这些算法进行遥感影像农作物分类的详细步骤：

（1）数据准备与预处理

遥感影像的分类首先需要对数据进行准备和预处理，以确保其质量和适用性。获取遥感影像数据，通常使用高分辨率卫星影像，如Landsat、Sentinel、高分系列等卫星影像。这些影像可以通过遥感平台或开放数据源获取。确定适用的时间范围，例如季节性监测或全年监测，获取多个时相的遥感数据以增强分类的准确性。对影像进行几何校正、大气校正、云雾去除以及影像裁剪等预处理。

（2）特征提取

在分类之前，需要从遥感影像中提取适合的特征，这些特征可以是光谱、纹理、形状或其他信息。

① 光谱特征提取：计算不同的光谱指数，如归一化植被指数（NDVI）、土壤调整植被指数（SAVI）、增强型植被指数（EVI）等，反映作物的生长状态和健康状况。

② 纹理特征提取：使用图像处理技术（如灰度共生矩阵）提取纹理特征，这对

于区分相似的作物类别非常有效。

③ 形状特征提取：基于遥感影像中的形状信息提取几何特征（如区域面积、边界复杂度等），有助于进一步区分不同类型的作物。

④ 时序特征提取：对于多时相遥感数据，利用时间序列分析提取作物的生长周期特征（如 NDVI 曲线），有助于提高分类精度，特别是在多季作物监测中。

（3）选择合适的算法

针对不同的应用需求，选择合适的机器学习或深度学习算法。常用的算法有支持向量机（SVM）、随机森林（RF）和卷积神经网络（CNN）等。

1）支持向量机（SVM）

SVM 是一种广泛应用于遥感影像分类的监督学习算法，其主要通过构建一个超平面来进行分类。将影像数据集分为训练集和测试集。使用训练集中的样本数据训练 SVM 模型，选择合适的核函数（如线性核、多项式核或高斯核）来分类不同的农作物。训练完成后，使用测试集对模型进行验证，输出分类结果。可以通过交叉验证来优化 SVM 的参数，如正则化参数（C）和核函数的参数。

2）随机森林（RF）

随机森林是一种集成学习方法，通过构建多棵决策树并进行投票来做出最终的分类决策。对影像数据进行特征提取。使用随机森林算法构建多棵决策树。每棵树使用不同的训练样本和特征。对每棵树进行训练，直到树的深度满足设定的标准。利用每棵树进行投票[2]，最终决定作物类别。通过调节树的数量、深度和特征选择等参数，优化模型的性能。

3）卷积神经网络（CNN）

卷积神经网络（CNN）是深度学习的一种，擅长从图像中自动提取特征并进行分类，尤其适用于高分辨率遥感影像的复杂分类任务。CNN 通常由多个卷积层、池化层和全连接层组成。卷积层用于自动提取图像的局部特征，池化层用于降维和增加不变性，全连接层用于最终分类。使用大量标注好的遥感影像数据训练 CNN 模型，通过反向传播算法不断调整网络参数，以提高分类精度。通过调节卷积核大小、层数、学习率等超参数，优化 CNN 的性能。通常，CNN 需要大量的数据集来避免过拟合，并能够在复杂的分类任务中取得优异表现。使用测试集对 CNN 模型进行验证，计算分类精度和其他评估指标（如 F_1 分数、精确度、召回率等）[3]。

（4）模型评估与精度验证

在模型训练和分类之后，需对模型进行评估与精度验证。常用的评估指标包括混淆矩阵、交叉验证和 Kappa 系数。

1）混淆矩阵

用来衡量分类结果的正确性。通过计算真实类别和预测类别之间的匹配情况，得出准确度、精确度、召回率和 F_1 分数等。

2）交叉验证

通过将数据集划分为多个子集，并在不同的子集上进行训练和测试，获得更可靠的评估结果。

3）Kappa 系数

衡量分类结果的一致性，常用于评估遥感影像分类的精度。

（5）结果可视化与应用

将分类结果映射到地理空间，生成作物分布图，展示不同作物的分布情况。通过地面实地调查或已知的高精度数据集对分类结果进行验证，确保分类结果的可信度。

6.2 用途变化监测与调整

用途变化监测与调整是土地利用管理中的一项重要任务，在农业区或者严格管控区中监测和管理农产品产地的变化尤为关键。通过及时发现农产品产地转变为其他用地的情况，可以动态调整土地利用的管控措施，以确保土地资源的可持续使用。

以下是用途变化监测与调整的具体步骤。

（1）数据获取与准备

通过高分辨率遥感影像获取土地利用的变化信息。常用的遥感影像包括卫星影像（如 Landsat、Sentinel、高分系列）或者无人机影像，这些影像具有较高的空间分辨率，适合进行土地利用变化监测。对遥感影像进行几何校正、辐射校正等预处理，确保影像数据的精度与一致性。对影像进行云层和阴影去除，以确保分析数据的准确性。

（2）土地利用分类与变化识别

基于遥感影像进行土地利用分类，提取不同类别的地物信息，如耕地、林地、园地、草地、建设用地、湿地等。常用的分类方法包括监督分类[4]（如支持向量机、随机森林）或深度学习方法[5]（如卷积神经网络）。比较不同时间节点的遥感影像，分析土地利用的变化，特别是农产品产地转变为其他用地（如建筑用地、工业用地等）的变化。使用时间序列数据（如 MODIS、Landsat 系列等）分析耕地的变化趋势，识别耕地被转变为其他类型土地的时段和区域。

（3）变化检测与区域划定

采用变化检测算法［如差异图像法、主成分分析（PCA）、变化向量分析（CVA）等］识别耕地变化区域。识别出农产品产地转为其他类型用地以及其他类型用地转变为农产品产地的区域，并对变化区域进行标记。根据变化检测结果，对发生变化的区域进行划定，确定其是否符合土地利用政策和管控要求。

通过将发生变化的区域与已有的严格管控区进行对比，识别出需要从管控区中剔除的区域，或者需要根据流程进行严格管控区划定的区域。

（4）调整与管控

将识别出的严格管控区内农产品产地转变为其他用地类型的区域从严格管控区中剔除，将新增耕地根据严格管控区划定方法流程开展严格管控区划定，更新土地利用管控区的边界、面积、分布，方便后续按流程上报、审批，跟进管控措施。

（5）可视化与报告

将监测结果通过 GIS 平台进行可视化，生成动态变化图，方便决策者查看变化区域。结合遥感影像与土地利用数据，制作专题地图，帮助管理部门清晰了解土地利用的变化情况。编写详细的监测报告，说明变化情况、调整措施以及可能的后续行动。报告应包括变化区域的详细位置、面积变化、政策调整建议等。

6.3 修复治理监测与调整

修复治理监测与调整主要通过可食用农产品质量监测和区域产地环境质量监测，确定农产品质量及其产地环境质量通过修复治理后是否有改善，是否可以调出特定农产品严格管控区。定期采集可食用农产品样本，检测其中的重金属等有害物质含量，确保其符合食品安全标准。对农产品生产区域的土壤、水源、空气等进行监测，确保环境污染物浓度处于安全标准限值以下。修复治理后的环境质量监测结果持续达标，农产品的质量符合标准后，可以根据规定逐步取消原有的严格管控措施。

6.3.1　可食用农产品质量监测

基于 6.1 部分得到的区域种植结构跟踪监测结果，筛选出种植可食用农产品的管控区域，需要进一步监测其产出的可食用农产品的污染情况，掌握其管控效果，所以本小节围绕农产品质量监测与评价方法展开。依据《农、畜、水产品污染监测技术规范》（NY/T 398—2000），可食用农产品质量监测主要包括农产品污染监测采样、污染监测项目及分析、污染监测实验室分析质量控制与质量保证、污染监测数理统计、污染监测结果评价以及资料整编 6 个步骤[6]。

农产品污染监测采样是确保农产品质量安全的重要环节。通过科学的采样方法，可以准确评估农产品中污染物的含量，为制定有效的污染防治措施提供依据。在进行农作物监测时，首先需要进行现场调查和资料收集，了解区域的自然环境特征、农业生产状况、土壤环境污染状况以及农作物污染监测资料等。这些信息为后续的监测单元划分和采样点布设提供基础。监测单元应根据污染途径、土壤污染类型、农作物种类等因素进行划分，确保同一单元内的差异尽可能缩小。采样点应根据监测区域的污染类型，采用放射状、带状或均匀布点法布设，确保样品的代表性和准确性。

在布设采样点时，应根据监测区域的污染类型和农作物种类，选择适当的布点方法。采集混合样品时，应采用对角线法、梅花点法、棋盘式法或蛇形法等方法，确保样品的代表性。每个混合样品应由多个植株组成，具体数量根据作物种类和研究目的确定。农产品样品的采集时间应选择在农作物收获时或与土壤样品同步采集。对于必测污染项目，建议每年采样一次；对于其他项目，可根据需要每 3 ～ 5 年采样一次。在发生污染事故时，应在收到报告后立即进行采样。进行科研性监测时，可根据研究目的在不同生育期进行采样。采样量一般为待测试样量的 3 ～ 5 倍。

农产品污染监测项目包括重点项目和一般项目。重点项目包括两类：一是食品卫生标准和残留限量标准中要求控制的污染物；二是根据当地环境污染情况，如农区大气或灌溉水中的污染物，确认可能对农、畜、水产品造成污染、影响产量和品质，甚至影响食用安全的污染物。一般项目则由各地自行选择，通常涵盖新纳入的污染物、因环境污染引起的农产品性状变化指标以及品质质量指标。分析方法的选择上，首先应使用标准方法（仲裁方法），其次可参考权威部门规定或推荐的方法，最后根据实际情况选择等效方法，但必须确保其准确度、精密度和检出限达到标准要求。

常用农产品监测项目与分析方法见表 6-1，更详细的农产品监测项目与分析方法请参考 NY/T 398—2000。

表6-1　常用农产品监测项目与分析方法

监测项目	监测仪器	监测方法	方法来源
汞	各种类型测汞仪	冷原子吸收光谱法	GB 5009.17
	原子荧光光度计	原子荧光光度法	《食品卫生理化检验标准手册》
砷	原子吸收光谱仪（配石墨炉原子化器）	石墨炉原子吸收光谱法	GB 5009.11
	原子荧光光度计	氢化物原子荧光光度法	《食品卫生理化检验标准手册》
硒	荧光分光光度计	荧光分光光度法	GB 12399.93
	原子荧光光度计	氢化物原子荧光光谱法	GB 12399.93
锌	原子吸收光谱仪	火焰原子吸收光谱法	GB 5009.14
铜	原子吸收光谱仪	石墨炉原子吸收光谱法	GB 5009.13
	原子吸收光谱仪	火焰原子吸收光谱法	GB 5009.13
铅	原子吸收光谱仪	石墨炉原子吸收光谱法	GB 5009.12
	原子吸收光谱仪	火焰原子吸收光谱法	GB 5009.12
镉	原子吸收光谱仪	石墨炉原子吸收光谱法	GB 5009.15
	电感耦合等离子体质谱仪	电感耦合等离子体质谱法	GB 5009.15

6.3.2　区域产地的环境质量监测

选定的农产品严格管控区经过区域种植结构跟踪监测筛选出可食用农产品的种植区域，进一步监测其生产的可食用农产品的质量以及产地的环境质量，全面监测其管控效果。本小节将延续上一小节的可食用农产品质量检测，围绕区域产地的环境质量监测展开。区域产地的环境质量监测主要从管控区域的农田土壤、农用水源和农区环境空气质量三个维度开展质量监测工作，下面将详细描述其监测流程。

6.3.2.1　农田土壤环境质量监测

基本流程包括点位布设、样品采集、样品分析、质量控制与质量保证、结果评价、报告编写及数据管理等技术内容[7]。

采样前需进行现场调查，收集自然环境特征、农业生产状况、土壤质量、污染源、退化状况及土地利用规划等资料，用以划定监测单元。监测单元按污染途径划分，常见类型有大气污染型、灌溉水污染型、固体废物污染型、农业投入品污染型等，不同类型对应不同布点方法（如放射状、带状、网格布点法）。监测点分为背景点、环境质量监测点和长期定点定位监测点。其中背景值调查每 1000hm^2 1 个点；农产品产地污染普查与耕地土壤环境质量类别划分不超过 100hm^2 1 个点；特定农产品严格管控区划定不超过 10hm^2 1 个点；污染事故监测为每 1hm^2 1 个点，并设对照点。

采样准备包括工具、器材、文具等，现场勘查后确定采样地块，采样分为前期、正式和补充三个阶段。采样方法包括土壤剖面样品采集和混合样品采集，分别根据地块的特点采用不同布点法。样品编号由类别代号和顺序号组成，并附有相关记录和标记，确保监测结果准确可靠。

要根据不同的监测目的、监测能力选择监测项目。监测项目的选择应根据当地的污染状况，优先关注在土壤中积累较多、影响广泛、毒性强且难以降解的污染物，如重金属和农药等，同时考虑农作物的敏感性。分析方法则应优先采用国家或行业标准，必要时可根据实际情况选用等效方法，并进行比对实验，确保其精度和准确性。监测过程中，实验记录需详细保存，包括各类分析方法的原始数据表格，确保监测结果的可靠性和可追溯性。

农田土壤环境质量监测实验室分析质量控制与质量保证描述了农田土壤环境质量监测实验室内部和实验室间的质量控制措施。实验室内部质量控制包括分析过程中的全程序空白值测定、检出限确定、校准曲线的绘制与检查、精密度和准确度控制等方面，确保每项测定都具有足够的精度和准确性。精密度控制要求对平行样品进行重复测定并保证测定结果误差在允许范围内；准确度控制则通过标准样品和质控样品的测定来验证分析结果的准确性。质量控制图用于监控实验结果的稳定性和准确性，发现异常时及时进行纠正。实验室间的质量控制主要通过比对和能力验证，确保不同实验室的监测数据具有可比性和可靠性，具体措施包括技术培训、现场考核、加标质控、抽检互检等，确保整体数据的质量可控且符合要求。

农田土壤环境质量监测数理统计包括实验室分析结果数据处理、监测结果表示、监测数据录入、监测结果统计四个主要步骤。数据处理通过常见的统计量（如平均值、标准偏差、方差等）进行，并根据规定的有效数字计算修约规则对数据进行处理。对可疑数据要进行剔除，使用 Grubbs 或 Dixon 法检验。监测结果采用平均值表示，低于检出限的值标注为“未检出”，并按照特定规则计算。在监测数据录入时，保留有效数字为 3 位，但不超过检出限的有效数字位数。监测结果的统计分析将帮助对土壤环境质量进行综合评价，包括累积性评价和适宜性评价，评估污染物的影响及其对农产品的安全威胁。最终，结果将整编成报告和图件，便于数据库录入与后续查验。

6.3.2.2 农用水源环境质量监测

农用水源环境质量是严格管控区跟踪监测的重要监测内容之一。依据《农用水源环境质量监测技术规范》（NY/T 396—2000），农用水源环境质量监测流程主要有布点采样、分析、质量控制以及数据处理与成果表达，下面将详述各个流程与涉及的方法和要求[8]。

农用水源环境质量监测的采样技术涉及多个步骤。首先，采样前需要进行现场调查，收集气候、水文、地质等背景资料，了解污染源分布和农业生产情况。通过调查水源分布、污染源影响及水质污染情况为监测工作提供基础数据。监测点布设应根据污染分布、水系流向和农业生产重要性来选择，确保重点区域得到覆盖，避免遗漏潜在污染问题。

农用水源环境质量监测项目的确定主要依据 GB 5084、GB 11607 和 GB 5749 等标准对污染物的要求，同时结合当地环境污染状况。对于标准未涵盖但在水体中积累多、毒性强、影响农业生产的污染物，也应纳入监测。监测内容通常包括新增污染物、水源污染引起的水质变化以及农业生态环境指标。分析方法优先采用上述标准中规定的方法，其次为权威部门推荐方法，最后可根据监测站实际情况选择等效方法，但必须通过比对实验确保其性能达标。实验室分析质量控制与保证包括常规程序、基础建设及内部控制措施。每批样品必须按 10% ～ 15% 的比例进行平行样分析，样品少于 5 个时比例应增至 50% 以上，测定结果必须在允许误差范围内；若合格率低于 95%，应增加样品或重新测定直至达标。此外，实验室间质量控制可参照 NY/T 395，确保不同实验室结果具有可比性和一致性。通过这些严格的质量控制措施，保证了农用水源环境质量监测的结果准确可靠。

在农用水源环境质量监测过程中，实验记录的规范性至关重要。原始记录需包括各种监测项目的记录表，并要求填写完整、清晰，确保数据准确。实验记录需要用法定计量单位，任何修改都应进行标注并加盖印章。实验室分析结果的数据处理与上报也必须遵循相应流程，确保监测数据的准确性与可追溯性。统计分析部分，通过对检测结果的统计汇总，形成农用水源环境质量监测结果报表，为后续的存档和查验提供数据支持。监测结果统计表应参照相关标准，以确保监测数据的合规性和准确性。

6.3.2.3　农区环境空气质量监测

农区环境空气质量与农田土壤质量和农用水源环境质量相同，均是严格管控区跟踪监测的重要监测内容之一。本小节参考《农区环境空气质量监测技术规范》（NY/T 397—2000），围绕农区环境空气质量监测的布点采样、分析方法、质量控制、数据处理与成果表达等主要流程展开[9]。

农区大气环境质量监测采样技术包括采样前的现场调查、监测点布设、样品采集等重要步骤。首先，采样前需要进行详尽的调查，收集污染源数据，如工矿企业、生活炉灶及机动车辆等大气污染源的信息，同时收集气象、地形、植物生长情况等自然因素的数据。此外，还需关注农业生产、人口分布及区域内的大气污染历史等社会经济情况。监测点布设应具有代表性，保证反映区域内的大气污染水平，采样点的设置应遵循统一标准，确保数据的可比性。在布设时，要特别考虑污染源对农区的影响以及气象条件。应避免监测点周围有局部污染源，并确保有足够的自由空间。采样工作要求对采样器和设备进行校准，确保流量、温度等参数的准确性，且采样过程中应严格按照标准进行操作，填写详尽的采样记录。采样周期与频率应根据污染物种类和监测需求灵活安排，确保数据的代表性和有效性。最后，样品在运输和保存过程中应采取适当的措施，确保样品的完整性和分析结果的准确性。

农区环境空气质量监测项目及分析方法的确定依据主要包括监测项目的危害性及分析方法的标准化。监测项目分为重点项目和一般项目。重点项目为对农作物危害较大的污染物，如重金属、二氧化硫、氮氧化物、总悬浮颗粒物、臭氧等，依据 GB 3095 标准进行控制。一般项目则包括对农作物危害较小的污染物，如可吸入颗粒物、一氧化碳、苯并 [*a*] 芘等，既有 GB 3095 的控制要求，也可能涉及未要求监测但对农作物有害的污染物。分析方法的选择应遵循标准方法、权威部门推荐的方法或根据实际情况选用等效方法，但必须经过比对实验验证其准确度和精密度，确保不低于通用方法的要求水平。

实验室分析质量控制与质量保证主要涉及实验室分析质量控制程序、校准曲线的绘制与使用、准确度控制、质量控制图等内容。常规分析质量控制程序包括实验室基础设施、内部质量控制、分析质量控制基础实验以及监测过程中的干扰处理等。质量控制图对二氧化硫和氮氧化物的测定有明确要求，包括试剂空白值、校准曲线相关系数及斜率的控制标准。对于二氧化硫，标准控制液的极差控制限为 ±0.54μg（轻度污染）或 ±0.6μg（重度污染）。

农区环境空气质量监测的数理统计工作，包括实验数据处理、分析结果表示与上报，并依据 NY/T 397—2000 格式生成监测结果报表和统计表。

6.3.3　修复治理后调整

为科学实施农产品产地分类管理，以定期采集的农产品、土壤、灌溉水及空气监测数据为核心，通过系统性标准对比分析，评判农产品质量及其产地环境质量通过修复治理是否达到安全标准，是否可以摘掉特定农产品严格管控区的牌子。

对可食用农产品实施全周期质量跟踪，重点监测稻谷、蔬菜等作物中镉、铅、砷等重金属含量，以及有机磷类、拟除虫菊酯类农药残留指标。严格对照《食品安全国家标准　食品中污染物限量》（GB 2762）[10] 和《食品安全国家标准　食品中农药最大残留限量》（GB 2763）[11] 阈值，要求所有批次样品 100% 符合限量标准。同步监测土壤样本中 pH 值，镉、汞、砷、铅、铬等重金属及有机氯农药残留，依据《土壤环境质量　农用地土壤污染风险管控标准（试行）》（GB 15618）[12] 进行双重判定——当污染物浓度低于风险筛选值时视为安全；介于筛选值与管制值之间需启动风险预警；超过管制值则触发严格管控。灌溉水质量监测评价执行《农田灌溉水质标准》（GB 5084）[13] 的强制性限值要求，确保水体中污染物浓度不会通过根系吸收影响作物安全。农区空气质量实行全年动态监测，重点跟踪重金属等污染物浓度，需连续两年达到《环境空气质量标准》（GB 3095）[14] 二级标准，且年超标天数不超过 10%。

当某区域同时满足四重标准时，即农产品 100% 达标、土壤污染物浓度全面低于风险筛选值、灌溉水符合农业用水规范、空气质量持续稳定合格，经专家组现场核查后，可将其移出严格管控区名单，划定为非监控区，允许开展常规农业生产。反之，若任一监测维度存在超标现象且不符合移出严格管控区规定，则该区域继续纳入严格管控区实施特别管理，继续推行修复治理、种植结构调整等管控措施。

参考文献

[1] 翟涌光，宁潇，郝蕾．联合 Sentinel-1,2,3 的河套灌区年内综合灌溉信息提取 [J]．测绘科学，2022,47(08):204-212, 219.

[2] 车玲，黄勇华，姜林林，等．基于随机森林算法的智能电表故障诊断及寿命预测模型设计 [J]．南通职业大学学报，2023,37(04):86-90.

[3] 刘艳丽 .IgA 肾病诊断预测及预后研究 [D]．兰州：兰州大学，2023.

[4] Shao H, Tang L J, Dong L G ,et al.A Research of network applications classification based on deep learning[C].Hang Zhou: Third International Conference, MLICOM 2018, 2018.

[5] Wang P, Chen X J, Ye F ,et al.A survey of techniques for mobile service encrypted traffic classification using deep learning[J].IEEE Access, 2019, 7: 54024-54033.

[6] NY/T 398—2000. 农、畜、水产品污染监测技术规范 [S].

[7] NY/T 395—2025. 农田土壤环境质量监测技术规范 [S].

[8] NY/T 396—2000. 农用水源环境质量监测技术规范 [S].

[9] NY/T 397—2000. 农区环境空气质量监测技术规范 [S].

[10] GB 2762—2022. 食品安全国家标准　食品中污染物限量 [S].

[11] GB 2763—2021. 食品安全国家标准　食品中农药最大残留限量 [S].

[12] GB 15618—2018. 土壤环境质量　农用地土壤污染风险管控标准（试行）[S].

[13] GB 5084—2021. 农田灌溉水质标准 [S].

[14] GB 3095—2012. 环境空气质量标准 [S].

附录

≫ 附录1 《特定农产品严格管控区划定技术导则(试行)》（农办科〔2020〕3号）

≫ 附录2 《特定农产品严格管控区划定技术导则》（农办科〔2020〕3号）编制说明

≫ 附录3 农产品产地禁止生产区划分技术指南（NY/T 2150—2012）

≫ 附录4 耕地土壤环境质量类别划分技术指南（NY/T 4608—2025）

附录 1 《特定农产品严格管控区划定技术导则（试行）》（农办科［2020］3 号）

《中华人民共和国土壤污染防治法》《土壤污染防治行动计划》要求，建立农用地分类管理制度。依据生态环境部和农业农村部出台的《农用地土壤环境质量类别划分技术指南》（环办土壤〔2019〕53 号），将农用地划分为优先保护类、安全利用类和严格管控类。为加强严格管控类耕地的用途管理，科学划定特定农产品严格管控区，农业农村部组织制定了《特定农产品严格管控区划定技术导则（试行）》。

1 适用范围

本导则规定了特定农产品严格管控区划定的技术流程、技术要求和管理措施等内容。

本导则基于水稻、小麦超标情况划定特定农产品严格管控区。

2 规范性引用文件

本导则内容引用了下列文件或其中的条款。凡是不注日期的引用文件，其最新版本（包括所有的修改单）适用于本文件。

《中华人民共和国农产品质量安全法》

《中华人民共和国土壤污染防治法》

《土壤污染防治行动计划》（国发〔2016〕31 号）

《农产品产地安全管理办法》（中华人民共和国农业部令第 71 号，2006 年）

《农用地土壤环境管理办法（试行）》（中华人民共和国环境保护部　中华人民共和国农业部令第 46 号，2017 年）

《土壤环境质量　农用地土壤污染风险管控标准（试行）》（GB 15618—2018）

《食品安全国家标准　食品中污染物限量》（GB 2762）

《农、畜、水产品污染监测技术规范》（NY/T 398—2000）

《农用地土壤环境质量类别划分技术指南》（环办土壤〔2019〕53 号）

《农用地土壤污染状况详查点位布设技术规定》（环办土壤函〔2017〕1021 号）

3 术语和定义

3.1 特定农产品严格管控区

在严格管控类耕地范围内，所生产的食用农产品中有毒有害物质超过划定标准，经县级以上地方人民政府批准后禁止生产食用农产品的区域。特定农产品严格管控区划定后，严禁种植食用农产品，经修复治理后，达到安全利用条件的，可以调整。

3.2 详查单元

全国农用地土壤污染状况详查（以下简称“详查”）布点时，基于污染源类型和污染物传输扩散特征、土地利用方式、地形地貌等因素划分出相对均一性的调查单元。

3.3　评价单元

详查中用于评价某区域土壤环境质量的最小单元。当详查单元内详查点位耕地土壤环境质量类别一致时，详查单元即为评价单元；否则，应根据详查单元内详查点位土壤环境质量评价结果，依据聚类原则，利用空间插值法并结合专家经验判断，将详查单元划分为不同的评价单元，并尽量使每个评价单元内的点位耕地土壤环境质量类别一致。

3.4　农产品点位评价单元内协同采集过农产品的详查点位。

4　管控区划定

4.1　管控区划定一般工作程序

管控区划定的一般工作程序见附图 1。

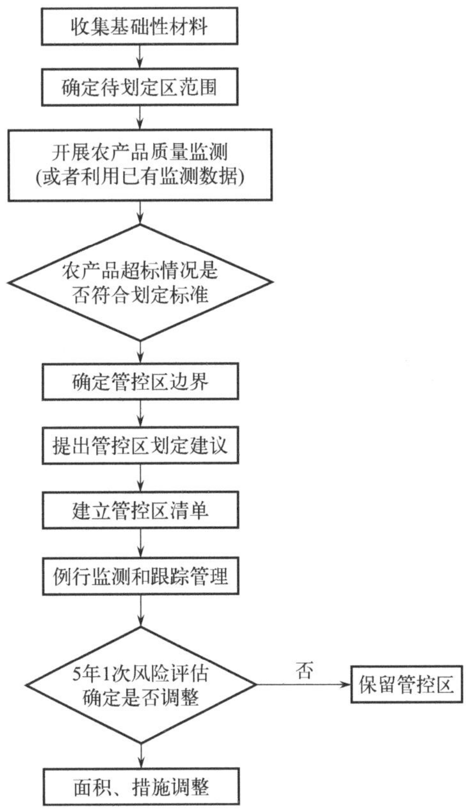

附图 1　特定农产品严格管控区划定工作程序

4.2　收集基础性资料

4.2.1　背景资料

（1）当地主栽农产品种类、品种、种植制度、耕作习惯等农业生产情况及相关配套产业基本情况；

（2）当地污染源分布及污染事故发生情况。

4.2.2　数据图件

（1）全国农用地土壤污染状况详查数据或全国农产品产地土壤重金属污染普查数

据或国家土壤环境监测网农产品产地土壤和农产品例行监测数据等；

（2）各地安排的农产品产地环境相关调查和监测数据；

（3）相关部门水稻（以糙米计）或小麦质量安全监测数据；

（4）与农产品产地环境相关的历史文献资料数据；

（5）具有行政村或自然村边界的县域行政区划图；

（6）土地利用现状图或能表明土地利用方式的遥感影像图。

4.3　确定待划定区域

根据《农用地土壤环境质量类别划分技术指南》，在耕地土壤环境质量类别划分清单中列为严格管控类，主栽农作物种类为水稻或小麦的耕地，且符合下列情形之一，列为待划定区域：

——评价单元内，农产品点位少于3个（含）时，农产品全部超标；农产品点位大于3个时，水稻超标点位占比＞65%，或小麦超标点位占比＞25%。

——在有关监测、调查、科学研究中普遍发现当地种植的水稻或小麦严重超标。

——信访、投诉、社会舆论和媒体中频繁出现当地水稻或小麦严重超标事件并经查属实。

——有其他明显证据表明当地种植的水稻或小麦严重超标。

4.4　开展农产品质量监测

现有调查监测数据满足划定工作需要的，可不开展农产品质量监测。

4.4.1　在待划定区域的每个评价单元内，布设监测点，开展特定农产品质量监测。

4.4.2　监测点布设根据科学性与可行性相结合的原则综合考虑待划定区域污染物类型、种植环境、作物特点、土地利用方式、土壤类型、地形地貌、灌溉水系分布等多种因素，布点密度一般为 15 ～ 150 亩 / 点，原则上不少于 10 个点。监测实施过程具体参照 NY/T 398 的规定执行。

4.4.3　从事管控区待划定区域农产品质量监测工作的检测实验室应符合监测质量控制要求。

4.5　划定管控区

4.5.1　划定标准

（1）根据管控区待划定区域评价单元内监测点的特定农产品可食部位中目标污染物单因子污染指数算术平均值和单因子样本超标率，综合判定是否将该评价单元划定为管控区。

特定农产品可食部位中目标污染物单因子污染指数算术平均值按下式计算：

$$E_{平均} = \frac{\sum_{i=1}^{n} \frac{A_i}{S_i}}{n}$$

式中　$E_{平均}$——监测点的特定农产品可食部位中目标污染物单因子污染指数算术平均值；

n——监测点数量；

A——特定农产品可食部位中目标污染物的实测值；

S——特定农产品可食部位中目标污染物的限量标准值（根据 GB 2762）。

特定农产品单因子样本超标率按下式计算：

$$样本超标率（\%）=\frac{特定农产品超标样本总数}{监测样本总数}\times 100\%$$

（2）评价单元划定为管控区需同时满足以下两个条件：

——评价单元内的监测点特定农产品中目标污染物单因子污染指数算术平均值显著大于2（单尾t检验，显著性水平一般小于或等于0.05）；

——评价单元内的监测点同一污染物单因子样本超标率水稻大于等于70%，小麦大于等于30%。

4.5.2　确定管控区边界

管控区待划定区域内符合 4.5.1 划定标准的评价单元合并为特定农产品严格管控区。

4.5.3　提出管控措施

根据当地实际情况，因地制宜选用以下 3 类措施作为管控区拟实施的严格管控措施：

——种植结构调整。退出食用农产品生产，改种纤维作物、饲料作物、能源作物等非食用农产品。

——休耕。可采用季节性休耕或治理式休耕。季节性休耕指每年种植一季以上的养地作物，使其休养生息；治理式休耕指依据当地土壤污染情况种植相应污染物的高富集植物，并对移除的高富集植物秸秆进行集中处理，严禁还田或实施翻耕旋转、灌溉淋洗等其他耕地治理措施。

——退耕还林还草。纳入退耕还林还草范围，加强政策、规划引导，因地制宜，宜乔则乔、宜灌则灌、宜草则草，有条件的可实行林草结合，合理安排规模和进度。

4.6　提出管控区划定建议

根据《中华人民共和国土壤污染防治法》有关要求，向所在县级以上地方人民政府提交特定农产品严格管控区划定的建议。建议中应包括但不限于以下内容：

（1）管控区总体状况；

（2）管控区内土壤污染与特定农产品质量状况；

（3）管控区内土壤污染风险评估报告，报告中除《中华人民共和国土壤污染防治法》规定内容外，还应包括土壤与特定农产品污染原因分析、土壤与特定农产品污染的相关性分析、评价方法与主要结论等；

（4）管控区边界、面积及拟调整的农产品种类；

（5）管控区相关图件与表格；

（6）管控区严格管控措施；

（7）专家论证报告；

（8）其他相关材料。

4.7　建立管控区清单

管控区经县级以上地方人民政府批准后，建立特定农产品严格管控区清单，注明管控区地点、范围、面积、管控措施、批准单位等信息。

5　管控区划定后的动态管理

5.1　例行监测和跟踪管理

针对管控区，应根据相关标准规范，因地制宜制定例行监测计划，对土壤、灌溉水、大气沉降、农业投入品等相关环境要素进行长期的、定期的、经常性的监测，及时掌握产地环境动态，开展管控区内土壤污染风险评估。

对管控区应开展定期巡视和检查，走访了解管控区内严格管控措施的落实情况。

5.2　管控区动态调整

根据例行监测结果，分析管控区内污染物变化趋势，每5年一次编制管控区土壤污染风险评估报告，综合判定是否继续实施特定农产品严格管控，并向所在县级以上地方人民政府提出管控区是否调整的建议。建议中应包括但不限于以下内容：

（1）管控区总体状况；

（2）5年来管控区内土壤、灌溉水、大气沉降、农业投入品等环境要素的监测情况及严格管控措施的实施情况；

（3）管控区土壤污染风险评估报告；

（4）管控区面积或严格管控措施是否调整的建议；

（5）管控区调整后的其他后续措施；

（6）专家论证报告；

（7）相关图件与表格；

（8）其他相关材料。

附录2 《特定农产品严格管控区划定技术导则》（农办科〔2020〕3号）编制说明

一、编制背景

习近平总书记指出，要大力治地治水，净化农产品产地环境。要全面落实《土壤污染防治行动计划》（以下简称“土十条”），强化土壤污染管控和修复，让老百姓吃得放心。当前，我国耕地土壤环境总体状况不容乐观，局部问题突出，特别是重金属等污染已对少数地区农产品质量安全构成严重威胁。根据生态环境部、自然资源部和农业农村部历次调查数据，我国重度污染耕地面积约800万亩，主要分布在我国南方湖南、江西、湖北、四川、广西、广东等地区，污染区域大多为工矿企业周边农区、污水灌区、大中城市郊区和南方酸性土水稻种植区等，以重金属污染为主，镉污染最为严重，其次是砷、汞。

划定特定农产品禁止生产区（以下简称“禁产区”）是重度污染耕地严格管控的重要措施之一。《中华人民共和国农产品质量安全法》（以下简称《农产品质量安全法》，2018年版，现已修改）第十五条规定，县级以上地方人民政府农业行政主管部门按照保障农产品质量安全的要求，根据农产品品种特性和生产区域大气、土壤、水体中有毒有害物质状况等因素，认为不适宜特定农产品生产的，提出禁止生产的区域，报本级人民政府批准后公布。配套实施的《农产品产地安全管理办法》（中华人民共和国农业部令第71号，2006年）明确了禁产区划定的程序、要求及注意事项。2016年，国务院印发了《土壤污染防治行动计划》（以下简称“土十条”），要求加强对严格管控类耕地的用途管理，依法划定特定农产品禁止生产区域，严禁种植食用农产品。2018年，第十三届全国人民代表大会常务委员会第五次会议通过《中华人民共和国土壤污染防治法》（以下简称《土壤污染防治法》），该法第五十四条规定，对严格管控类农用地地块，地方人民政府农业农村、林业草原主管部门应当提出划定农产品禁止生产区域的建议，报本级人民政府批准后实施。

二、编制进程

为贯彻落实《农产品质量安全法》，2011年起，农业部（现“农业农村部”，下同）启动编制关于禁产区划定、管理及动态调整的技术性文件。2012年，农业部颁布农业行业标准《农产品产地禁止生产区划分技术指南》（NY/T 2150—2012），明确了禁产区的概念、框架和向县级以上人民政府提出的建议内容，但没有规定禁产区划定的技术方法、标准及如何确定禁产区的边界。2013～2016年，在农业部环境保护科研监测所牵头开展的全国农产品产地土壤重金属污染普查中，天津、湖北、湖南、云南建设了4个禁产区试点，探索了多种禁产区划分的方法与程序。

“土十条”和《土壤污染防治法》要求全面开展耕地土壤环境质量类别划分，将轻中度污染耕地划分为安全利用类耕地，重度污染耕地划分为严格管控类耕地。此外，要在严格管控类耕地上进一步划定禁产区。为贯彻落实《土壤污染防治法》，推动完成“土十条”目标任务，指导各地科学规范开展禁产区划定工作，2017 年，《农业部办公厅关于下达 2017 年农业国家、行业标准制定和修订项目任务的通知》（农办质〔2017〕25 号）中明确要求农业部环境保护科研监测所牵头制定《特定农产品禁止生产区划定技术导则》，在农业部科技教育司的组织领导下，农业部环境保护科研监测所、农业部农业生态与资源保护总站、北京市农林科学院质量标准与检测技术研究所组成《特定农产品禁止生产区划定技术导则》编写组（本导则所指特定农产品为水稻和小麦）。

编写组结合相关法律法规要求，广泛查阅了国内外有关文献，充分吸收以往禁产区划分试点的经验，组织召开多次研讨会，邀请行业内专家和地方农业部门同志对导则的编制思路进行探讨，形成了《特定农产品禁止生产区划定技术导则》（征求意见稿）。2018 年，农业农村部环境保护科研监测所在天津召开了《特定农产品禁止生产区划定技术导则》研讨会，汇总整理专家意见 14 条，并根据专家意见逐一修改；同年，在北京召开了《特定农产品禁止生产区划定技术导则》（征求意见稿）论证会，中国科学院南京土壤研究所、中国科学院地理科学与资源研究所、中国农业大学、中国环境科学院、中国农业科学院等单位专家对征求意见稿进行了论证，认为导则文本总体已比较成熟，建议向相关行业和单位进一步征求意见，按程序报批。同时，专家提出，考虑到“禁止生产区”的名称比较敏感，农民群众及地方农业农村部门较难接受，从有利于工作推动的角度出发，建议将“禁止生产区”改为“结构调整区”。根据专家意见并经农业农村部科技教育司领导同意，编写组对导则名称进行了修改。2019 年 7 月，召开了《特定农产品结构调整区划定技术导则》第 1 次论证会，来自农业、环境、食品安全等领域的 7 位专家建议将导则名称进一步改为《特定农产品种植结构调整区划定技术导则（试行）》。2019 年 11 月，生态环境部与农业农村部联合印发《农用地土壤环境质量类别划分技术指南》（环办土壤〔2019〕53 号），根据此文件，编写组对《特定农产品种植结构调整区划定技术导则（试行）》再次进行了修改完善，使其与《农用地土壤环境质量类别划分技术指南》更好衔接，同时，将“特定农产品种植结构调整区”名称改为“特定农产品严格管控区”（以下简称“管控区”）。

三、关键技术问题及制定依据

（一）关于管控区与严格管控类耕地的关系

“土十条”第三条“实施农用地分类管理，保障农业生产环境安全”第 10 款“全面落实严格管控”中要求，加强对严格管控类耕地的用途管理，依法划定特定农产品禁止生产区域，严禁种植食用农产品。管控区是耕地土壤环境质量类别划分为严格管控类耕地中特定农产品超标最严重的区域。对于严格管控类耕地，可以实行粮 - 粮、粮 - 油、粮 - 饲、粮 - 经等农产品种植结构调整，但对于管控区，需退出食用农产品生产，改种苎麻、棉花、花卉苗木等非食用类农产品，或实行休耕。

（二）关于特定农产品严格管控区划定标准

我国耕地资源宝贵，能利用的应尽量充分利用，但对于种植食用类农产品超标严重的极少部分耕地，应坚决退出食用类农产品生产。管控区作为严格管控类耕地中特定农产品超标最严重的部分，划定后将在一定时间内暂时退出食用农产品生产，因此在划定上需要非常谨慎，门槛要定得高一些，避免面积过大。

基于以上考虑，本导则中关于管控区划定标准的规定如下：一是管控区候选区评价单元内监测点连续 3 年每季特定农产品中目标污染物单因子污染指数算术平均值显著大于 2（单尾 t 检验，显著性水平一般小于或等于 0.05）；二是管控区候选区域评价单元内监测点连续 3 年每季同一污染物单因子样本超标率水稻 ≥ 70%，小麦 ≥ 30%。这主要有两个方面的考虑：一方面，若特定农产品中目标污染物单因子污染指数算术平均值显著大于 2，则表示此区域大概率特定农产品中目标污染物含量超过 2 倍食用农产品安全国家标准，已是严重超标。对于水稻镉来说，超过了国际食品法典标准（0.4mg/kg），食用风险较高。另一方面，技术导则对区域农产品样本的超标率也进行了规定，要求水稻 ≥ 70%，小麦 ≥ 30%。编写组对全国农产品（主要是稻米和小麦）大幅度超标的地区进行了梳理和统计，这些地方几乎全部集中在湖南、浙江、江西等南方酸性土水稻种植区及河南、甘肃工矿企业周边小麦产区，农产品抽测样本超标率一般在 50% ～ 90%。根据全国农用地土壤污染状况详查（以下简称“详查”）结果，全国严格管控类耕地中水稻超标率在 60% 以上的县有 18 个（湖南 8 个，江西 4 个，浙江 4 个，广东 1 个，广西 1 个），70% 以上的县有 12 个（湖南 8 个，浙江 2 个，广东 1 个，江西 1 个）；小麦超标率在 20% 以上的市有 4 个（河南 3 个，甘肃 1 个），30% 以上的市有 3 个（河南 2 个，甘肃 1 个）。根据对湖南长株潭地区重金属污染耕地修复及农作物种植结构调整试点工作（以下简称“湖南试点”）面上数据的统计，一般情况下，某区域水稻镉超标率超过 70%，则安全利用类措施基本无效，即使调整为水稻以外的其他食用类农产品如玉米、高粱、水果等，超标风险仍然很高，且涉及后续食用农产品质量监测、秸秆离田、超标农产品封闭处置等一系列问题，因此，湖南试点中，若某区域水稻镉超标率超过或等于 70%，则列为管控区，改种苎麻、棉花、苗木、花卉等非食用类农产品，直接退出食用农产品生产。本导则总体沿用了湖南试点规定的超标阈值。如果按照超标率水稻 ≥ 70%，小麦 ≥ 30% 作为管控区的标准，全国管控区面积预计在 40 万～ 70 万亩。

此外，考虑到年度气候变化、降雨差异等因素，本导则以连续 3 年内的每季农产品质量状况作为判定依据。有专家提出 3 年的时间太短，建议为 5 年。编写组认为，标准制定需要充分考虑操作的可行性、实用性及现阶段的基本国情和工作基础，因此，管控区以 3 年内每季农产品质量综合状况作为判定依据比较平衡。

（三）关于管控区的边界

管控区划定并不是“另起炉灶”开展一项新工作，而是在耕地土壤环境质量类别划分的基础上，进一步加强高风险食用农产品产地污染风险管控。在耕地土壤环境质量类别划分中，评价单元（沿用详查中的概念）是用于土壤环境状况评价的基本单元。基于评价单元，将耕地类别划分为优先保护类、安全利用类、严格管控类等三类。某一个乡镇内的严格管控类耕地由该乡镇的严格管控类评价单元构成。管控区的划定是在严格管控类耕地中，找出达到管控区划定标准的评价单元，并将它们合并起来。管控区的边界即这些评价单元合并后的边界。

（四）关于管控区内严格管控措施的选择

根据“土十条”有关要求，严格管控类措施主要包括3类，分别为种植结构调整、休耕及退耕还林还草。《农产品产地安全管理办法》第十条对管控区（即“禁止生产区”）的后续管理措施提出了明确要求，即管控区划定后，不得改变耕地、基本农田的性质，不得降低农用地征地补偿标准。由于退耕还林还草涉及永久基本农田退出的问题，因此，管控区划定后，主要采取种植结构调整或休耕的措施，现阶段暂不纳入退耕还林还草范围。

（五）关于管控区评价单元内农产品质量监测点布设密度

管控区的划定是以管控区候选区域的评价单元作为监测单元，按照NY/T 398的规定在评价单元内布设特定农产品质量监测点位，但是在布设密度上，不能完全套用NY/T 398。耕地环境中无论是土壤还是农作物中污染物的分布均不清楚，难以通过均方差、偏差（相对偏差）或变异系数等总体（样本）参数确定污染调查监测布点数量（密度）。我们对国内外标准中关于耕地污染调查监测的布点密度情况进行了搜集和梳理。国外在场地污染监测上对点位布设密度有一定要求，但在耕地污染监测上尚无明确的规定。国内与耕地污染监测的相关标准及土壤污染调查监测工作中针对污染监测点布设数量（密度）的规定见附表1。

附表1　国内污染监测点布设数量（密度）一览表

<table>
<tr><th>点位布设密度</th><th>事项</th><th>标准或项目</th></tr>
<tr><td>150亩/点</td><td>重点污染地区点位布设</td><td>全国农产品产地土壤重金属污染普查</td></tr>
<tr><td>土壤：重度超标点位超标区500m×500m网格（375亩/点），中度和轻度点位超标区1000m×1000m网格（1500亩/点）</td><td rowspan="2">在已发现土壤污染物超标区域布点</td><td rowspan="2">全国农用地土壤污染状况详查</td></tr>
<tr><td>农产品：1000m×1000m网格（1500亩/点）</td></tr>
<tr><td>50～150亩/点</td><td>在已发现农产品超标区域布点</td><td>湖南重金属污染耕地修复及农作物种植结构调整试点</td></tr>
<tr><td>15～750亩/点</td><td>污染事故调查</td><td rowspan="5">NY/T 395农田土壤环境质量监测技术规范</td></tr>
<tr><td>150～1500亩/点</td><td>管控区划定</td></tr>
<tr><td>污染区75～1500亩/点
一般农区2250～12000亩/点</td><td>农产品产地安全质量划分</td></tr>
<tr><td>3000～15000亩/点</td><td>农田土壤背景值调查</td></tr>
<tr><td>污染区150～4500亩/点
一般农区3000～15000亩/点</td><td>全国农产品产地土壤重金属污染普查</td></tr>
<tr><td colspan="2">同NY/T 395</td><td>NY/T 398农、畜、水产品污染监测技术规范</td></tr>
</table>

续表

<table>
<tr><th>点位布设密度</th><th>事项</th><th>标准或项目</th></tr>
<tr><td>2000 公顷以内：3 ～ 5 个
2000 公顷以上：每增加 1000 公顷，增加 1 个</td><td>大田种植区土壤样点布设</td><td rowspan="4">NY/T 1054 绿色食品　产地环境调查、监测与评价规范</td></tr>
<tr><td>200 公顷以内：3 ～ 5 个
200 公顷以上：每增加 100 公顷，增加 1 个</td><td>蔬菜露地种植区土壤样点布设</td></tr>
<tr><td>100 公顷以内：3 个
100 ～ 300 公顷：5 个
300 公顷以上：每增加 100 公顷，增加 1 个点</td><td>设施种植区土壤样点布设</td></tr>
<tr><td>2000 公顷以内：3 个
2000 ～ 5000 公顷：5 个
5000 ～ 10000 公顷：7 个
10000 公顷以上：每增加 5000 公顷，增加 1 个点</td><td>野生产品生产区土壤样点布设</td></tr>
<tr><td>300 公顷以内：3 ～ 5 个
300 公顷以上：每增加 300 公顷，增加 1 ～ 2 个</td><td>蔬菜栽培区域布点数量</td><td rowspan="2">NY/T 5295 无公害农产品产地环境评价准则</td></tr>
<tr><td>1000 公顷以内：3 ～ 4 个
1000 公顷以上：每增加 500 公顷，增加 1 ～ 2 个</td><td>大田作物、林果类产品等产地布点数量</td></tr>
<tr><td>1000 亩 / 点</td><td>大田采样点数量</td><td rowspan="2">NY/T 1634 耕地地力调查与质量评价技术规程</td></tr>
<tr><td>500 ～ 1000 亩 / 点</td><td>蔬菜地采样点数量</td></tr>
<tr><td>公式 1：
$N = t^2 s^2 / D^2$</td><td>由均方差和绝对偏差计算样品数</td><td rowspan="2">HJ/T 166 土壤环境监测技术规范</td></tr>
<tr><td>公式 2：
$N = t^2 C_V^2 / m^2$</td><td>由变异系数和相对偏差计算样品数</td></tr>
</table>

从附表 1 中可以看出，根据工作目标，我国耕地污染调查监测类布设点位密度在 15 亩 / 点到 15000 亩 / 点不等。布点密度无疑是越高越准确，但耕地污染往往面大量广，从成本和可行性的角度来说，无法像场地污染调查监测那样高密度布点。根据详查结果，优先保护类、安全利用类、严格管控类 3 类评价单元的面积见附表 2。

附表2　耕地土壤环境质量类别划分3类评价单元平均面积

类别	北方（以山西为例）	南方（以广西为例）
优先保护类评价单元面积 / 亩	5749.9	2388.8
安全利用类评价单元面积 / 亩	710.5	1047.2
严格管控类评价单元面积 / 亩	140.8	606.3

从附表2可以看出，北方地区严格管控类评价单元面积将近150亩，南方地区严格管控类评价单元面积约600亩，差异比较大。监测点布设根据科学性与可行性相结合的原则，综合考虑我国南北方候选区域污染物类型、种植环境、作物特点、土地利用方式、土壤类型、地形地貌、灌溉水系分布等多种因素，将管控区候选区域评价单元内特定农产品质量监测点位的布点密度规定为15～150亩/点，各地可根据当地特点，因地制宜地在此范围内选择布点密度，原则上不少于10个点。采样及检测方法按照NY/T 398的规定执行，每个采样点的样品为5点以上等量的混合样。

附录3　农产品产地禁止生产区划分技术指南（NY/T 2150—2012）

本标准按照 GB/T 1.1—2009 给出的规则起草。

本标准由中华人民共和国农业部提出并归口。

本标准起草单位：农业部环境保护科研监测所。

本标准主要起草人：李玉浸、刘凤枝、郑向群、师荣光、王跃华、姚秀荣。

1　范围

本标准规定了农产品产地适宜生产区和禁止生产区区域划分的程序及划分技术方法。

本标准适用于种植业农产品产地；畜禽养殖业、渔业产地禁产区划分可参照本标准执行。

本标准不适用于海洋渔业、海洋养殖业禁产区的划分。

2　规范性引用文件

下列文件对于本文件的应用是必不可少的。凡是注日期的引用文件，仅注日期的版本适用于本文件。凡是不注日期的引用文件，其最新版本（包括所有的修改单）适用于本文件。

GB 2762　食品中污染物限量

GB 3095　环境空气质量标准

GB 5084　农田灌溉水质标准

GB 9137　保护农作物的大气污染物最高允许浓度

NY/T 395—2012　农田土壤环境质量监测技术规范

NY/T 396　农用水源环境质量监测技术规范

NY/T 397　农区环境空气质量监测技术规范

NY/T 398　农、畜、水产品污染监测技术规范

《耕地土壤重金属污染评价技术规程》

3　术语和定义

下列术语和定义适用于本文件。

3.1　农产品 agro-product

来源于农业的初级产品，即在农业活动中获得的植物、动物、微生物及其产品。

3.2　农产品产地 agro-product area

植物、动物、微生物及其产品生产的相关区域。

3.3　农产品产地安全 safety of agro-product area

农产品产地的土壤、水体和大气环境质量等符合农产品安全生产要求。

3.4　禁产区 non-producing area

指农产品产地环境要素中某些有毒有害物质不符合产地安全标准，并导致农产品中有毒有害物质不符合农产品质量安全标准的农产品生产区域。

4　农产品产地禁止生产区划分程序

4.1　资料收集整理及现场踏查

4.1.1　资料收集按 NY/T 395—2012 中 4.1 的规定执行。

4.1.2　在资料收集的基础上，重点列出以下 5 类区域：

——农田土壤适宜性评价指数＞1的区域；

——农田灌溉水超过GB 5084的区域；

——农区空气超过GB 3095或GB 9137的区域；

——农产品中污染物超过GB 2762的区域；

——农业环境污染事故频发区。

4.1.3　污染分析

4.1.3.1　区域污染物来源及污染历史分析，按NY/T 395—2012中4.1.4的规定执行。

4.1.3.2　分析农产品中污染物种类和含量及其与污染源、农田土壤、灌溉水、农区大气中污染物种类和含量之间的关系。

4.1.3.3　分析污染源、土壤、大气、灌溉水及农产品安全质量变化趋势。

4.1.4　现状踏查，验证所收集资料与环境实际情况的一致性。

4.2　农产品产地重点监测划分区确认

农产品产地禁止生产区在以往工作基础上进行，本着经济、节约的原则，以下区域可列为重点监测划分区：

——4.1.2中的各类区域；

——污水灌区、重点工矿企业周边农区和大中城市郊区；

——污染原因明确，污染源与环境及农产品中污染物种类及含量之间相关关系较为明显的区域。

4.3　农产品产地重点监测划分区环境质量划分监测与评价

4.3.1　农产品产地重点监测区土壤环境质量监测划分按 NY/T 395 的规定执行。

4.3.2　农产品产地重点监测区农灌水质监测划分按 NY/T 396 的规定执行。

4.3.3　农产品产地重点监测区环境空气质量监测划分按 NY/T 397 的规定执行。

4.3.4　农产品产地重点监测区农、畜、水产品污染监测划分按 NY/T 398 的规定执行。

4.3.5　农产品产地重点监测区评价及判定按《农产品产地适宜性评价技术规范》的规定执行。

4.3.6　从事农产品产地禁止生产区监测工作的检测实验室应通过部级以上资质认定。

4.4　农产品产地禁止生产区的划分报告

4.4.1　以监测单元边界为基础划定禁产区边界。

4.4.2　禁产区边界难以确定时，应重新划分监测单元并进行加密监测。

4.4.3　禁产区的划定应通过省级农业行政主管部门组织的专家论证，提交论证会的材料应当包括：

——产地安全监测结果和农产品检测结果；

——产地安全监测评价报告，包括产地污染原因分析、产地与农产品污染的相关性分析、评价方法与结论，其中结论应包含禁产区地点、面积、禁止生产的农产品种类、主要污染物种类等；

——农业生产结构调整及相关处理措施的建议。

4.4.4　禁产区划分报告以提交的专家论证报告为基础，撰写农产品禁止生产区划分报告，并填写附表 3。

附表3　农产品禁止生产区划分报告表

<table>
<tr><td>提出划分报告的技术机构单位名称</td><td colspan="2"></td><td>法人代表</td><td></td></tr>
<tr><td rowspan="5">禁产区位置</td><td rowspan="2">地点</td><td rowspan="2"></td><td>联系方式</td><td></td></tr>
<tr><td>主要污染物种类</td><td></td></tr>
<tr><td>经度</td><td></td><td>污染原因</td><td></td></tr>
<tr><td>纬度</td><td></td><td rowspan="2">禁止生产的食用农产品种类</td><td></td></tr>
<tr><td>四至范围</td><td></td><td></td></tr>
<tr><td>禁产区面积</td><td colspan="2"></td><td>禁产区范围图</td><td></td></tr>
</table>

4.5　档案建立

禁止生产区划分相关文件、资料应建立档案，长期保存。

4.6　调整或撤消

禁止生产区安全状况改善并符合相应标准需要调整或撤消时，仍按本划分指南执行。

附录 4　耕地土壤环境质量类别划分技术指南（NY/T 4608—2025）

1　范围

本文件提供了耕地土壤环境质量类别划分的划分流程、划分步骤、划分成果和动态调整等指南。

本文件适用于耕地土壤环境质量类别的划分及其动态调整。

2　规范性引用文件

下列文件中的内容通过文中的规范性引用而构成本文件必不可少的条款。其中，注日期的引用文件，仅该日期对应的版本适用于本文件；不注日期的引用文件，其最新版本（包括所有的修改单）适用于本文件。

GB/T 2760　中华人民共和国行政区代码

GB 2762　食品安全国家标准　食品中污染物限量

GB 15618　土壤环境质量　农用地土壤污染风险管控标准（试行）

GB/T 21010　土地利用现状分类

NY/T 395　农田土壤环境质量监测技术规范

NY/T 398　农、畜、水产品污染监测技术规范

3　术语与定义

下列术语和定义适用于本文件。

3.1

耕地土壤环境质量 environmental quality of cultivated land

本文件的耕地土壤环境质量指耕地土壤受重金属镉、汞、砷、铅、铬等元素影响的程度。

3.2

耕地土壤环境质量划分 classification of environmental quality of cultivated soil

按 GB 15618 的要求，根据土壤污染程度，将耕地土壤环境质量划为 3 个类别，未污染和轻微污染的划为优先保护类，轻度和中度污染的划为安全利用类，重度污染的划为严格管控类。

3.3

调查单元 survey unit

开展耕地土壤环境质量类别划分时，将拟划分区域基于污染程度、土地利用方式、重要地物边界等因素划分的具有相对均一性的特定单元。

3.4

评价单元 assessment unit

在调查单元的基础上，按照点位风险水平总体一致性原则划分的具有相同风险特征的单元。

4 划分流程

耕地土壤环境质量类别划分主要技术环节包括：基础资料和数据收集、划分调查单元、布点调查、点位土壤环境质量评价、划分评价单元并判定其耕地土壤环境质量类别、边界核实、形成划分成果、动态调整划分流程见附录A。

5 划分步骤

5.1 基础资料和数据收集

在耕地土壤环境质量类别划分工作开展之前，收集拟划分区域内相关资料，包括但不限于以下内容：

a）基础图件资料：主要包括行政区划、最新土地利用现状、土壤类型、地形地貌、河流水系等矢量图件及最新高分遥感或者低空航拍影像数据等。

b）区域自然环境资料：主要包括地理位置、土壤理化性质、成土母质、植被、气候与气象、自然灾害等。

c）区域农业生产与社会经济资料：主要包括人口状况、农业生产、工业布局、农田水利和农村能源结构情况，当地人均收入水平、主栽食用农产品、种植结构和耕作制度等。

d）重点污染源资料：主要包括行政区域内重点土壤污染工矿企业所属行业类型、空间位置分布，主要污染物种类及排放途径；农业灌溉水质量，农药、化肥、农膜等农业投入品的使用情况；固体废物堆存、处理处置场所分布；大气沉降情况等。

e）土壤环境质量数据：收集拟划分区域内历史性土壤环境质量调查数据。数据来源包括且不限于：全国农用地土壤污染状况详查、农产品产地土壤重金属污染普查、多目标区域地球化学调查、农产品产地土壤重金属监测等土壤污染调查数据，其他生态环境、农业农村、自然资源、粮食储备等部门相关调查数据，相关科学研究的调查数据等。依据相关标准和规范，对有关数据质量进行审核，剔除无效数据，保障数据质量。对于同一点位存在不同时期历史数据的，原则上应采用较新的数据。

f）需重点关注的耕地地块（重点地块）信息：主要包括历史上发生过环境污染事故或食用农产品超标事件的耕地地块；工业固体废物长期堆放的耕地地块；其他有明显证据表明受到污染的耕地地块。

5.2 划分调查单元

5.2.1 可获取历史性土壤污染调查数据或存在重点地块，将拟划分区域叠加自然资源部门最新土地利用现状图中的耕地分布区后，基于污染调查数据、重点地块信息、重要地物边界等，按水田、旱地（含水浇地，下同）将拟划分区域分割为4类调查单元：土壤或农产品疑似超标单元（水田）、土壤或农产品疑似超标单元（旱地）、一般水田单元、一般旱地单元。

5.2.2 难以获取历史性土壤污染调查数据或不存在重点地块时，直接叠加自然资源部门最新土地利用现状图中的耕地分布区，将拟划分区域划为水田、旱地等2类调查单元。

5.3　布点调查

5.3.1　布点密度

每个调查单元内的调查点位应充分反映调查单元内的耕地土壤环境质量状况，一般不少于 10 个，布点密度按附表 4 的要求进行。若根据布点密度计算的点位数量低于 10 个，则按照实际计，不少于 3 个。如调查单元面积地形破碎、土壤类型复杂时，应结合实际可适当提高布点密度；当地形平坦、种植结构单一、土壤类型单一时，可酌情降低布点密度，但一般不少于 10 个。当拟划分区域难以获取历史性土壤环境调查数据或不存在重点地块时，采取一般水田单元或一般旱地单元的布点密度，如某拟划分区域为水田，则按照每点 500m×500m 的密度布点。

附表4　调查单元布点密度

土壤或农产品疑似超标单元（水田）	土壤或农产品疑似超标单元（旱地）	一般水田单元	一般旱地单元
每点 300m×300m	每点 500m×500m	每点 500m×500m	每点 1000m×1000m

5.3.2　布点位置

基于布点密度计算出调查点位数量后，在调查单元内进行网格布点。在网格内选择有代表性的耕地中间的开阔地带进行布点：

a）如果网格内地块间面积差异明显，优先选择面积最大地块；

b）如果网格内地块间面积差异不明显，优先选择网格中心位置地块；

c）如果网格内同时存在水田、旱地，优先选择农产品超标风险较高的区域；

d）如果网格内高程差别十分明显（如沟谷、丘陵、梯田等），优先选择地势较低的地块；

e）当网格中耕地面积占比小于 10% 时，可不布设点位。

5.3.3　样品采集

采集耕作层土壤，采样方法按照 NY/T 395 的规定执行。

5.3.4　样品检测

包括土壤基本理化性质（土壤 pH、阳离子交换量和有机质含量等）和重金属含量（镉、汞、砷、铅、铬等）。检测方法见附录 B。

5.4　点位类别

依据 GB 15618 中的筛选值（S_i）和管制值（G_i），基于调查点位土壤镉、汞、砷、铅、铬含量（C_i）中最差的因子确定该点位综合评价结果，将其土壤环境质量类别分为 3 类（附表 5）：

a）Ⅰ类：$C_i \leqslant S_i$，土壤污染风险低，一般情况下可忽略，划为优先保护类；

b）Ⅱ类：$S_i < C_i \leqslant G_i$，对农产品质量安全、农作物生长或土壤生态环境可能存在风险，划为安全利用类；

c）Ⅲ类：$C_i > G_i$，食用农产品不符合质量安全标准等土壤污染风险高，且难以通过安全利用措施降低食用农产品不符合质量安全标准等土壤污染风险，划为严格管控类。

附表5　单因子[①]土壤污染风险评价及环境质量分类

点位污染物含量	点位环境质量分类
$C_i \leqslant S_i$	优先保护类Ⅰ
$S_i < C_i \leqslant G_i$	安全利用类Ⅱ
$C_i > G_i$	严格管控类Ⅲ

① 单因子包括镉、汞、砷、铅、铬。

5.5　划分评价单元并分类

当调查单元内点位耕地土壤环境质量类别一致，则调查单元即为评价单元；否则应根据调查单元内点位土壤环境质量评价结果，依据聚类原则，利用空间插值法结合专家经验判断，将调查单元划分为不同的评价单元。尽量使每个评价单元内的点位耕地土壤环境质量类别保持一致。判定评价单元耕地土壤环境质量类别包括 4 种情形：

a）当评价单元内点位类别一致时，该点位类别即为该评价单元的类别。

b）当评价单元内存在不同类别点位时，某类别点位数量占比超过 80%，其他点位（非严格管控类点位）不连续分布，该单元则按照优势点位的类别计；如存在 2 个或以上非优势类别点位连续分布，则按地物边界（地块边界、村界、道路、沟渠、河流等），划分出连续的非优势点位对应的评价单元。

c）对孤立的严格管控类点位，根据影像信息或实地踏勘情况划分出对应的严格管控类范围；如果无法判断边界，则按最靠近的地物边界（地块边界、村界、道路、沟渠、河流等），划出合理较小的面积范围。

d）当评价单元内存在不连续分布的优先保护类和安全利用类点位，且无优势点位时，可将该评价单元划为安全利用类。

在镉、汞、砷、铅、铬单因子评价单元划分及耕地土壤环境质量类别判定的基础上，将以上因子叠合形成新的评价单元，评价单元内部耕地土壤环境质量综合类别按最差类别确定。

5.6　边界核实

踏勘核实中，重点完成 2 项内容的校核：一是边界划分时的重要依据（如行政边界、灌溉水系、土地用途变更等）是否发生重大调整；二是划分结果与当地历年土壤和农产品质量监测数据、群众反映情况等是否吻合。

6　划分成果

在完成耕地土壤环境质量类别划分工作的基础上，编制《耕地土壤环境质量类别划分报告》（编制大纲见附录 C），建立耕地土壤环境质量分类清单（格式见附录 D），制作耕地土壤环境质量类别划分图件（制作要求见附录 E），统计不同类别耕地面积（样式见附录 F）。

7　动态调整

7.1　根据以下情况调整耕地土壤环境质量类别，更新耕地土壤环境质量分类清单、图件等相关成果：

a）最新土地用途变更情况；

b）土壤环境调查数据的不断完善；

c）农产品质量监测数据（水稻、小麦连续 3 年及以上，其他作物连续 2 年及以上）;

d）突发事件等导致的新增受污染耕地；

e）治理修复后耕地重金属含量变化；

f）其他影响耕地土壤环境质量变化的情况。

7.2　耕地土壤环境质量类别动态调整报告大纲可参考附录 G。

附录 A
（资料性）
耕地土壤环境质量类别划分流程

耕地土壤环境质量类别划分流程见附图 A.1。

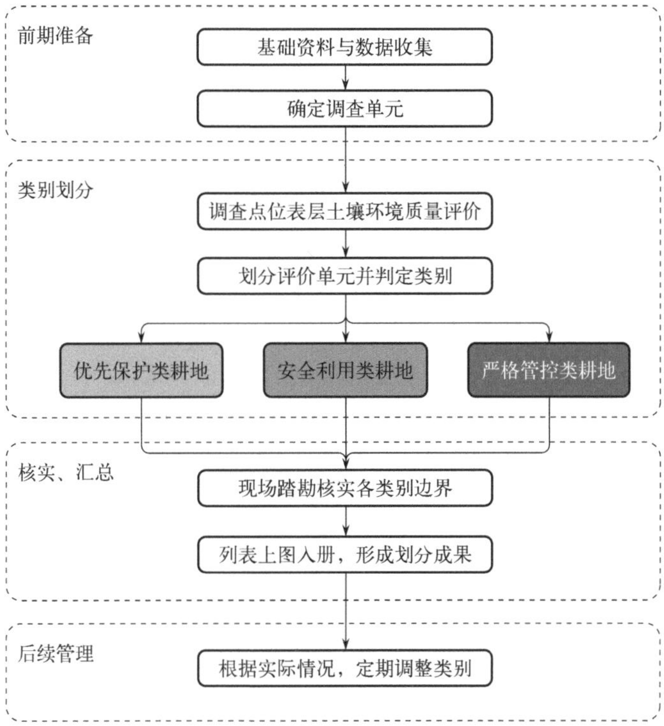

附图 A.1　耕地土壤环境质量类别划分流程

附录 B
（资料性）

土壤检测项目及分析方法见附表 B.1。

附表B.1　土壤检测项目及分析方法

序号	项目	分析方法	方法来源
1	pH	土壤 pH 的测定	NY/T 1377
2	阳离子交换量	土壤　阳离子交换量的测定　三氯化六氨合钴浸提 - 分光光度法	HJ 889
3	有机质	土壤检测 第 6 部分：土壤有机质的测定	NY/T 1121.6
4	镉	土壤质量 铅、镉的测定 石墨炉原子吸收分光光度法	GB/T 17141
		土壤和沉积物 12 种金属元素的测定 王水提取 - 电感耦合等离子体质谱法	HJ 803
5	汞	土壤质量 总汞的测定 冷原子吸收分光光度法	GB/T 17136
		土壤质量 总汞、总砷、总铅的测定 原子荧光法 第 1 部分：土壤中总汞的测定	GB/T 22105.1
		土壤和沉积物 汞、砷、硒、铋、锑的测定 微波消解 / 原子荧光法	HJ 680
		土壤和沉积物 总汞的测定 催化热解 - 冷原子吸收分光光度法	HJ 923
6	砷	土壤和沉积物 汞、砷、硒、铋、锑的测定 微波消解 / 原子荧光法	HJ 680
		土壤和沉积物 12 种金属元素的测定 王水提取 - 电感耦合等离子体质谱法	HJ 803
		土壤质量 总汞、总砷、总铅的测定 原子荧光法 第 2 部分：土壤中总砷的测定	GB/T 22105.2
7	铅	土壤质量 铅、镉的测定 石墨炉原子吸收分光光度法	GB/T 17141
		土壤质量 总汞、总砷、总铅的测定 原子荧光法 第 3 部分：土壤中总铅的测定	GB/T 22105.3
		土壤和沉积物 无机元素的测定 波长色散 X 射线荧光光谱法	HJ 780
		土壤和沉积物 12 种金属元素的测定 王水提取 - 电感耦合等离子体质谱法	HJ 803
8	铬	土壤和沉积物 铜、锌、铅、镍、铬的测定 火焰原子吸收分光光度法	HJ 491
		土壤和沉积物 无机元素的测定 波长色散 X 射线荧光光谱法	HJ 780
		土壤和沉积物 12 种金属元素的测定 王水提取 - 电感耦合等离子体质谱法	HJ 803

附录 C
（规范性）
耕地土壤环境质量类别划分报告编制大纲

C.1　概述

C.1.1　目的和意义

C.1.2　拟划分区域概况

C.1.2.1　基本情况（地理区位、自然环境、三次产业情况等）

C.1.2.2　耕地类型、面积及分布情况

C.1.2.3　污染源分布情况（重点行业企业、固体废物堆存和处理处置场所等；因尾矿库溃坝、洪水泛滥淹没等导致耕地污染的说明）

C.2　编制依据

包括国家和地方相关法规、标准、规范等。

C.3　基础数据准备

C.3.1　基础数据（包括耕地分布现状、河流水系、地形地貌、遥感影像等）

C.3.2　土壤点位及数据（含历史点位）

C.4　划分流程

C.4.1　布点调查

C.4.2　点位划分

C.4.3　单元判定

C.4.4　边界核实

C.4.5　划分结果

C.5　耕地分类信息汇总

C.5.1　拟划分区域耕地土壤环境质量分类清单（样式见附录 D，也可作为附件附后）

C.5.2　拟划分区域内不同类别耕地面积统计（样式见附录 F）

C.6　总体结论与建议

C.6.1　总体结论（简要总结拟划分区域各类别的面积、分布、土壤主要污染物种类等）

C.6.2　农用地分类管理措施及后续动态调整建议

C.7　附图

包括行政区划图、环境背景图（地形图、河流水系分布图、土壤类型分布图）、耕地分布图、土壤环境评价点位图、耕地土壤环境质量类别分布图等。图件满足附录 E 的要求。

附录 D
（规范性）
耕地土壤环境质量分类清单（样式）

序号	行政区				类别编码	地理位置	面积（亩）	主栽农作物	土壤超标污染物	质量类别
	省（区、市）	市（州、盟）	县（市、区）	乡镇（街道）						
1	XX 省	XX 市	XX 区	XX 街道	411702000001 Ⅰ	经度（114.037419—114.083723），纬度（32.965779—33.016366）	3846	B	镉、砷	Ⅱ

注：1. 类别编码格式：（1）第一至第六位码（行政区划代码），根据 GB/T 2260 和统计部门发布的县及县以上行政区划代码进行编码；（2）第七至第十二位码（耕地土壤环境质量类别评价单元代码），以县（市、区）为单位，按照从北至南、从西至东编码，从“000001”开始编码；（3）第十三位码（耕地土壤环境质量类别代码），优先保护类为Ⅰ，安全利用类为Ⅱ，严格管控类为Ⅲ。

2. 地理位置格式：评价单元的外包矩形边界描述（即经纬度范围），填写格式如下：经度（x_{min}—x_{max}），纬度（y_{min}—y_{max}）。采用坐标系 CGCS_2000，十进制经纬度，小数点保留 6 位数，默认为东经与北纬。

3. 地类名称：根据《土地利用现状分类》（GB/T 21010—2007）中耕地的二级分类：水田、水浇地、旱地。

4. 面积：经边界核实和优化调整后的评价单元耕地面积，结果需四舍五入后保留整数。

5. 主栽农作物：主栽的作物类别代码：水稻（A）；小麦（B）；玉米（C）；蔬菜（D）；其他（E）。对于多季或轮作、间套作等情况，选择采集重金属富集能力最强、风险最高的主栽农产品；对于季节采摘型农产品，采集当季主采农产品。

6. 土壤超标污染物：填写镉、汞、砷、铅和铬等 5 种重金属超标的元素。

7. 质量类别：优先保护类为Ⅰ，安全利用类为Ⅱ，严格管控类为Ⅲ。

附录 E
（规范性）
耕地土壤环境质量类别划分图件制作要求

E.1　图件种类

E.1.1　行政区划图

E.1.2　环境背景图（地形图、河流水系分布图、土壤类型分布图）

E.1.3　耕地分布图

E.1.4　专题图件（土壤环境评价点位图、耕地土壤环境质量类别分布图）

E.2　图件规范

E.2.1　地图投影

图件均采用阿尔伯斯双标准纬线多圆锥投影。国家级图件投影参数为：

中央经线：东经 105°；

南标准纬线：北纬 25°；

北标准纬线：北纬 47°。

省级及以下级别图件投影参数采用各自标准纬线和中央经线。

E.2.2　比例尺

E.2.2.1　挂图

挂图幅面均为标准全开，省级及以下级别图件根据制图区域范围的实际情况调整图件比例尺，确保表达内容充满幅面。

E.2.2.2　地图册

省级地图册采用 8 开幅面，省级以下地图册可采用 8 开或 16 开幅面，图件根据制图区域范围的实际情况调整图件比例尺，确保表达内容充满幅面。

E.2.3　工作底图

以最新自然资源部门公布的“全国土地利用调查”土地利用现状图为工作底图。

E.2.4　内容要求

耕地土壤环境质量类别分布图要能直观反映不同土壤环境质量类别耕地的分布、面积等状况。图中还应包括：

E.2.4.1　国家级、省级、市级、县级、乡镇级行政区边界。

E.2.4.2　土壤环境质量类别单元范围和边界。

E.2.4.3　重要的线状地物或明显地物点等。

E.2.4.4　图幅配置：

内容包括图名、图例、比例尺、晕线、外围要素、图廓整饰、署名和制图日期等要素。图幅配置大小及间隔可根据区域面积和图件幅面调整。

1）图名

——图名是图件的标题，书写应规范，居中显示；

——图名的内容包括：行政区划名称，主题名称；

——图名的字体：图名汉字采用宋体，加粗，数字和字母采用Times New Roman；

——图名左上方标注“××省（市、县或某区域）耕地土壤环境质量类别”，字体采用仿宋_GB 2312，字体大小不宜超过图名字体大小。

2）图例

图例由图形（线条、色块或符号）与文字组成，内容主要表述土壤环境质量类别单元边界或单元要素，要素上下顺序按线、面放置。图例绘制在图幅内图廓角，方向与图框一致，贴边，内廓填充白色，边框留白与图例间距根据不同内容可自行调节，允许多列表述图例内容。

3）比例尺

挂图与图册均采用直线比例尺的形式。比例尺绘于图例要素正下方，使用交替比例尺，分段不宜超过 4 段。

4）晕线

国家级、省级、市级、县级制图区域行政界线外侧添加两重晕线，用面或线向外做缓冲区形成。

5）外围要素

制图区域行政界线外围标注相邻同级及上级行政单位名称、行政界线和河流、山脉等重要地物。样式与制图区域、要素相同，颜色为灰色。

6）图廓整饰

图廓由单条粗实线绘制。国家级图件经纬网每隔 10°展绘一条，图内绘出坐标网线；省级图件坐标网每隔 1°展绘一条，图内绘出坐标网线；市级、县级图件坐标网每隔 30′展绘一条，用短线在图廓线上向外标出。坐标线注出完整的坐标值（如 105° 00′00″）。

7）署名和制图日期

图件应署绘制单位的正式名称和制图日期，制图日期为全套成果的完成日期，绘制单位注于图廓外左下方，制图日期注于图廓外右下方，字体为宋体，日期数字为汉字。

E.2.5　制图单元及其边界

a）耕地土壤环境质量类别单元图斑为最小的制图单元，编制成果图时将彼此邻近类别相同的评价单元进行归并，连片描绘类别界线，图斑面积不得小于 $6mm^2$（与国家土地利用现状调查的精度要求相同）。飞地可按照坐落的行政区划范围制图。

b）单元边界与地块自然边界等保持一致，可以跨村，但原则上不跨县、乡镇。

E.2.6　耕地土壤环境质量分类数据格式

耕地土壤环境质量类别数据以矢量数据形式存储，即面状的“.shp”格式文件；坐标系统一为 CGCS_2000；高程基准采用“1985 国家高程基准”，特殊情况下 1∶500～1∶2000 可采用独立高程系；数据属性表中应对耕地地块的类别、范围、位置、面积等信息加以说明，属性表格式可参考耕地土壤环境质量类别分类清单格式（附录 D）。

E.2.7　图件内容标注

将耕地土壤环境质量类别划分成果统计数据用图示、注记等标注在图上，具体标注要求如下：

a）耕地土壤环境质量类别面积统计数据用阿拉伯数字以表格形式放置在类别划

分成果图图幅内图廓角，方向与图框一致，贴边，表格底纹填充白色；

b）以县或乡镇为单位，以最新公布的“全国土地利用调查”后测定的耕地面积数据为基准，通过计算图斑面积，按照与国土面积比例进行换算，从而确定各个类别单元面积；

c）耕地土壤环境质量类别单元界线分别用 0.4mm 的实线表示，色号可参照《全国农用地土壤污染状况详查制图规范（试行）》附录 A 中的地物界线；

d）各地可根据需要编绘彩色类别图，优先保护类用绿色（C100Y100K30）表示，安全利用类用黄色（Y100K30）表示，严格管控类用红色（M100Y100K30）表示。

附录 F
（规范性）
耕地土壤环境质量分类面积统计表

耕地土壤环境质量分类面积统计表见附表 F.1。

附表F.1　耕地土壤环境质量分类面积统计表

类别	面积 / 亩	占区域内耕地面积比例 /%
优先保护类		
安全利用类		
严格管控类		
合计		

附录 G
（规范性）
耕地土壤环境质量类别动态调整报告编制大纲

G.1　拟调整区域基本情况

G.1.1　基本情况（地理区位、自然环境、三次产业情况等）

G.1.2　各类别耕地面积及分布情况（上次耕地土壤环境质量类别划分中拟调整区域内各类别耕地的面积、分布，及其他相关情况）

G.1.3　污染源分布情况（重点行业企业、固体废物堆存和处理处置场所等；因尾矿库溃坝、洪水泛滥淹没等导致耕地污染的说明）

G.2　调整理由

阐明开展耕地土壤环境质量类别动态调整的原因、目标与意义。

G.3　调整依据

包括国家和地方相关法规、标准、规范等。

G.4　基础数据准备

根据动态调整的原因，准备相应数据和图件资料，如土壤污染加密调查数据、农产品补充监测数据、最新土地利用现状图、突发环境事件情况、土壤治理修复相关数据等。

G.5　调整流程

a）调整若基于土壤污染加密调查数据，则调整流程与类别划分程序相同；

b）调整若基于农产品补充监测数据，则调整流程可参考相关农产品产地风险评估规范；

c）调整若基于土地利用方式变更，则根据变更后的土地利用情况更新耕地土壤环境质量分类清单和相关图件，重新汇总计算拟调整区域各类别耕地面积；

d）调整若基于其他因素，则根据实际情况，综合考虑以上 3 种情形，更新耕地土壤环境质量分类清单和相关图件，重新汇总计算拟调整区域各类别耕地面积。

G.6　调整后信息汇总

G.6.1　调整后耕地土壤环境质量分类清单（样式同附录 D，也可作为附件附后）

G.6.2　调整后不同类别耕地面积统计（样式同附录 F）

G.7　结论与建议

G.8　附图

包括行政区划图、环境背景图（地形图、河流水系分布图、土壤类型分布图）、耕地分布图、土壤环境评价点位图、农产品安全性评价点位图、耕地土壤环境质量类别分布图等。图件规范性要求见附录 E。

索引

B

胞外沉淀　161
贝叶斯风险评估模型　005
变化向量分析　188

C

采样点布设　030
参数法　070
差异图像法　188
产地安全管理生态激励与补偿机制　119
产地土壤风险评估　177
产地土壤重金属污染风险评估　037
产地污染风险评估　028
产地污染风险评估指标体系　037, 038
产地污染修复技术　136
产地协同监测安全评估　175
成本-收益分析方法　134
臭氧　193

D

单因素评价法　038
单因子指数法　043
氮氧化物　193
地理探测器　065
地理信息系统　035
地统计方法　070
电动力学修复法　161
电感耦合等离子体-发射光谱法　032
电感耦合等离子体-质谱法　032
动物修复　162
对角线法　190
多维细分法　123
多因子综合评估法　044

E

二次判别模型　005, 043, 046, 047
二次污染　161

F

泛克里金法　051
风险管理　120
腐植酸　100
富集系数　080

G

概率风险评估权　034
概率模型　006
概率阈值　073
概率阈值法　069, 070
根际土壤酶活性　091
耕地重金属污染治理　139
固化法　161
固体废物　058
归一化植被指数　186
过程阻断　130
过氧化物酶　093

H

环境监测　060
环境经济学　058
环境容量　016
回归克里金法　051, 053
混合相关性　062
混淆矩阵　184, 187

J

机器学习　187
监督分类　188
交叉验证　187
卷积神经网络　186, 187
决策树　187
决策树模型　005

K

可持续发展　119
孔隙度　037

L

淋溶　029, 161
逻辑回归模型　005
绿肥　158, 178
绿色食品生产基地环境评价标准　170

M

梅花点法　190

梅花法 030
面源污染监测与调查 170
敏感性排序实验统计检验 003
目标污染物 038

N

拟合优度评价 009
农产品安全 110
农产品产地安全 038
农产品产地安全分级管理 043
农产品产地安全评估指标体系 043
农产品产地安全质量等级划分 043
农产品产地环境监测法律 149
农产品产地环境质量监测与评价 175
农产品产地土壤环境质量标准 002
农产品产地土壤污染防治 168
农产品产地土壤重金属安全评估 043
农产品产地土壤重金属生态安全阈值 002, 005, 007
农产品产地土壤重金属污染风险评估 033
农产品产地土壤重金属污染评估参比值 015
农产品产地污染风险评估 056
农产品产地重金属安全评估参比值 023
农产品产地重金属污染防治 170
农产品单因子指数 044
农产品食品安全 109
农产品污染监测采样 189
农产品质量安全 002, 028, 038, 044, 147, 168, 169
农产品质量安全法律法规 149, 153
农产品质量安全风险评估 149
农产品质量安全管理组织体系 146
农产品质量安全技术标准 152
农产品质量安全监测体系 146
农产品质量安全可追溯机制 153
农产品质量安全强制性标准 148
农产品质量安全事件惩处制度 153
农产品质量安全体系认证 150
农产品质量安全信息平台 154
农产品质量安全预警体系 147
农产品质量安全预警系统 147
农产品质量安全责任主体 154
农区环境空气质量 193
农田土壤环境质量监测 191
农田土壤环境质量监测数理统计 192
农田土壤质量 193
农业风险管理 122
农业可持续发展 169, 170, 176
农业生态修复 161, 162
农业养殖业防护法律 149
农用地土壤环境管理 060
农用地土壤污染风险筛选值 059
农用水源环境质量 192, 193
农用水源环境质量监测 192
农资综合补贴 165
农作物风险评价 177
农作物风险评价制度 173
农作物品质安全性 035

P

评估因子法 005, 006
普通克里金法 068, 070

Q

棋盘式法 190
确定性方法 070

R

人为污染源 056

S

熵权法 034, 043, 049
熵值法 005
蛇形法 190
深度学习方法 188
深度学习算法 187
深耕翻土法 161
生活垃圾 058
生态安全阈值 006, 007
生态毒理学 058
生态风险评估 006
生态风险评价 038, 043
生态环境安全 058
生态环境健康 044
生态环境效应法 005

生态激励与补偿机制　119
生态修复　162
生态学　058
生态阈值　016
生物毒性实验　034
生物多样性　058
生物富集系数　007, 009
生物累积　161
生物吸附　161
生物有效性　002
生物有效性测试　034
生物有效性模型　012
生物转化　161
湿法消化法　080
时间序列分析　183
时滞效应　134
实验室信息管理系统　032
食品安全　002, 113
食品安全监管　002
随机法　030
随机森林　055, 186, 187

T

土地耕种可持续性　158
土壤安全　038
土壤单因子指数　044
土壤调整植被指数　186
土壤风险评估　173
土壤环境管理　061
土壤环境质量标准　016
土壤环境质量评价　068
土壤生态安全阈值　005, 011
土壤生态系统　002
土壤生物　002
土壤酸碱度　107
土壤污染　002, 182
土壤污染防治　168
土壤污染风险管制值　060
土壤污染风险筛选值　056
土壤污染水平评价　043
土壤污染阈值推导　011
土壤污染综合防治先行区　068
土壤修复　028, 130, 182
土壤阳离子交换量　161
土壤有机质　022, 140
土壤重金属临界含量　016
土壤重金属污染风险评价　002

W

网格法　030
微生物肥　178
微生物抗重金属机制　161
微生物修复　161
稳定化法　161
污染监测数理统计　189
污染物特征与来源识别　043
污染源　068
无公害农产品　170
物理阈值法　069, 070
物种敏感性　002
物种敏感性分布　002, 007, 043
物种敏感性分布法　005, 006

X

吸收系数　080
硝酸还原酶活性　093
协同克里金法　051, 070

Y

压力-状态-响应（PSR）模型　043
阳离子交换量　037
样品检测　032
样品流转与制备　031
遥感技术　183
遥感影像　188
遥感影像分析　183
有机污染物　006
原子吸收光谱法　032
源头控制　130

Z

增强型植被指数　185, 186
振荡平衡法　023
支持向量机　186, 187
植物修复　162

指示克里金法　051, 053
种植结构调整　028, 136, 159
重金属　037
重金属钝化剂　140
主成分分析　188
自然污染源　056
综合指数法　050
总悬浮颗粒物　193
作物吸收系数　028

其它

Friedman检验　003, 004
Kappa系数　184, 187, 188
K-means聚类　041, 042
Log-logistic函数　010
multi-Gaussian模型　070
Page检验　003
Spearman相关系数　003
VIP+*n*修复技术模式　162
VIP修复技术模式　162
Weibull函数　010
X射线荧光光谱法　032

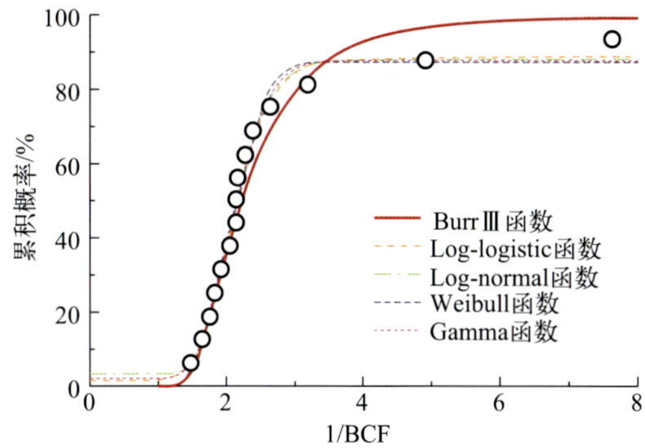

图 1-1 SS2 情景下（pH=6.5）5 种累积概率分布函数的 SSD 曲线
（图中圆圈表示水稻品种，从曲线底部至顶部依次为 ST1 ～ ST15）

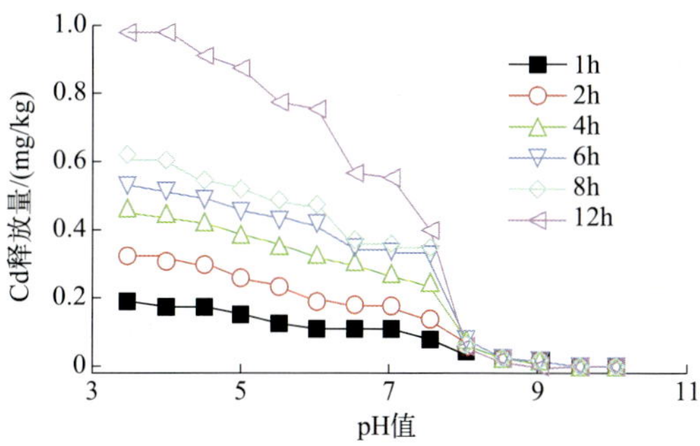

图 1-4 土壤 pH 值对镉释放量的影响

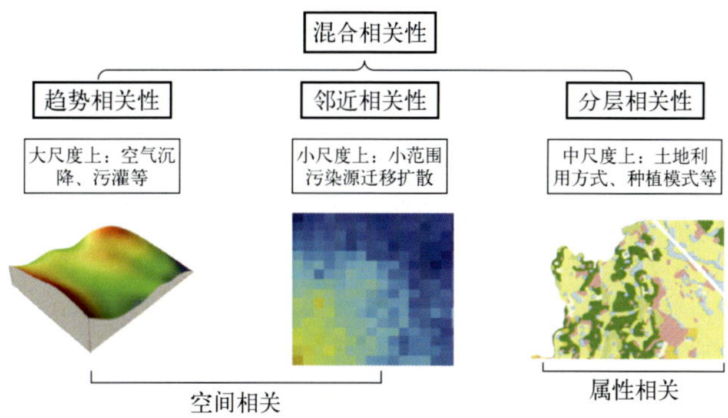

图 2-3 农田土壤重金属含量空间相关性分解

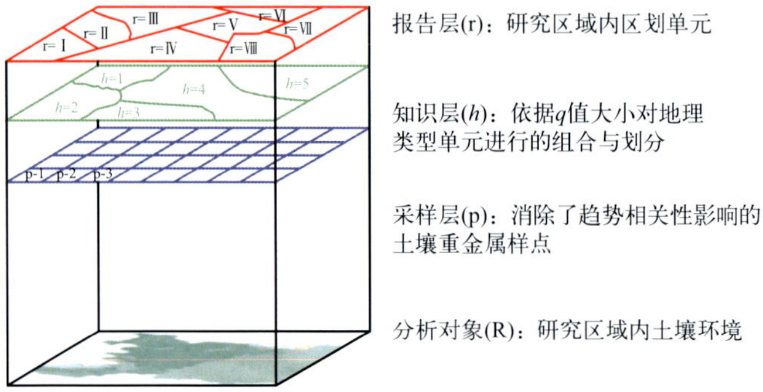

图 2-5　三明治空间统计推断模型

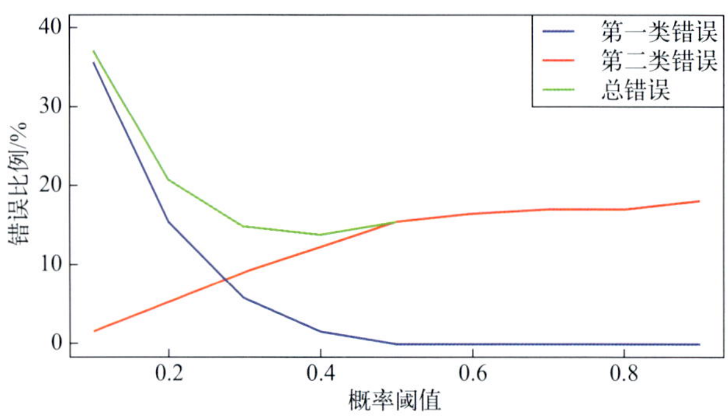

图 2-6　等级划分误差图